普通高等学校"十四五"规划计算机类专业特色教材

软件测试技术

主　编　刘雄华

副主编　宋文哲　陈立佳　周俊杰

童雯茜　易　扬

华中科技大学出版社

中国·武汉

内容简介

本书全面地介绍了软件测试的基本原理、方法和技术。内容包括软件测试概述、高考志愿填报辅助系统、测试计划和测试用例、测试技术、自动化测试、测试报告。按照理论与应用相结合的原则，本书以高考志愿填报辅助系统为例，说明了如何进行测试计划和测试用例的编写，如何进行测试工作和如何编写测试报告。为了方便读者的学习，我们提供了书中用到的项目、工具和软件。建议读者在学习时，对书中的项目实例进行实践。

本书可作为高等院校相关专业软件测试的教材或教学参考书，也可作为从事计算机应用开发的各类技术人员的参考书。

图书在版编目(CIP)数据

软件测试技术/刘雄华主编. —武汉：华中科技大学出版社，2023.8
ISBN 978-7-5680-9919-6

Ⅰ.①软… Ⅱ.①刘… Ⅲ.①软件-测试 Ⅳ.①TP311.55

中国国家版本馆 CIP 数据核字(2023)第 144989 号

软件测试技术
Ruanjian Ceshi Jishu

刘雄华 主编

策划编辑：范 莹
责任编辑：余 涛
封面设计：原色设计
责任监印：周治超
出版发行：华中科技大学出版社(中国·武汉) 电话：(027)81321913
武汉市东湖新技术开发区华工科技园 邮编：430223
录 排：武汉市洪山区佳年华文印部
印 刷：武汉市首壹印务有限公司
开 本：787mm×1092mm 1/16
印 张：15.25
字 数：370 千字
版 次：2023 年 8 月第 1 版第 1 次印刷
定 价：45.00 元

前　　言

信息系统的发展日新月异，也引导着软件测试技术飞速发展，软件测试的相关岗位越来越多、软件测试的重要性也被越来越多的人意识到，软件测试人才缺口越来越大。目前许多高校都开设了“软件测试”课程，市面上软件测试方面的教材大多倾向于理论阐述，针对应用型高校计算机及相关专业的软件测试教材不多。

编者针对应用型高校信息技术与软件工程课程教学特点与需求，编写一系列适用的规范化教材，本书是这套教材中的其中一本。

本书兼顾软件测试理论教学与实践教学，充分认识到培养学生实践动手能力的重要性。以项目教学为主线，通过高考志愿填报辅助系统这个真实案例，组织和设计软件测试理论和实践的学习。

编者多年的项目开发和教学经验是：应用型普通高校计算机及其相关专业的学生需要有很强的实践动手能力，因此教学中以项目实践为主线，带动理论的学习是最好、最快、最有效的方法。本书的特色是提供一个完整的真实项目案例，通过真实的测试案例使学生对软件测试流程及管理有整体了解，减少了对软件测试的神秘感，并且能够根据本书对软件测试有一个系统的认识。

本书对软件测试的理论内容学习有所取舍，着重介绍软件测试技术理论中最重要和精华的部分，以及如何在实践中运用这些理论知识。读者首先通过项目案例把握整体概貌，再深入局部细节，系统地学习理论；然后不断优化和扩展细节，学习和了解实际工程开发中如何进行软件测试。

本书包含了以下几个章节的内容。

第 1 章：软件测试概述。通过本章的学习，读者可以明白为什么要进行软件测试，掌握软件测试的定义、目的和原则。

第 2 章：高考志愿填报辅助系统。本章主要介绍了系统的项目背景、核心需求、核心功能、系统架构图和项目环境搭建。

第 3 章：测试计划和测试用例。本章讲述了测试计划和测试用例的相关知识，并通过高考志愿填报辅助系统测试计划和测试用例的编写，让读者进行工程化的实践。

第 4 章：测试技术。本篇涵盖了白盒测试技术、黑盒测试技术、测试框架等多种测试技术，对每种技术都进行了分析，并提供了案例，以帮助读者理解这些测试技术的内涵和使用方法。

第 5 章：自动化测试。重点讲述了单元自动化测试框架、自动化测试工具。通过对这些框架的学习，读者可以更好地理解和掌握自动化测试的内容和实现方式。

第 6 章：测试报告。重点讲述了测试报告的编写和注意事项。

建议读者在学习本书时，对书中的项目实例多动手实践，这样才能加深对所学知识和项目中代码的理解。为了方便您的学习，我们将项目的源代码（包括所有材料）上传到 http://www.20-80.cn/网站，您可以自行下载查看参考。

本书由刘雄华担任主编，制定编写大纲、统筹全书的编写，并对初稿进行审阅及修改。各章编写分工如下：第 1 章、第 2 章由宋文哲编写；第 3 章由易扬编写；第 4 章由陈立佳编写；第 5 章由周俊杰编写；第 6 章由童雯茜编写；高考志愿填报辅助系统由上海子杰软件有限公司开发，测试用例由易扬提供。由于时间仓促，书中不足或疏漏之处在所难免，殷切希望广大读者批评指正！

编　者

2023 年 5 月

目　　录

第1章　软件测试概述

章节导读

软件开发是一系列的人为工作，人为的因素越多，出现的错误也就越多。软件产品已应用到国民经济和社会生活的各个方面，软件产品的质量影响着用户的使用体验，成为人们关注的焦点。

软件测试是确保软件质量的重要环节，是软件工程的重要部分。质量不佳的软件产品不仅会使开发商的维护费用和用户的使用成本大幅增加，还可能产生其他责任风险，造成软件公司声誉下降。对于一些关键应用，如军事防御、核电站安全控制系统、自动飞行控制系统、银行结算系统、证券交易系统、火车票订票系统等中使用质量有问题的软件，甚至会带来灾难性的后果。

近年来埃航空难与印尼狮航的空难都与波音737MAX8有关，从事后发现的实际情况来看，波音针对新系统的测试是不足的，从而导致没有涵盖波音737MAX8起飞时所有可能出现的情形。

波音公司为了升级737飞机，使用新型发动机，省油率可以提高14%，但是由于波音737MAX8起落架太短，而新的发动机更大、直径更粗，因此不得不把发动机位置往上移，导致737MAX8形态和重心发生了改变，从而造成了更大的抬头力矩，通俗地说，就是机头很容易往上翘！

飞机大迎角(angle of attack，AOA)飞行，容易面临失速的危险。为了解决这个问题，波音公司就相应弄一个能随时修正"翘头"，自动让飞机"低头"的系统。波音给737MAX8系列飞机新配装了机动特性增强系统(maneuvering characteristics augmentation system，MCAS)。当飞机在飞行遇到迎角过高，导致飞机面临失速的危险时，该系统会自动帮助飞行员压低机头……

事后发现空难的原因是MCAS系统接收到了错误的传感器读数，发生事故时攻角传感器就抽风了，右侧攻角传感器显示基本保持在0°，这是符合实际情况，而左侧攻角读数则立即从0°飙升到75°！要知道，737MAX8这个型号的飞机，正常可以使用的攻角都不超过20°！MCAS系统根据错误的数据压低机头调整飞行姿态，导致了空难的发生。

软件测试阶段是软件质量保证的关键，它代表了文档规约、设计和编码的最终检查，是为了发现程序中的错误而分析或执行程序的过程。什么是软件测试？软件测试的目的有哪些？软件测试的基本职责是什么？这一系列问题将在本章予以介绍。

本章主要内容

1. 软件测试的基本概念。
2. 软件测试的目的、作用。

3．软件质量模型。

4．软件测试与软件工程的关系。

5．软件测试与 PDCA 的关系。

6．软件测试的常见模型。

能力目标

学完本章后对软件测试有基本的了解。

1.1 软件测试简介

“测试”这个术语早先出现在工业制造、加工等行业的生产中，测试被当作常规的检验产品质量的一种手段。测试的含义为“以检验产品是否满足需求为目标”。而软件测试活动除检验软件是否满足需求外，还包括一个重要的任务，即发现软件的缺陷。

“软件测试”的经典定义是：在规定条件下对软件进行操作，以发现错误，对软件质量进行评估。我们知道，软件是由文档、数据以及程序组成的，其中，程序是按照事先设计的功能和性能等要求执行的指令序列；数据是程序能正常操作信息的数据结构；文档是与程序开发维护和使用有关的各种图文资料。那么软件测试就应该是对软件开发过程中形成的文档、数据以及程序进行的测试，而不仅仅是对程序进行的测试。

软件测试是伴随着软件的产生而产生的，早期的软件开发过程中软件规模都很小、复杂程度低，软件开发的过程混乱无序、相当随意，测试的含义比较狭窄，开发人员将测试等同于“调试”，目的是纠正软件中的故障，常常由开发人员自己完成这部分的工作。对测试的投入极少，测试介入也晚，常常是等到形成代码，产品已经基本完成时才进行测试。到了 20 世纪 80 年代初期，软件和 IT 行业进入了大发展时期，软件规模越来越大、复杂度越来越高，软件的质量越来越重要。

这个时候，一些软件测试的基础理论和实用技术开始形成，并且人们开始为软件开发设计了各种流程和管理方法，软件开发的方式也逐渐由混乱无序的开发过程过渡到结构化的开发过程，以结构化分析与设计、结构化评审、结构化程序设计以及结构化测试为特征。人们还将“质量”的概念融入其中，软件测试定义发生了改变，测试不单纯是一个发现错误的过程，还是将测试作为软件质量保证（SQA）的主要职能，包含软件质量评价的内容，Bill Hetzel 在《软件测试完全指南》（Complete Guide of Software Testing）一书中指出：“测试是以评价一个程序或者系统属性为目标的任何一种活动。测试是对软件质量的度量。”这个定义至今仍被引用。软件开发人员和测试人员开始坐在一起探讨软件工程和测试问题。

软件测试并非简单的“挑错”，而是贯穿于软件开发过程的始终，是一套完善的质量管理体系，这就要求测试工程师应该具有系统的测试专业知识及对软件的整体把握能力。

软件测试是为软件开发过程服务的，在整个软件开发过程中，要强调测试服务的概念。虽然软件测试的一个重要任务是为了发现软件中存在的缺陷，但是，其根本是为了提高软件质量，降低软件开发过程的风险。软件的质量风险可以归纳为两个方面：内部风险和外部风险。内部风险是软件开发商在即将发布的时候发现软件有严重的缺陷，从而延迟发布日期，违反合同，失去信誉或失去更多的市场机会；外部风险是软件发布之后用户发现了不能容忍的缺陷，引起索赔等各种法律纠纷，最后可能导致开发和用于客户支持的费用上升、软件系统不能通过验收等结果。

随着人们对软件工程化的重视和提高以及软件规模的日益扩大，软件分析、设计的作用越来越突出，而且有资料表明，80％以上的软件缺陷并不是由程序引起的，而是由需求分析和设计引起的。因此，做好软件需求分析和设计阶段的测试工作就显得非常重要。这就是我们提倡的测试概念扩大化，提倡软件全生命周期测试的理念。

软件测试只能证明软件存在缺陷，而不能证明软件没有缺陷。软件企业对软件开发的期望是在预计的时间、合理的预算下，提交一个可以交付使用的软件产品。软件测试的目的就是把软件的缺陷控制在一个可以进行软件系统交付/发布的程度上，可以交付/发布的软件系统并不是说其不存在任何缺陷，而是对于软件系统而言，没有主要的缺陷或者说没有影响业务正常进行的缺陷。因此，软件测试不可能无休止地进行下去，而是要把缺陷控制在一个合理的范围之内，因为软件测试也是需要花费巨大成本的。

对于测试而言，随着测试时间的延伸和深入，发现缺陷的成本会越来越高，这就需要测试有度，这个度并不是由项目计划的时间来判断，而是要根据测试的结果出现缺陷的严重性、缺陷的多少及发生的概率等多方面来分析。这也要求在项目计划时，要给软件测试留出足够的时间和经费，仓促的测试或者由于项目提交计划的压力而终止测试，软件系统的质量就不能得到保证，结果可能会造成无法估计的损失。

软件测试有两个基本职责，即验证(verification)和确认(validation)。验证：保证软件开发过程中某一具体阶段的工作产品与该阶段和前一阶段的需求的一致性。确认：保证最终得到的产品满足系统需求。

近些年，新的标准也相继发布，如《软件工程、软件产品质量要求和评估标准》(ANSI/INCITS/ISO/IEC 25062—2006)、国家标准化委员会发布的国家推荐标准《系统与软件工程、系统与软件质量要求和评价》(GB/T 25000.51—2016)等。

因为软件测试的目的，在规定条件下对软件进行操作，以发现错误，并对软件质量进行评估。

怎么才能够证明正在测试的产品或者功能质量过关呢？想要全面并且正确地回答这个问题，离不开一个软件的基本概念——软件质量模型。软件质量模型是一个衡量软件整体质量效果的度量标准。关于软件质量模型，业界已经有很多成熟的模型定义。软件测试的主要工作也是围绕着产品质量属性的相关属性进行测试。

这里介绍的软件产品质量模型是 GB/T 25000.10—2016，该国标对应的国际标准为ISO/IEC 25010—2011。该软件产品质量模型将一个软件产品需要满足的质量要求总结为8个属性(功能性、兼容性、安全性、可靠性、易用性、效率、可维护性和可移植性)，每个属性又可细分出很多子属性，如图1-1所示。

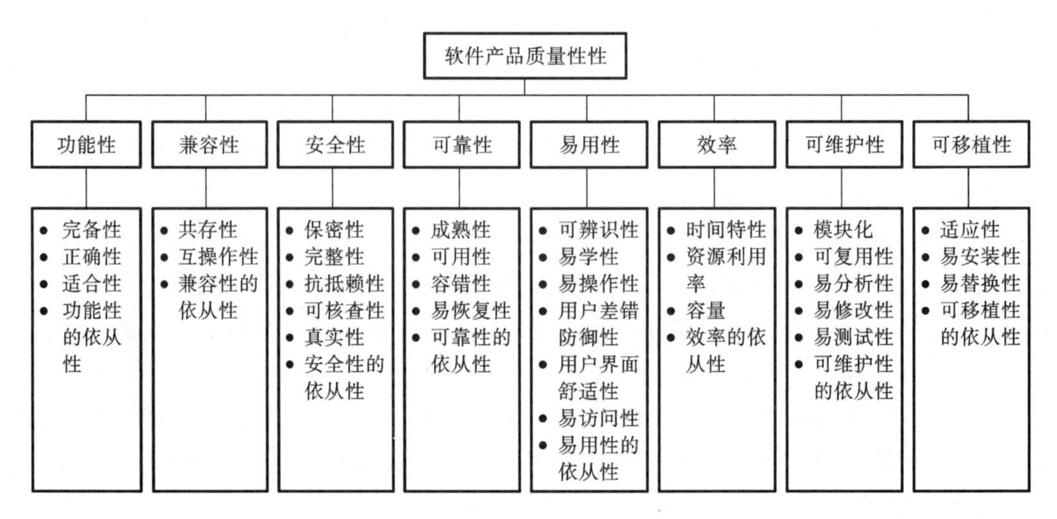

图 1-1　软件产品质量属性

1.2　软件测试的目的

软件测试的目的大家都能随口说出，如查找程序中的错误、保证软件质量、检验软件是否符合客户需求等。这些都对，但它们只是笼统地对软件测试目的进行了概括，比较片面。结合软件开发、软件测试与客户需求可以将软件测试的目的归结为以下几点。

（1）对于软件开发来说，软件测试通过找到问题缺陷来帮助开发人员找到开发过程中存在的问题，包括软件开发的模式、工具、技术等方面存在的问题与不足，并预防产生新的缺陷。

（2）对于软件测试来说，使用最少的人力、物力、时间等找到软件中隐藏的缺陷，保证软件的质量，也为以后软件测试积累丰富的经验。

（3）对于客户需求来说，软件测试能够检验软件是否符合客户需求，对软件质量进行评估和度量，为客户评审软件提供有力的依据。

1.3　软件缺陷

1.3.1　软件缺陷的定义

软件缺陷简单说就是存在于软件（文档、数据、程序）之中的那些不希望或不可接受的偏差，而导致软件产生质量问题。但是，以软件测试的观点对软件缺陷的定义是比较宽泛的，按照一般的定义，只要符合下面 5 个规则中的一条，就称为软件缺陷。

- 软件未达到软件规格说明书中规定的功能。
- 软件超出软件规格说明书中指明的范围。
- 软件未达到软件规格说明书中指出的应达到的目标。

● 软件运行出现错误。

● 软件测试人员认为软件难以理解，不易使用，运行速度慢，或者最终用户认为软件使用效果不好。

如果软件系统在执行过程中遇到一个软件缺陷，则可能引起软件系统的失效。那么准确、有效地定义和描述软件缺陷，可以使软件缺陷得以快速修复，节约软件测试项目的成本和资源，提高软件产品的质量。

1.3.2　软件缺陷的分类

1. 按严重程度分类

不同软件缺陷造成软件故障和软件失效的严重程度也不一样，对用户带来的危害和损失程度不一样，因此有必要区分软件缺陷的严重等级，对软件缺陷严重等级的划分如表1-1所示。

表1-1　软件缺陷严重等级

序号	等级名称	说　明
1	致命	导致软件崩溃、死机的缺陷
2	严重	妨碍主要功能实现和性能达标的缺陷
3	一般	妨碍次要功能实现的缺陷
4	轻微	给用户带来不方便或麻烦，但是不妨碍功能实现的缺陷

● 致命：系统任何一个主要功能完全丧失，用户数据受到破坏，系统崩溃、悬挂、死机或者危及人身安全。

● 严重：系统的主要功能部分丧失，数据不能保存，系统的次要功能完全丧失，系统所提供的功能或服务受到明显的影响。

● 一般：系统的次要功能没有完全实现，但不影响用户的正常使用。例如，提示信息不太准确或用户界面查询操作时间长等问题。

● 轻微：使操作者操作不方便或给操作者带来麻烦，但它不影响功能的操作和执行，如个别不影响产品理解的错别字、文字排列不整齐等一些小问题。

2. 按性质和范围分类

软件缺陷类别用于区分软件缺陷的性质，对软件缺陷类别的划分如表1-2所示。

表1-2　软件缺陷类别

序　号	类别名称	说　明
1	遗漏	应有的内容缺失
2	错误	相应的内容出现错误
3	多余	不应有的内容出现

3. 按软件的产生周期分类

正交缺陷分类(orthogonal defect classification，ODC)法是一种缺陷分析方法，该方法覆盖软件需求。软件设计和软件代码等主要软件工作产品，使用ODC法划分的软件缺陷类型如表 1-3 所示。

表 1-3　软件缺陷类型

<table>
<tr><th>大类号</th><th>大类名称</th><th>小类号</th><th>小类名称</th></tr>
<tr><td rowspan="10">1</td><td rowspan="10">需求缺陷
（软件需求不满足顾客的要求）</td><td>1</td><td>功能</td></tr>
<tr><td>2</td><td>性能</td></tr>
<tr><td>3</td><td>接口</td></tr>
<tr><td>4</td><td>控制流</td></tr>
<tr><td>5</td><td>数据流</td></tr>
<tr><td>6</td><td>标准</td></tr>
<tr><td>7</td><td>一致性</td></tr>
<tr><td>8</td><td>可追溯性</td></tr>
<tr><td>9</td><td>文档版本</td></tr>
<tr><td>10</td><td>其他</td></tr>
<tr><td rowspan="11">2</td><td rowspan="11">设计缺陷
（软件设计不满足软件需求规格说明的要求）</td><td>1</td><td>功能</td></tr>
<tr><td>2</td><td>性能</td></tr>
<tr><td>3</td><td>接口</td></tr>
<tr><td>4</td><td>逻辑</td></tr>
<tr><td>5</td><td>数据使用</td></tr>
<tr><td>6</td><td>错误处理</td></tr>
<tr><td>7</td><td>标准</td></tr>
<tr><td>8</td><td>一致性</td></tr>
<tr><td>9</td><td>可追溯性</td></tr>
<tr><td>10</td><td>文档版本</td></tr>
<tr><td>11</td><td>其他</td></tr>
<tr><td rowspan="12">3</td><td rowspan="12">代码缺陷
（软件代码不满足软件设计说明的要求）</td><td>1</td><td>功能</td></tr>
<tr><td>2</td><td>性能</td></tr>
<tr><td>3</td><td>接口</td></tr>
<tr><td>4</td><td>逻辑</td></tr>
<tr><td>5</td><td>数据使用</td></tr>
<tr><td>6</td><td>错误处理</td></tr>
<tr><td>7</td><td>编程语言</td></tr>
<tr><td>8</td><td>编程规范</td></tr>
<tr><td>9</td><td>代码冗余</td></tr>
<tr><td>10</td><td>可追溯性</td></tr>
<tr><td>11</td><td>代码版本</td></tr>
<tr><td>12</td><td>其他</td></tr>
</table>

软件缺陷的产生周期是指软件缺陷从产生到消除的持续时间。由于人工失误将缺陷注入(inject)软件工作产品中，在软件产品发布前发现软件缺陷的主要方法是软件评审和软件测试。

在软件生存周期中，各个阶段注入的软件缺陷被发现和消除(remove)的时机包括本阶段以及此后的所有阶段，每个阶段注入的软件缺陷在本阶段被发现和消除是最佳的选择，因为前期阶段注入的软件缺陷在后面阶段被发现和消除的代价比在本阶段被发现和消除所花费的代价高得多，势必造成对成本目标实现不利的风险。一般来说，在软件生存周期的各个阶段，软件缺陷的构成如图 1-2 所示。

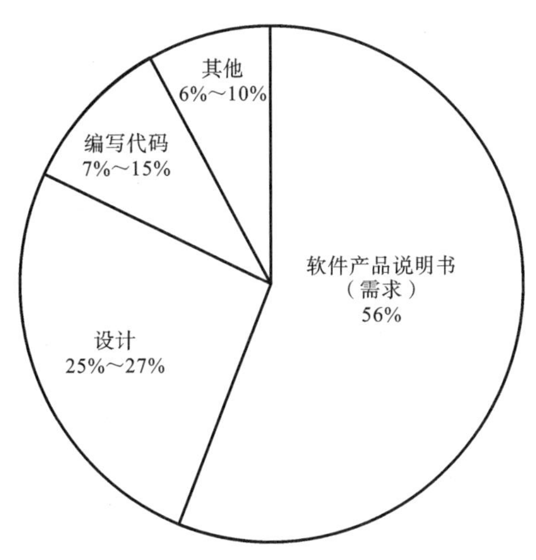

图 1-2　软件缺陷的构成示意图

在软件生存周期的每个阶段，都要进行软件质量控制，目标是不但要尽量发现和消除本阶段的软件缺陷，还要尽量发现和消除以前所有阶段遗留下来的软件缺陷。软件生存周期中软件缺陷的注入、发现和消除过程，如图 1-3 所示。

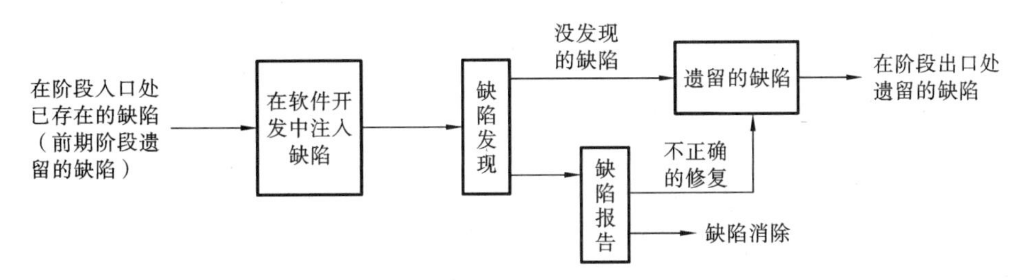

图 1-3　软件缺陷注入、发现和消除过程

1.4　软件测试与软件工程的关系

在 1968 年的北约计算机科学家国际会议上，同时提出了“软件工程”一词，正式宣告软件工程学的诞生，作为一门新兴的工程学科，软件工程主要研究软件生产的客观规律性，建

立与系统化软件生产有关的概念、原则、方法、技术和工具，指导和支持软件系统的生产活动，以期达到降低软件生产成本，改进软件产品质量、提高软件生产率水平的目标。软件工程学从硬件工程和其他人类工程中吸收了许多成功的经验，明确提出了软件生命周期的模型，发展了许多软件开发与维护技术和方法，并应用于软件工程实践，取得良好的效果。

在不断演进的软件开发过程中，人们开始研制和使用软件工具，用以辅助进行软件项目管理与技术生产，人们还将软件生命周期各阶段使用的软件工具有机地集合成为一个整体，形成能够连续支持软件开发与维护全过程的集成化软件支援环境，以期从管理和技术两方面解决软件危机问题。

软件工程学科诞生后，人们为其给出了许多不同的定义。例如，F. L. Bauer 给出的定义，即“软件工程是为了经济地获得能够在实际机器上高效运行的、可靠的软件而建立和应用一系列坚实的软件工程原则”；美国卡耐基梅隆大学软件工程研究所（SEI）给出的定义，即软件工程是以工程的形式应用计算机科学和数学原理，从而经济有效地解决软件问题。由 IEEE 给出的定义，即软件工程是将系统性的、规范化的、可定量的方法应用于软件的开发、运行和维护。

综合来看，软件工程概念实际存在两层含义，从狭义概念看，软件工程着重体现在软件过程中所采用的工程方法和管理体系，如引入成本核算、质量管理和项目管理等，即将软件产品开发看作是一项工程项目所需要的系统工程学和管理学。从广义概念看，软件工程涵盖了软件生命周期中所有的工程方法、技术和工具，包括需求工程、设计、编程，测试和维护的全部内容，即完成一个软件产品所必备的思想、理论、方法、技术和工具。

软件工程学科包含为完成软件需求，设计、构建、测试和维护所需的知识、方法和工具。对软件工程的理解不应局限在理论，要更注重实践，软件工程能够帮助软件组织协调团队，运用有限的资源，遵守已定义的软件工程规范，通过一系列可复用的、有效的方法，在规定的时间内达到预先设定的目标。针对软件工程的实施，无论是采用什么样的方法和工具，先进的软件工程思想始终是最重要的。只有在正确的工程思想指导下，才能制定正确的技术路线，才能正确地运用方法和工具达到软件工程或项目管理的既定目标。

软件工程是一门交叉性的工程学科，它将计算机科学、数学、工程学和管理学等基本原理应用于软件的开发与维护中，其重点在于大型软件的分析与评价、规格说明、设计和演化，同时涉及管理、质量、创新、标准、个人技能、团队协作和专业实践等。从这个意义上看，软件工程可以看作由下列三个部分组成。

- 计算机科学和数学：用于构造软件的模型与算法。
- 工程科学：用于制定规范、设计范式、评估成本以及确定权衡等。
- 管理科学：用于计划、资源、质量、成本等管理。

例如，计算机辅助软件工程（computer aided software engineering，CASE）就是一组工具和方法的集合，可以辅助软件生命周期各阶段进行的软件开发活动。CASE 吸收了 CAD（计算机辅助设计）软件工程、操作系统、数据库、网络和许多其他计算机领域的原理和技术。这个例子也体现了软件工程是学科交叉的、集成和综合的领域。

如果从知识领域看，软件工程学科是以软件方法和技术为核心，涉及计算机的硬件体系、系统基础平台等相关领域，同时还涉及一些应用领域和通用的管理学科、组织行为学科。

例如，通过应用领域的知识帮助我们理解用户的需求，从而可以根据需求来设计软件的功能。在软件工程中必然要涉及组织中应用系统的部署和配置所面临的实际问题，同时又必须不断促进知识的更新和理论的创新。为了真正解决实际问题，需要在理论和应用上获得最佳平衡。

软件测试是软件工程中的一部分，通过软件测试可以生产具有正确性、可用性以及开销适宜的产品。

1.5　PDCA与软件测试

PDCA循环是美国质量管理专家沃特·阿曼德·休哈特(Walter A. Shewhart)首先提出的，由戴明采纳、宣传，获得普及，所以又称戴明环。全面质量管理的思想基础和方法依据就是PDCA循环。PDCA循环的含义是将质量管理分为四个阶段，即Plan(计划)、Do(执行)、Check(检查)和Action(处理)。在质量管理活动中，要求把各项工作按照做出计划、计划实施、检查实施效果，然后将成功的纳入标准，不成功的留待下一循环去解决。这一工作方法是质量管理的基本方法，也是企业管理各项工作的一般规律。

1.5.1　什么是PDCA模型

PDCA是英语单词Plan(计划)、Do(执行)、Check(检查)和Action(处理)的第一个字母的缩写，PDCA循环就是按照这样的顺序进行质量管理，并且循环不止地进行下去的科学程序。

(1) P(Plan)计划，包括方针和目标的确定，以及活动规划的制定。

(2) D(Do)执行，根据已知的信息，设计具体的方法、方案和计划布局；再根据设计和布局，进行具体运作，实现计划中的内容。

(3) C(Check)检查，总结执行计划的结果，分清哪些对了，哪些错了，明确效果，找出问题。

(4) A(Action)处理，对检查的结果进行处理，对成功的经验加以肯定，并予以标准化；对于失败的教训也要总结，引起重视。对于没有解决的问题，应提交给下一个PDCA循环去解决。

以上四个过程不是运行一次就结束，而是周而复始地进行，一个循环完了，解决一些问题，未解决的问题进入下一个循环，这样阶梯式上升的。

PDCA循环是全面质量管理所应遵循的科学程序。全面质量管理活动的全部过程，就是质量计划的制订和组织实现的过程，这个过程就是按照PDCA循环，不停顿地周而复始地运转的。PDCA循环示意图如图1-4所示。

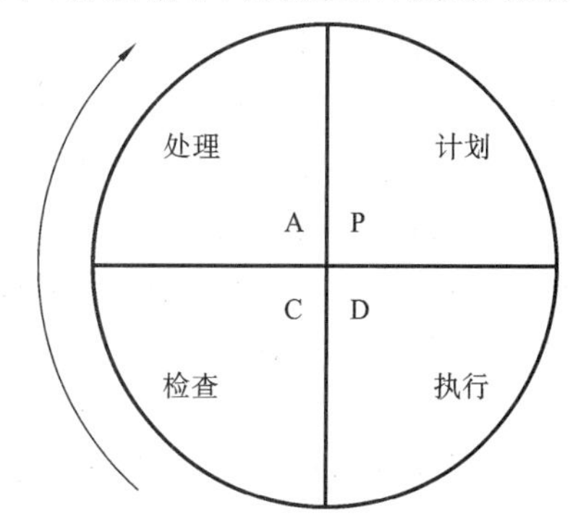

图1-4　PDCA循环示意图

1.5.2　PDCA理念融入软件测试

将PDCA方法融入软件测试工作流程中，使得测试流程更加规范，提高了测试工作效率。编写测试计划，使得测试工作按部就班；规范的工作内容，在各个阶段都有明确的产出物，方便领导对测试工作的检查；增加测试文档的评审机制，既降低测试组与研发部门沟通成本，减少分歧，又提高了软件测试的质量。

1. Plan：编写测试计划

软件测试组接到测试项目后，测试工程师首先编写《系统测试计划》，为本次测试工作做好安排。

根据研发部门提交的《项目总体需求说明书》《项目模块需求说明书》《项目概要设计说明书》《项目详细设计说明书》及《数据库设计说明书》等内容，测试工程师编写《系统测试计划》。测试计划中包含编写目的、参考资料、测试内容、测试环境、测试方案、测试通过标准、风险评估、测试组织和时间安排等内容，包括了 Plan 中应该进行活动、控制、资源、目标等全部内容，实现了做测试工作的计划性。

2. Do：按计划开展测试工作

完成测试计划后，即按照计划的时间要求进行测试工作。

测试工程师依据《项目总体需求说明书》《项目模块需求说明书》《项目概要设计说明书》和《验收测试计划》分析测试需求，撰写该项目的《系统测试需求说明书》。软件测试的核心文件《系统测试需求说明书》中列出项目所有的测试点，保证了软件测试有据可依。测试工程师根据《系统测试需求说明书》编写《测试用例》。

测试负责人依据《系统测试计划》及项目进度向测试工程师分配测试任务；测试工程师向测试负责人领取测试资料，执行测试。本轮测试结束后，测试工程师编写《系统测试报告》。

测试设计工作流程图如图 1-5 所示。

3. Check：审核和评审测试文档

审核和评审是 PDCA 方法中最重要的组成部分，在软件测试中主要是依靠对测试文档的审核和评审，来保证测试工作的质量。

《系统测试计划》是测试工作的纲领性文件，是对整个系统测试的工作安排。测试工程师完成后，需要由测试负责人进行审核，审核通过后由研发和测试人员组成的评审小组进行评审，保证了测试计划的合理性。

《测试需求说明书》是整个测试工作的核心文件，列出项目的所有测试点。首先由测试负责人进行审核，审核通过后组织评审，项目经理和评审小组参与进行评审，要求有测试记录。从研发和测试的角度保证了尽可能不遗漏测试点，也能有效减少测试组与研发部门的分歧。

《系统测试用例》是根据《测试需求说明书》的测试点扩展而来，测试工程师完成后，由测试负责人审核《系统测试用例》，并提出修改意见。

《系统测试报告》是每轮测试结束后，由测试工程师编写，然后测试负责人审核《系统测试总结报告》。审核通过后，将《系统测试报告》交给测试负责人、项目经理、评审小组成员进行审批；审批不通过，则测试人员进行修改；审批通过，更新系统测试用例后，一轮测试结束。系统测试工作流程图如图 1-6 所示。

4. Action：维护测试文档

《系统测试计划》和《测试需求说明书》都需要经过测试负责人的审核和评审小组的评

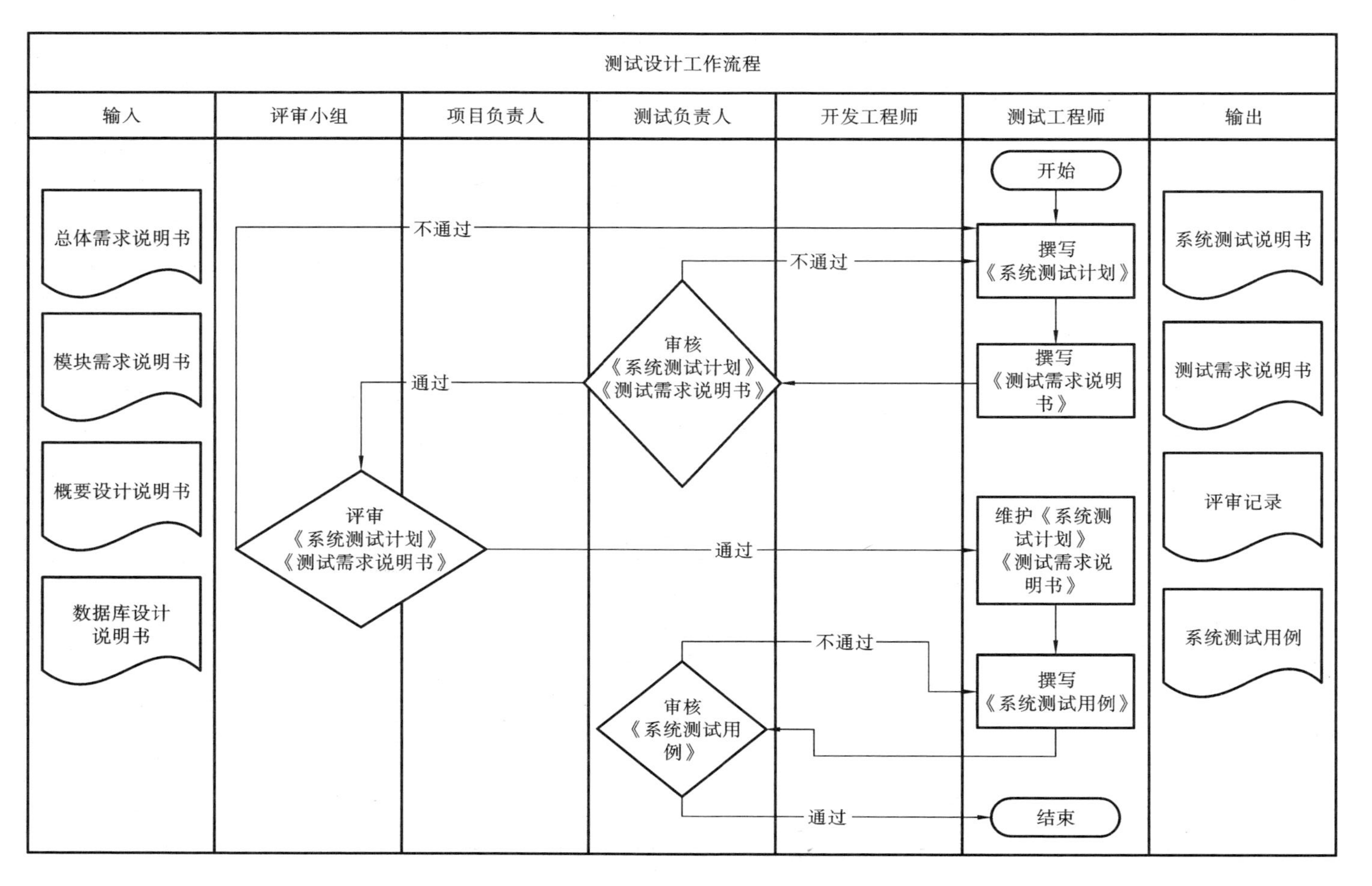

图1-5　测试设计工作流程

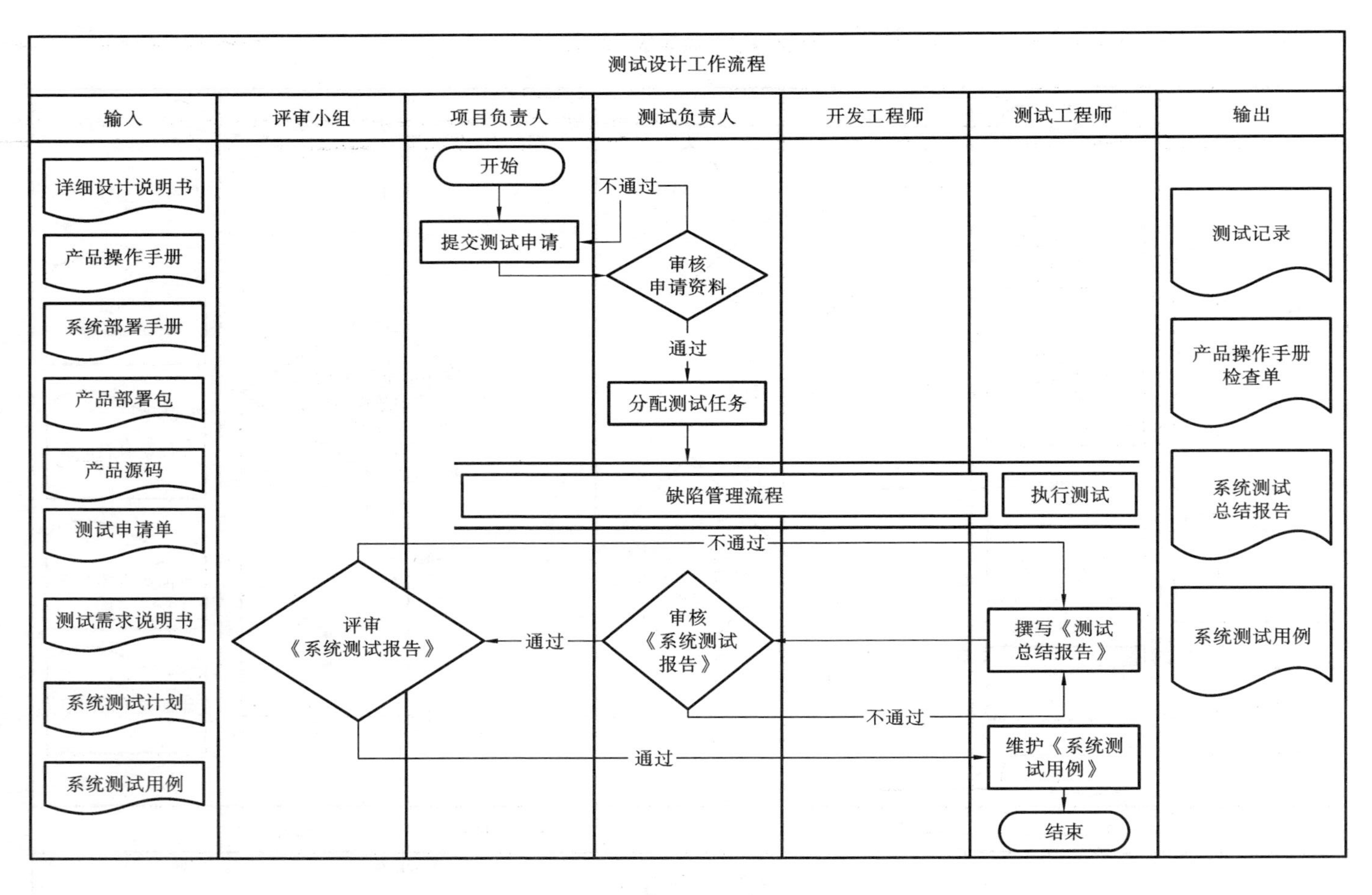

图1-6 系统测试工作流程图

审,《系统测试用例》要由测试负责人进行审核,《系统测试总结报告》除由测试负责人审核外,还要由项目经理、评审小组成员进行审批和会签,在此过程中,会有很多测试工程师按照评审意见进行修改,达到了分析改进提高的效果,保证测试工作的质量。

1.6　常见软件测试模式

1.6.1　V 模型

在企业日常开发工作中,V 模型是最常用的软件测试模型,需要软件测试工程师重点掌握,其他模型可以作为了解。V 模型示意图如图 1-7 所示。

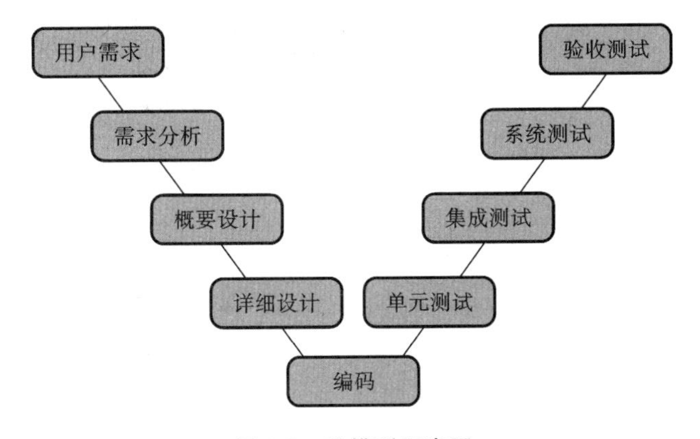

图 1-7　V 模型示意图

V 模型,顾名思义,模型图形类似英文字母 V。如图 1-7 所示,V 模型从左往右依次是用户需求、需求分析、概要设计、详细设计、编码、单元测试、集成测试、系统测试以及验收测试。用户需求、需求分析、概要设计、详细设计以及编码都属于软件开发的范畴,单元测试、集成测试、系统测试以及验收测试属于软件测试的范畴。以编码为边界开发和测试形成明显的割裂。

在软件产品的整个生命周期中,测试未能及早介入进来,没有体现"尽早测试和不断测试原则"。从管理的角度分析,PDCA 循环应该参与到软件的整个生命过程中,并且在各个生命阶段不断地循环,而 V 模型中用户需求、需求分析、概要设计、详细设计以及编码阶段都没有涉及 PDCA 中的 C 和 A 环节。而 C 和 A 环节主要集中在单元测试、集成测试、系统测试以及验收测试四个环节。由此看来,V 模型与软件开发的瀑布模型具有较大的相似性。为了弥补 V 模型的不足,W 模型便应运而生。

1.6.2　W 模型

W 模型在 V 模型的基础上让测试更早地参与到软件开发生命周期的各个阶段,是对 PDCA 闭环的更透彻的实践。在需求阶段引入了需求测试,概要设计阶段同步进行概要设计测试,详细设计阶段增加了详细设计测试。至此,软件测试渗透到了软件开发的各个阶段。但是 W 模型也有其局限性,左边的 V 亦是把开发视为一系列串行的活动,无法支持迭代。按照这种思路构建的 W 模型图，如同两个字母“V”叠加在一起，类似字母“W”。W 模型示意图如图 1-8 所示。

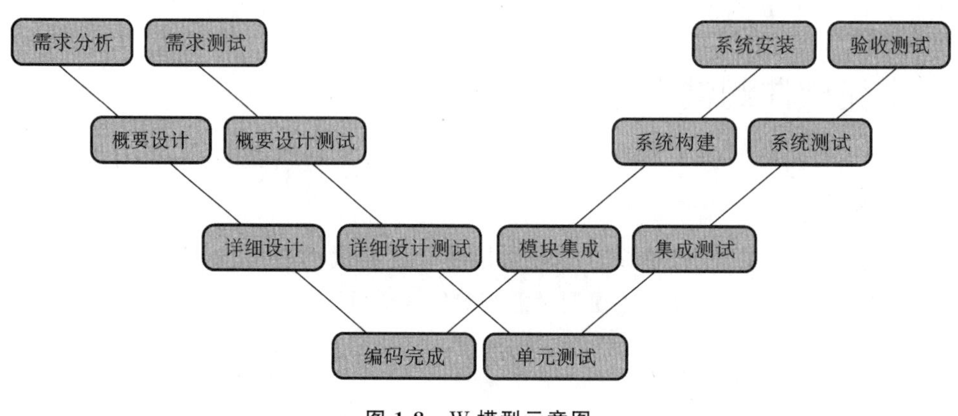

图 1-8　W 模型示意图

实验实训

1. 实训目的

了解软件测试的概念、目的，明白软件测试是软件质量体系的组成部分，同时培养软件开发和测试的工程化思维。

2. 实训内容

收集、查阅软件工程和软件测试相关资料和文献，认识到软件测试的重要性，树立软件开发的工程化思维。

小　　结

本章介绍了软件测试的原则和目的。软件测试不仅仅是找出软件的 Bug，同时还是软件质量保证的关键，它代表了文档规约、设计和编码的最终检查，是为了发现程序中的错误而分析或执行程序的过程。

通过本章的学习，读者应了解软件的生命周期。软件测试是软件项目开发过程中必不可少的一个环节。通过介绍软件工程、PDCA 和软件测试的关系，读者应能树立软件测试质量管理和工程管理的思维。另外本章介绍了软件测试常用到的 2 个基本模型。

习　题　1

一、填空题

1. ISO/IEC 25010—2011 标准提出的软件产品质量模型包括功能性、兼容性、________、________、________、________、________和________等 8 个属性。

2. 有一种测试模型，测试与开发并行进行，这种测试模型称为________模型。

3. 按照缺陷的严重程度可以将缺陷划分为________、________、________和轻微。

4. PDCA 循环又叫戴明环，它将质量管理分为四个阶段，分别是计划、执行、________、________。

二、选择题

1. 下列选项中，(　　)不是影响软件质量的因素。

A. 需求模糊　　B. 缺乏规范的文档指导

C. 使用新技术　　D. 开发人员技术有限

2. 下列选项中，(　　)不是软件缺陷产生的原因。

A. 需求不明确　　B. 测试用例设计不好

D. 项目周期短　　C. 软件结构复杂

三、简答题

1. 软件测试的定义？软件测试的目标是什么？

2. 软件测试与软件工程的关系是什么？

3. 测试软件的好处是什么？

第 2 章　高考志愿填报辅助系统

章节导读

软件测试是一门实践性很强的学科，只有在软件开发过程中进行实践才能对软件测试有一个清晰的认识。本书以高考志愿填报辅助系统为例，通过对该系统测试过程的讲解，让读者完成对软件测试的测试计划、测试用例、测试技术等知识的学习和了解。

高考志愿填报辅助系统采用当前流行的体系结构，包括：前端、后端、数据库，并且该系统在性能方面对大数据、高并发、快速响应等主要的性能方面都有一定要求，涵盖了软件测试所涉及的大部分内容，很适合读者学习、练习、实训。

本章主要内容

1. 案例：高考志愿填报辅助系统。
2. 项目环境的搭建。

能力目标

了解项目的背景、需求、功能、结构图、搭建环境的方法。

2.1　项目背景

为方便考生填报志愿，XX 招生考试杂志社在编印招生计划专刊和《2022 年填报志愿参考》的基础上推出了“计划查询与志愿填报辅助系统”，供考生填报志愿时参阅。该系统由武汉工商学院计算机与自动化学院师生团队开发。该系统如图 2-1 所示。

图 2-1　计划查询与志愿填报辅助系统

该系统在填报志愿期间免费向考生开放，几十万考生要在四天内，完成高校招生计划查询与志愿填报，短时间内会有大量用户登录并使用系统，而系统则需要在 0.05 秒内做出反应，并将正确结果反馈给考生，这就意味着系统需要具有强大的技术支撑。

系统主要向考生提供三个方面的辅助功能：

一是考生可在该系统中查询当年在鄂招生院校的招生计划、院校专业组设置和招生专业等信息；

二是可以查询近几年 XX 省录取控制分数线、一分一段表和各院校的投档录取成绩情况；

三是考生可以根据自身的成绩、位次、线差等参考因素关注自己心仪的学校和专业，并打印关注列表，在充分酝酿后填写志愿草表和网上填报志愿。

为使考生能够全面参考各高校、各专业历年分数及位次情况，更加恰当地对自身分数进行定位，进而合理选择专业和院校志愿，增加被理想高校和专业录取的机会，通过建设智能化填报志愿辅助系统，更好地将院校、专业等信息整合在一起，考生可通过相应条件筛选查询院校信息，为考生填报志愿提供辅助查询，做到更好地服务于考生。

2.2　核心需求

1. 院校参考查询

根据用户的考区、文理科、分数，提供合适的院校及专业信息推荐，了解到自己关注的院校专业的历年录取信息，并提供近几年一分一段的统计信息，为报考提供一定的参考。

2. 填报专业分析

除了对不清楚的专业进行详细查询外，亦可通过简单的测试信息填写，系统结合测试结果提供部分专业参考，避免受“热门专业、紧缺专业”的影响而填报。

3. 志愿模拟

用户进行志愿信息填报，系统将结合历年院校大数据进行分析，计算得出历年数据下志愿填报对象的录取概率与风险。

2.3　核心功能

计划查询与志愿填报辅助系统核心功能如图 2-2 所示。

2.4　系统架构图

计划查询与志愿填报辅助系统架构图如图 2-3 所示。

2.5　项目功能介绍

本系统的主要功能包括登录功能、计划查询功能、辅助填报等，下面将详细进行说明。

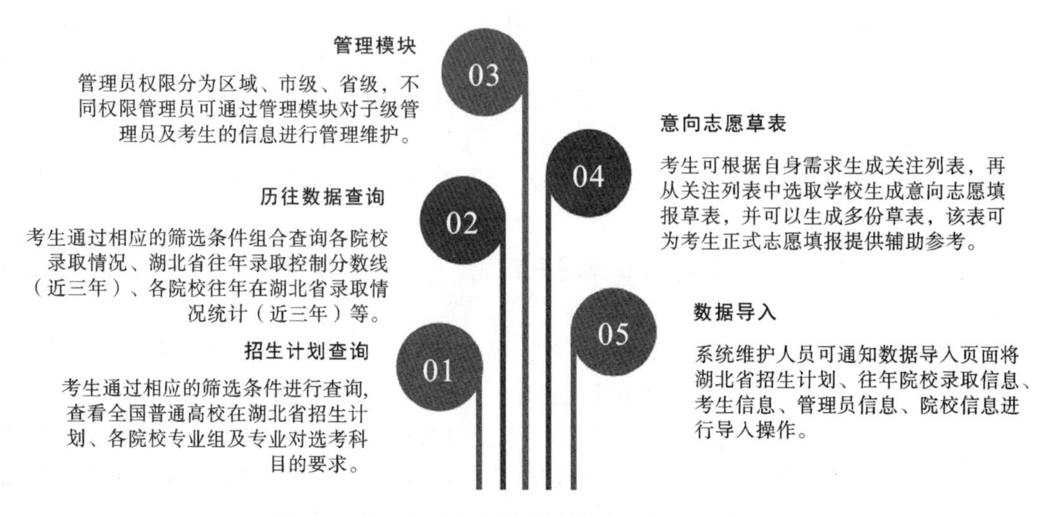

管理模块
管理员权限分为区域、市级、省级，不同权限管理员可通过管理模块对子级管理员及考生的信息进行管理维护。
03
意向志愿草表
考生可根据自身需求生成关注列表，再从关注列表中选取学校生成意向志愿填报草表，并可以生成多份草表，该表可为考生正式志愿填报提供辅助参考。
04
历往数据查询
考生通过相应的筛选条件组合查询各院校录取情况、湖北省往年录取控制分数线（近三年）、各院校往年在湖北省录取情况统计（近三年）等。
02
数据导入
系统维护人员可通知数据导入页面将湖北省招生计划、往年院校录取信息、考生信息、管理员信息、院校信息进行导入操作。
05
招生计划查询
考生通过相应的筛选条件进行查询，查看全国普通高校在湖北省招生计划、各院校专业组及专业对选考科目的要求。
01

图 2-2　计划查询与志愿填报辅助系统核心功能图

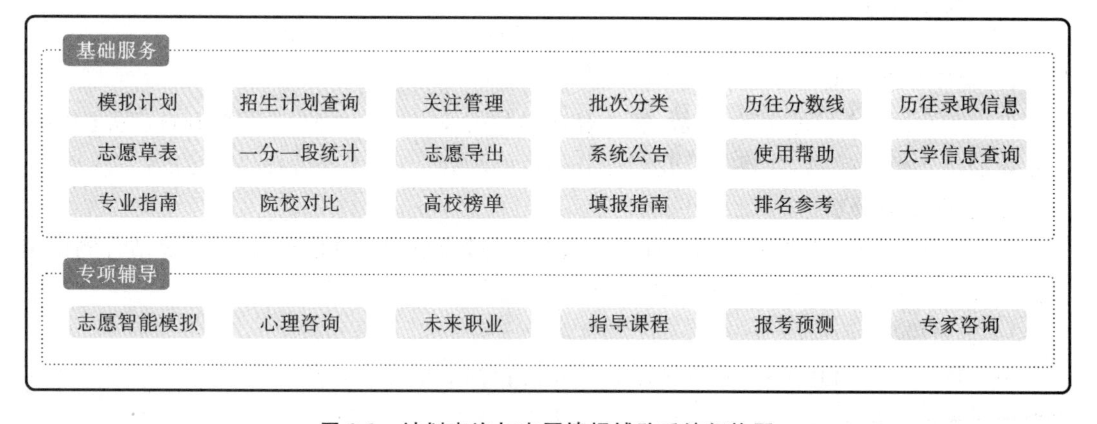

图 2-3　计划查询与志愿填报辅助系统架构图

2.5.1　登录功能

进入计划查询与志愿填报辅助系统，出现“温馨提示”的倒计时提示框，如图 2-4 所示。

倒计时结束后，单击“我已阅读并同意”按钮，关闭温馨提示的提示框，如图 2-5 所示。

首先输入用户名，然后输入密码，最后输入验证码，单击“登录”按钮，如图 2-6 所示。

注：首次登录，用户名为考生的 14 位高考报名号；初始密码是考生本人的身份证号后五位数字（若最后一位是 X，应使用大写 X 输入）；验证码的输入不区分大小写，看不清可以换一张。

单击“登录”按钮后，如果是首次登录，则自动跳转到修改密码页面，两次输入密码保持一致，单击“修改密码”按钮，修改成功并返回登录首页，用修改的新密码重新登录，如图 2-7 所示。

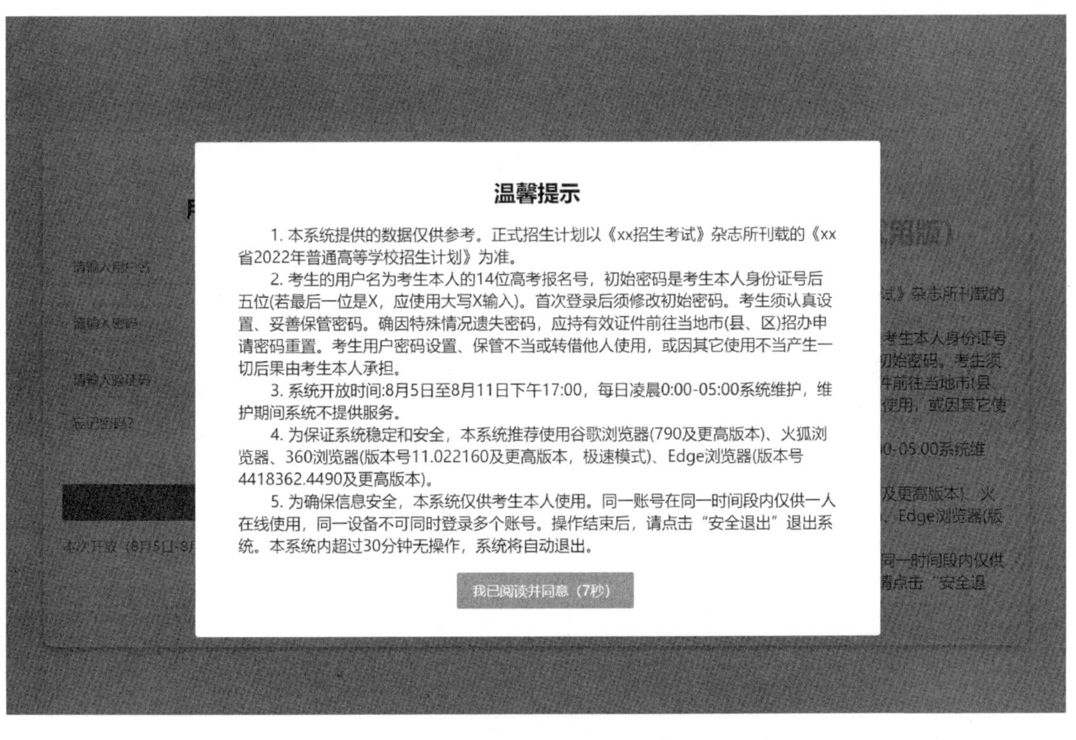

图 2-4　进入系统温馨提示框

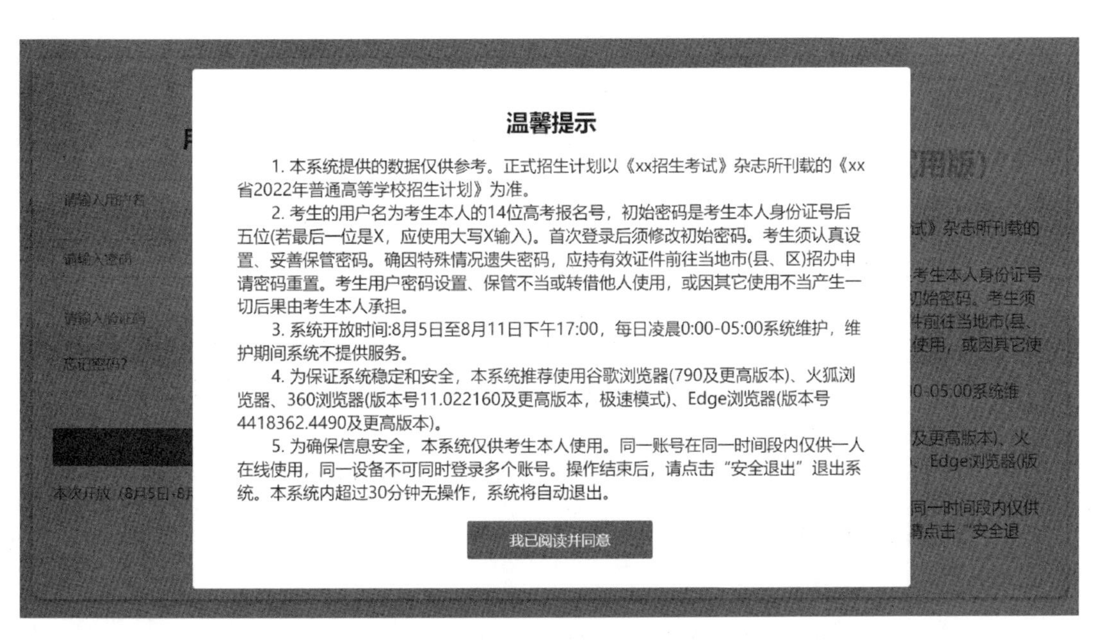

图 2-5　单击“我已阅读并同意”按钮

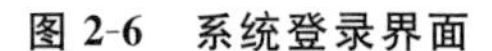

图 2-6　系统登录界面

图 2-7　修改密码界面

注:新的密码可设置为 6～8 位且同时包含英文字母与数字的字符组合。英文字母区分大小写,不可含空格和特殊字符。确因特殊情况遗失密码,应持有效证件前往当地市(县、区)招办申请初始密码重置。

再次单击"登录"按钮时,正常进入系统首页,如图 2-8 所示。

2.5.2　计划查询功能

计划查询功能包括招生计划查询、关注列表等。招生计划查询可以查看各高校、专业的招生计划。关注学校和专业后,可以在关注列表中进行查看。

首页默认为招生计划查询主页,以本科普通批为例,单击"进入"按钮,进入该批次模拟招生计划查询页面,如图 2-9 所示。

图 2-8　系统首页

图 2-9　招生计划查询页面

志愿模块默认平行志愿，考生必须先选择某一志愿。例如，志愿模块选择平行志愿，如图 2-10 所示。

首选与再选科目默认为空，考生必须先勾选首选与再选科目。例如，首选物理，再选化学和生物，如图 2-11 所示。

院校所在地默认为全部，考生必须先选择某一院校所在地。例如，选择院校所在地湖北，如图 2-12 所示。

弹出的院校列表项显示该所在地所有院校名称，并且建立了索引，可以比较快速地找到

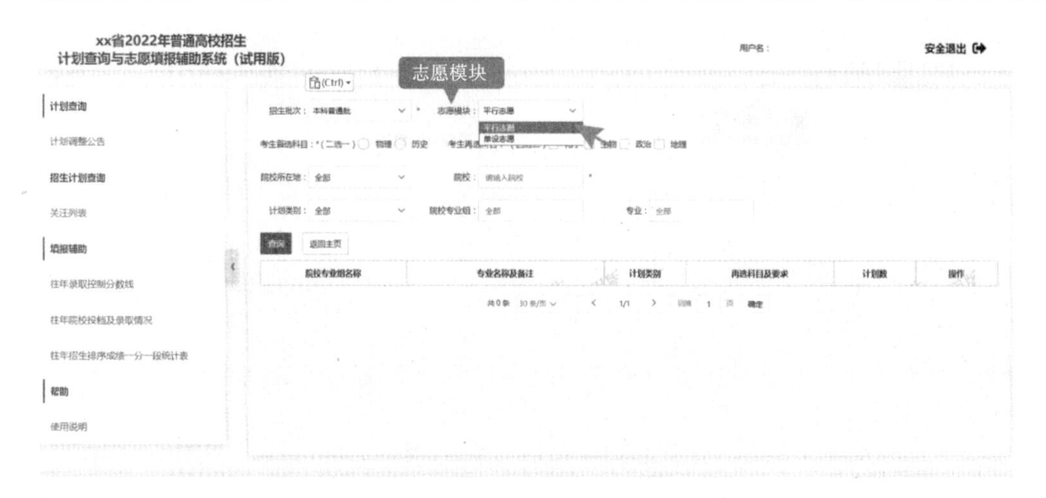

图 2-10　志愿模块选择

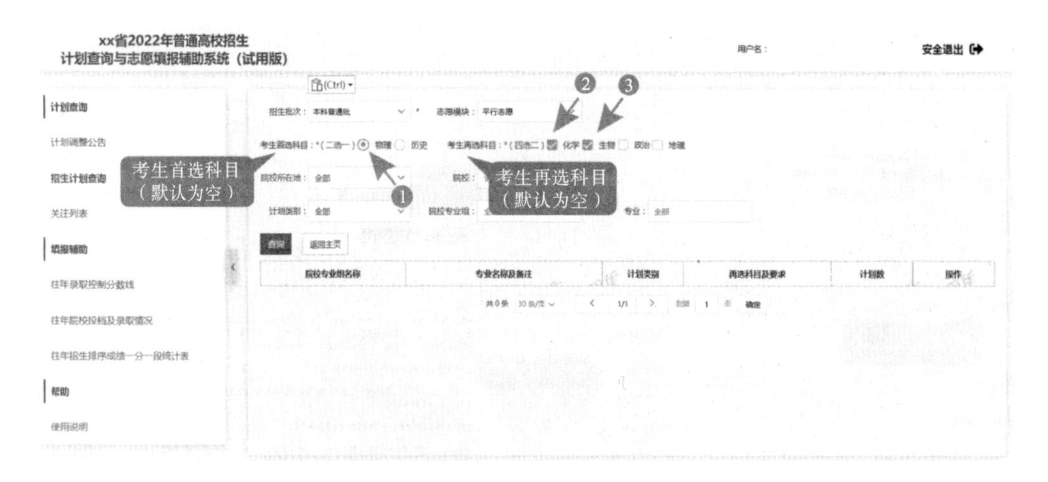

图 2-11　考生科目选择

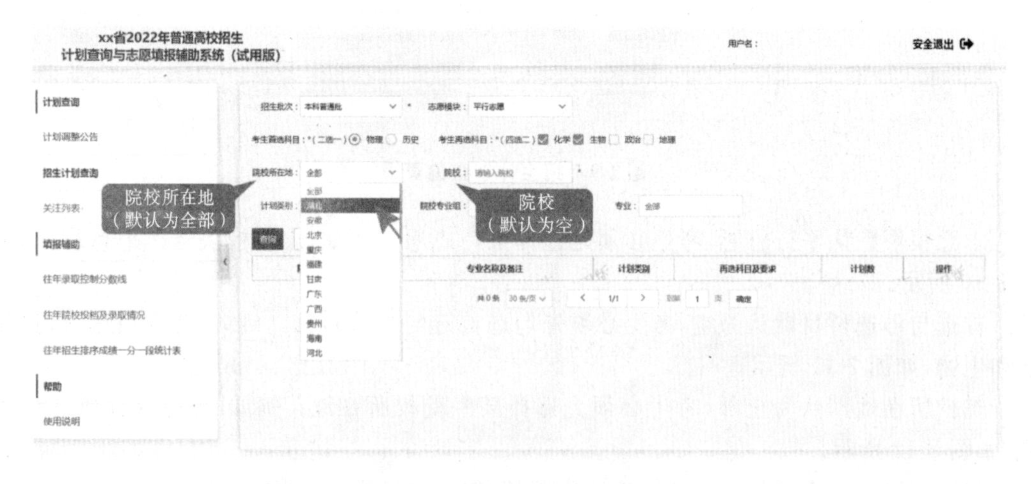

图 2-12　院校所在地选择

自己想查询的院校。也可以直接输入关键字查询,如输入“武汉工商学院”,呈现下拉框,选择武汉工商学院,并单击“查询”按钮。在表格中,单击院校名称,则选定该院校,如图2-13所示。

图2-13　院校选择

计划类别默认为全部,考生可以选择全部,也可以选择某一计划类别,如选择普通类。

院校专业组默认为全部,考生可以选择全部,也可以选择某一院校专业组,如选择武汉工商学院02组。

专业默认为全部,考生可以选择“全部”,也可以选择“计算机科学与技术”,如图2-14所示。

单击“查询”按钮后,倒计时10 s。同时显示查询结果。例如,查询结果是“武汉工商学院-02组-计算机科学与技术专业”,操作状态是未关注,如图2-15所示。

单击左侧导航栏的关注列表,查看所有已被关注的专业汇总。例如,已关注专业有计算机科学与技术专业、软件工程、机器人工程和机械电子工程,如图2-16所示。

2.5.3　填报辅助功能

填报辅助功能可以查看往年各高校的录取情况,为当年的报考做一个参考。

单击左侧导航栏的往年录取控制分数线,显示前三年的XX省录取控制分数线,默认显示上一年的XX省录取控制分数线,单击左上角的年份,可以切换不同年份,如图2-17所示。

单击左侧导航栏的往年院校投档及录取情况,显示前三年的院校投档及录取情况,默认

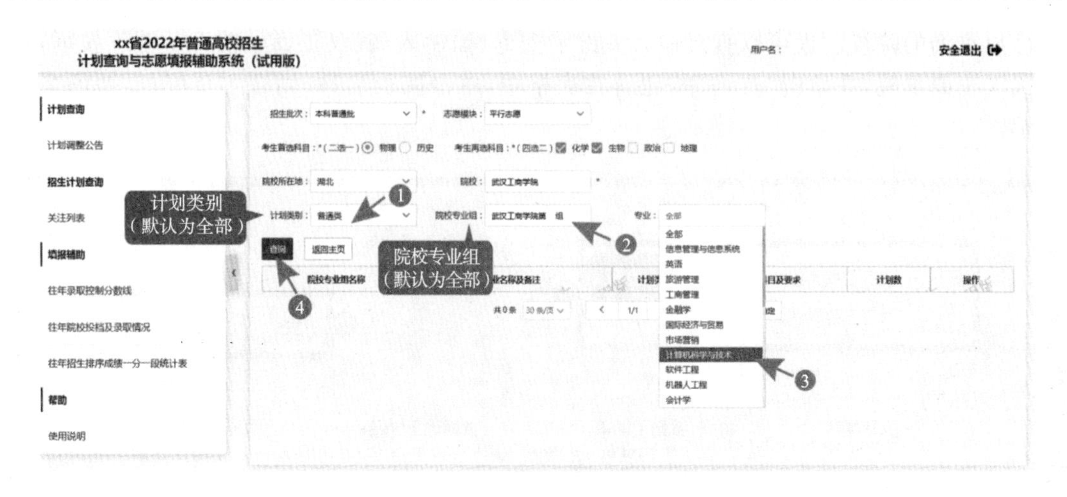

图 2-14　计划类别和院校专业组选择

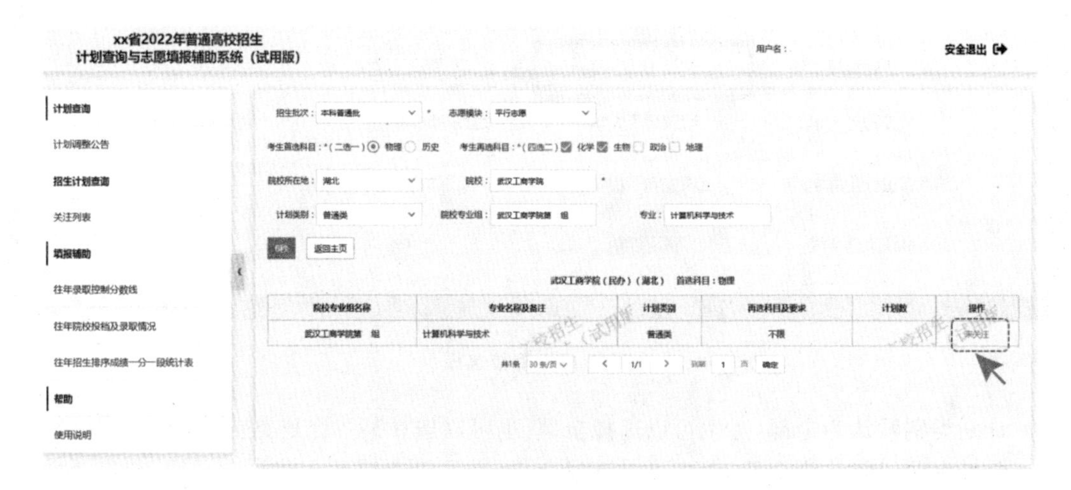

图 2-15　计划查询结果关注功能

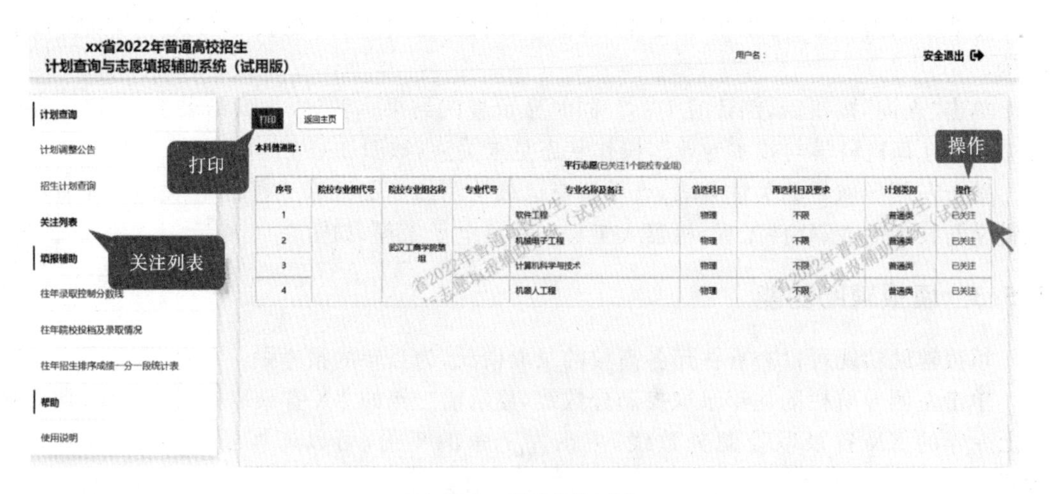

图 2-16　查看关注列表

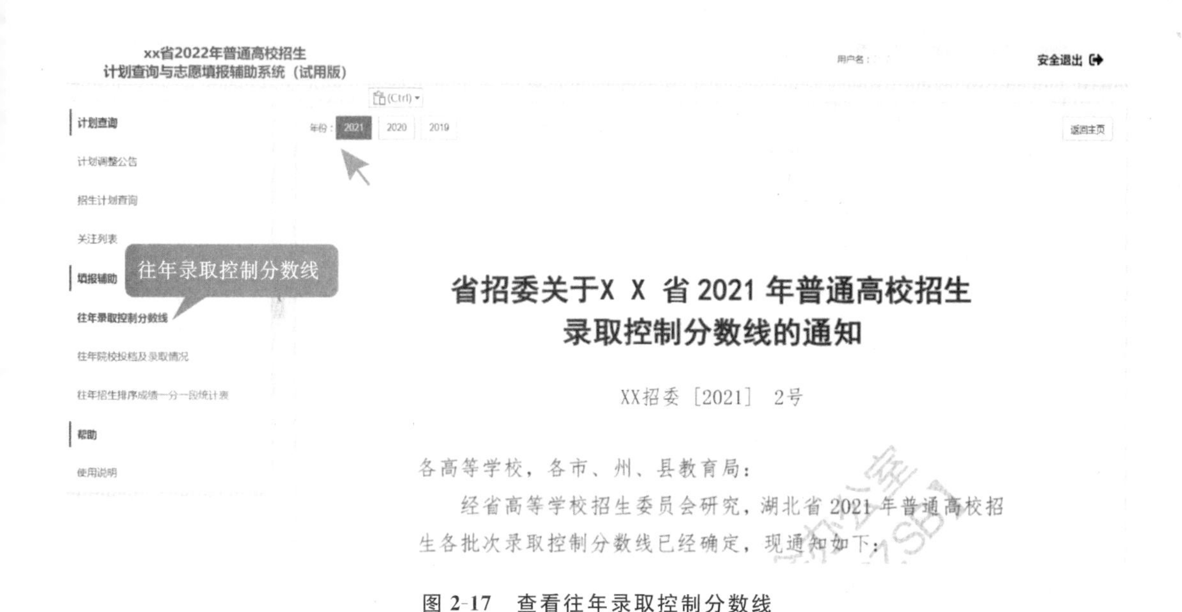

省招委关于X X 省 2021 年普通高校招生
录取控制分数线的通知

XX招委［2021］ 2号

各高等学校，各市、州、县教育局：

经省高等学校招生委员会研究，湖北省 2021 年普通高校招生各批次录取控制分数线已经确定，现通知如下：

图 2-17　查看往年录取控制分数线

显示上一年的院校投档及录取情况，单击左上角的年份，可以切换不同年份。例如，年份选择 2021，如图 2-18 所示。

图 2-18　查看往年院校投档及录取情况——年份选择

招生批次默认为本科普通批，考生必须选择某一院校专业组。例如，选择本科普通批，如图 2-19 所示。

首选批次默认为物理，考生必须选择某一首选科目。例如，选择物理，如图 2-20 所示。

计划类别默认为全部，考生可以选择全部，也可以选择某一计划类别。例如，选择普通类，如图 2-21 所示。

院校默认为全部，考生可以选择全部，也可以选择某一院校。例如，选择武汉工商学院，如图 2-22 所示。

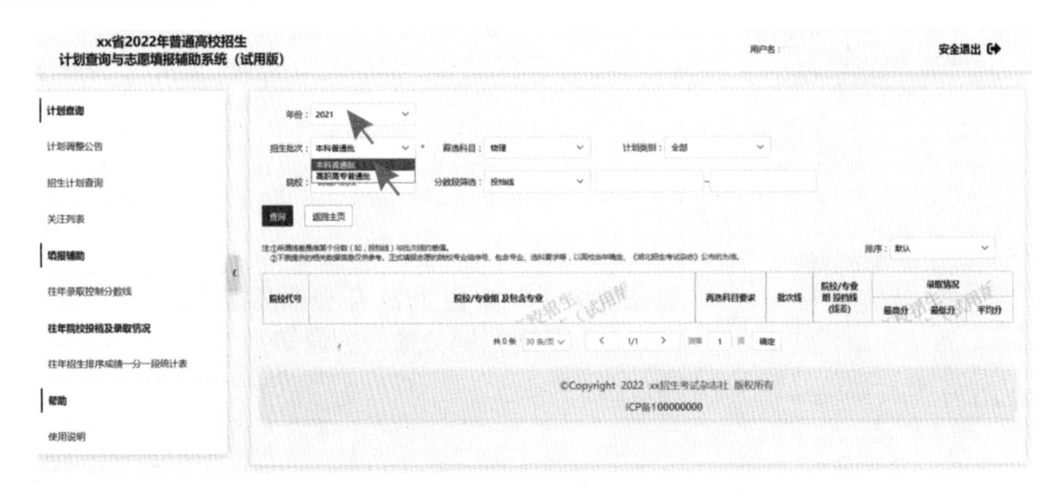

图 2-19　查看往年院校投档及录取情况——批次选择

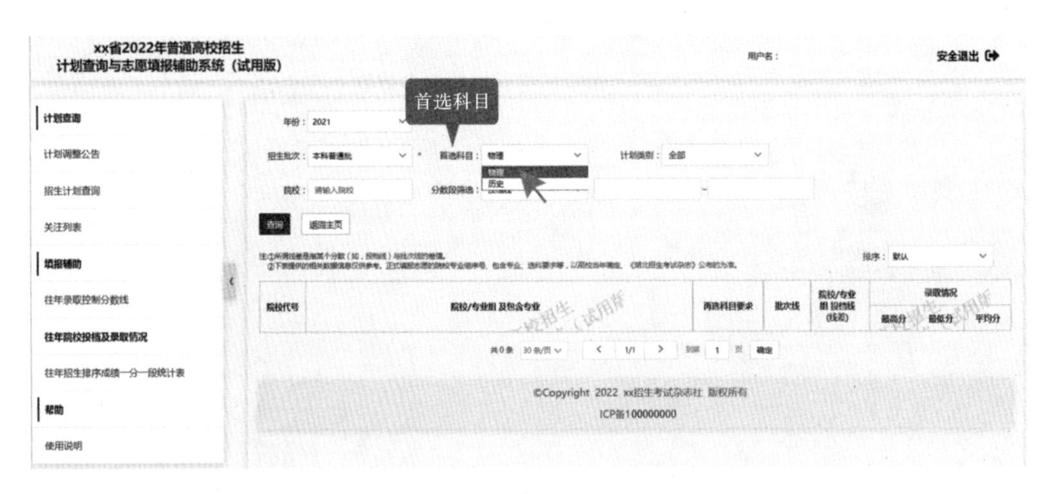

图 2-20　查看往年院校投档及录取情况——科目选择

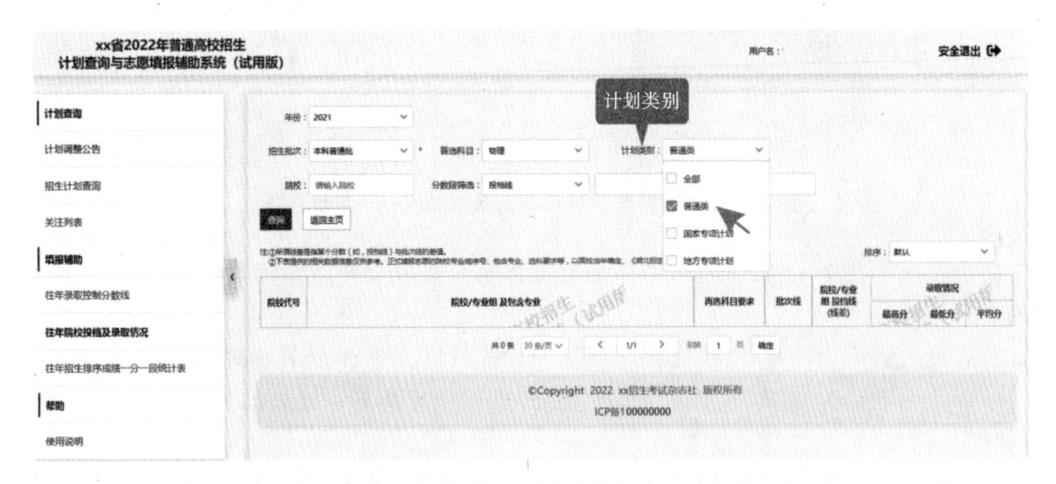

图 2-21　查看往年院校投档及录取情况——计划类别选择

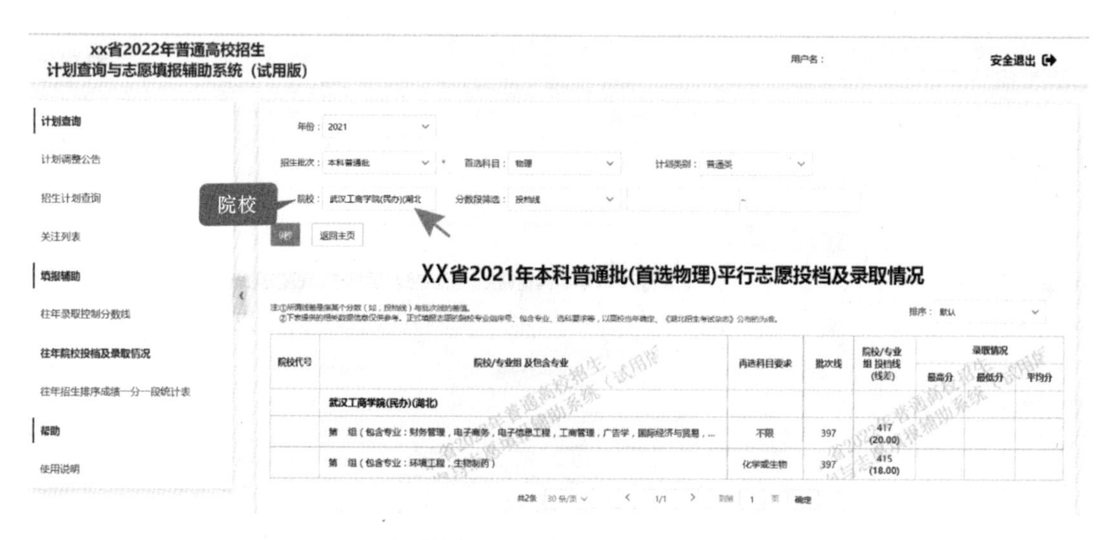

图 2-22　查看往年院校投档及录取情况——院校选择

分数段筛选默认为空，考生可以选择空，也可以选择某一范围。例如，选择为空，如图 2-23 所示。

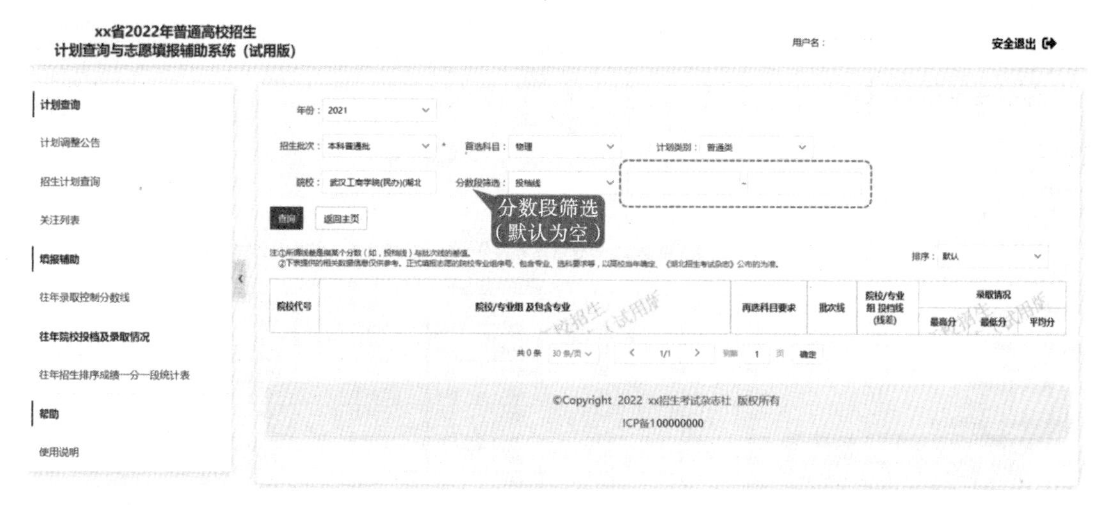

图 2-23　查看往年院校投档及录取情况——分数段筛选

单击“查询”按钮后，倒计时 10 s，同时显示查询结果。例如，查询的是“武汉工商学院”的院校投档及录取情况（包括专业组的批次线、投档线、最高分、平均分、最低分）。再次单击院校/专业组及包含专业的内容，展开包含专业。例如，选择 2021 年本科普通批、首选物理、普通类、线差设定为 10～30 分，单击“查询”按钮。结果列表默认以院校代号排序，也可选择按照专业组投档线升序或者降序排列，如图 2-24 所示。

单击左侧导航栏可以查看往年招生排序成绩一分一段统计表，系统可以查询并显示前

图 2-24　查看往年院校投档及录取情况——查询结果

三年的 XX 省录取控制分数线，默认显示上一年的 XX 省录取控制分数线，单击左上角的年份，可以切换不同年份，如图 2-25 所示。

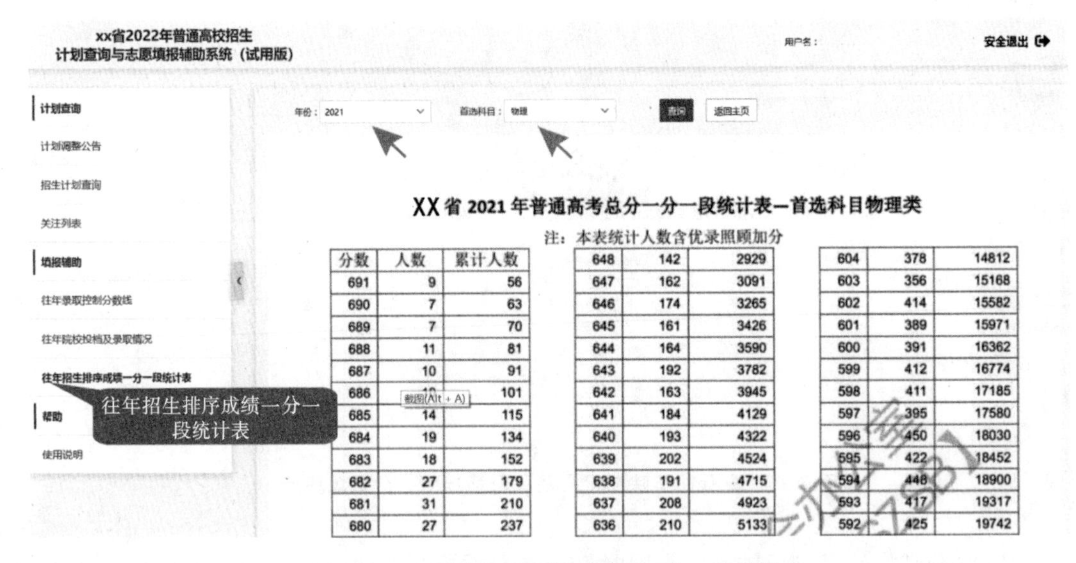

XX 省 2021 年普通高考总分一分一段统计表—首选科目物理类

注：本表统计人数含优录照顾加分

分数	人数	累计人数
691	9	56
690	7	63
689	7	70
688	11	81
687	10	91
686	[illegible]	101
685	14	115
684	19	134
683	18	152
682	27	179
681	31	210
680	27	237
648	142	2929
647	162	3091
646	174	3265
645	161	3426
644	164	3590
643	192	3782
642	163	3945
641	184	4129
640	193	4322
639	202	4524
638	191	4715
637	208	4923
636	210	5133
604	378	14812
603	356	15168
602	414	15582
601	389	15971
600	391	16362
599	412	16774
598	411	17185
597	395	17580
596	450	18030
595	422	18452
594	448	18900
593	417	19317
592	425	19742

图 2-25　查看往年招生排序成绩一分一段统计表

单击左侧导航栏可以查看使用说明，考生可查看“如何使用辅助系统填报志愿”的详细内容，如图 2-26 所示。

为确保信息安全，操作结束后请单击“安全退出”按钮退出本系统，如图 2-27 所示。

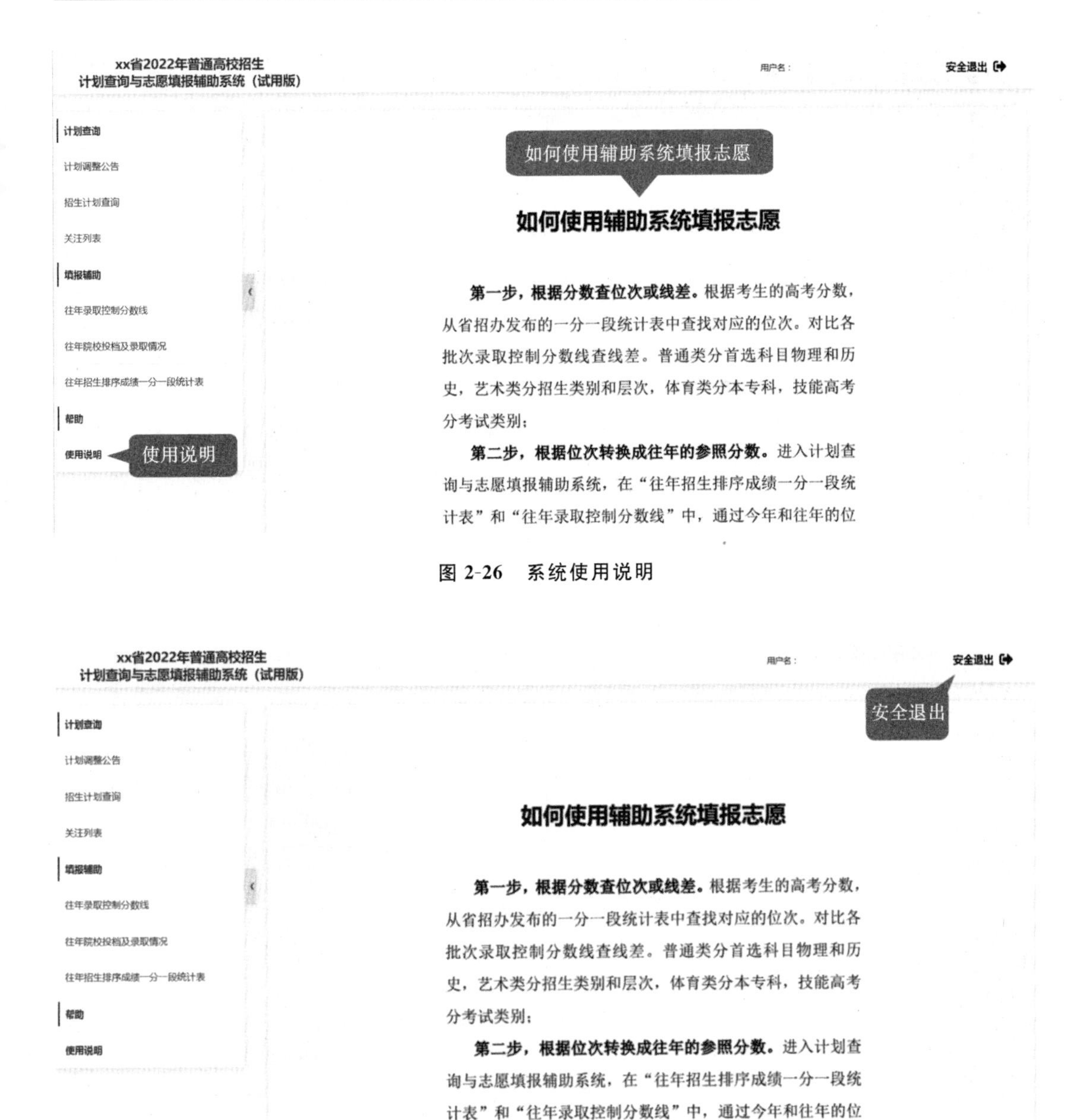

图 2-26　系统使用说明

图 2-27　安全退出

2.6　项目环境搭建

软件环境可以为 JDK 1.8、MySQL 8.0、Tomcat 8.5。以上软件均可从 http://www.20-80.cn/下载。

本项目环境搭建，关键步骤如下：

- JDK 环境配置；

- Tomcat 环境配置；
- MySQL 环境配置；
- 导入 SQL 脚本；
- Tomcat 发布项目。

1. JDK 环境配置

（1）首先要配置 JDK 的环境变量。

JDK 下载地址：读者可从 http://www.20-80.cn/Testing_book/file/filelist.html 下载。

（2）默认安装。

（3）安装完毕后，配置环境变量。

（4）打开控制面板->系统和安全->系统->高级系统设置->高级->环境变量。进入环境变量，在系统变量中单击“新建”，输入变量名“JAVA_HOME”，变量值是 JDK 安装路径，最后在 Path 中添加上去即可。

（5）新建 JAVA_HOME，变量值输入 JDK 的安装路径，单击“确定”按钮，如图 2-28 所示。

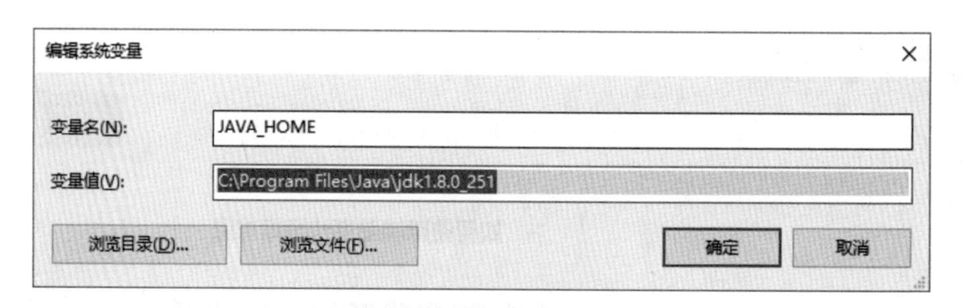

图 2-28　配置系统变量 1

将这个变量加到系统变量中的 Path 里面，直接在后面添加“%JAVA_HOME%\bin”，如图 2-29、图 2-30 所示。

（6）在 CMD 命令下输入“java - version”命令，出现图示界面，表示安装成功，如图 2-31所示。

2. Tomcat 环境配置

1）Tomcat 介绍

Tomcat 服务器是一个免费的开放源代码的 Web 应用服务器，属于轻量级应用服务器，在中小型系统和并发访问用户不是很多的场合下被普遍使用，是开发和调试 JSP 程序的首选。

2）安装 Tomcat 服务器步骤

（1）JDK 运行成功后，接下来是安装 Tomcat。

（2）下载地址：读者也可从 http://www.20-80.cn/Testing_book/file/filelist.html 下载。

（3）下载并解压文件。

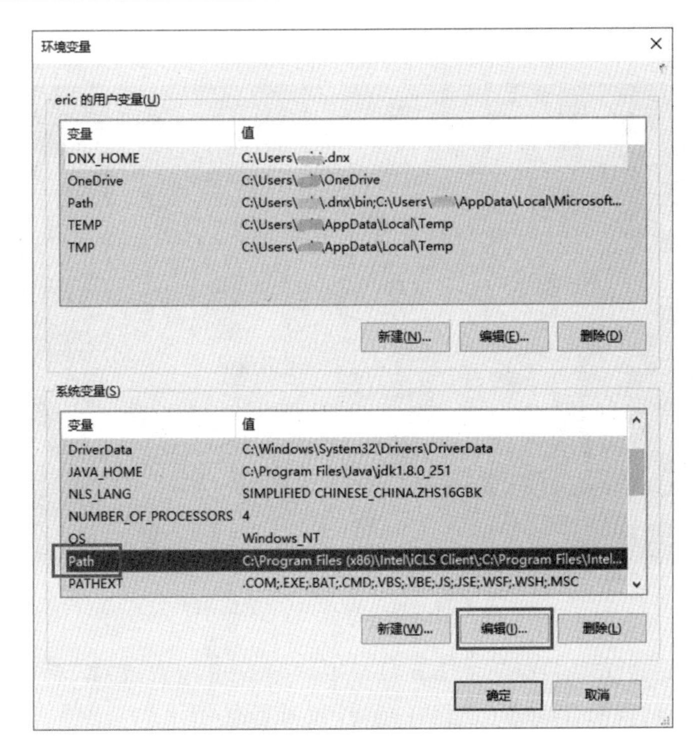

图 2-29　配置系统变量 2

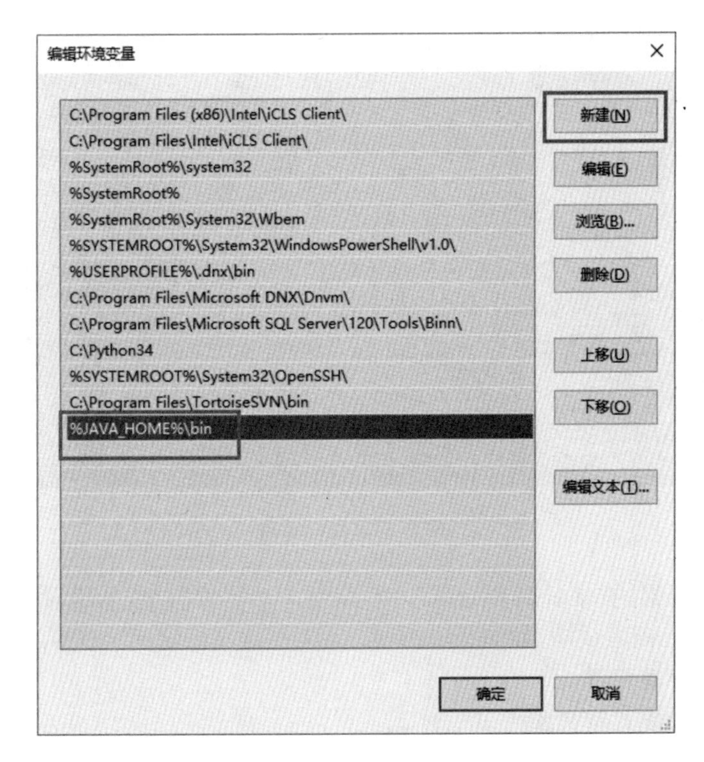

图 2-30　配置环境变量

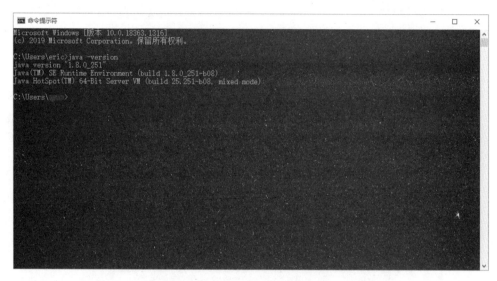

图 2-31 java-version **命令结果**

(4) 找到 Tomcat 安装目录下的 bin 目录中的 startup. bat 文件,双击运行。就会出现图 2-32 所示的界面,说明 Tomcat 已经在运行,如图 2-32 所示。

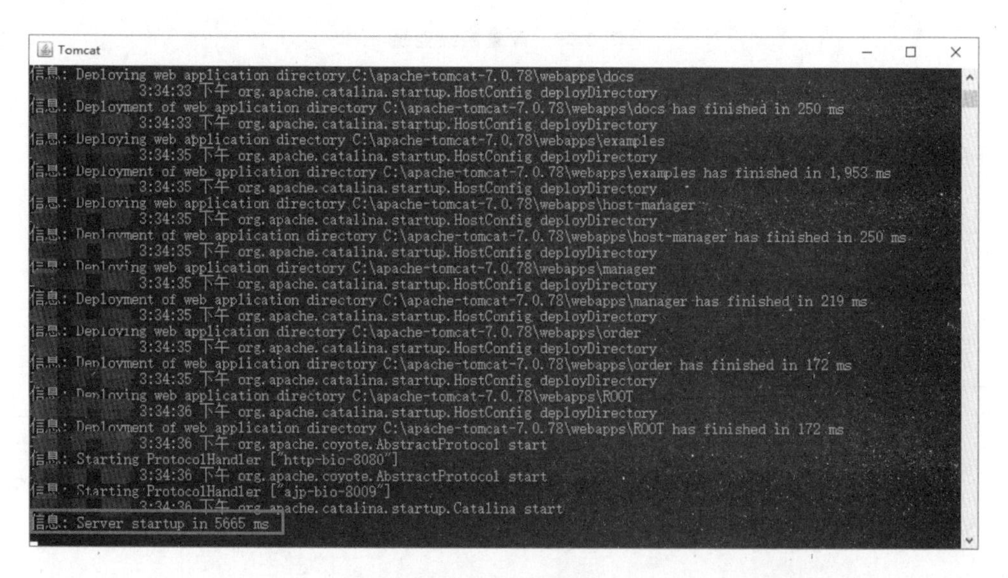

图 2-32　运行结果

(5) 打开浏览器,在地址栏中输入"localhost:8080"后回车,如果看到 Tomcat 官方页面,说明 Tomcat 已配置成功,如图 2-33 所示。

3. MySQL 环境配置

1) MySQL 的下载与安装

本书中采用的是 MySQL 8.0 版本,读者可从 http://www.20-80.cn/Testing_book/file/filelist.html 下载。

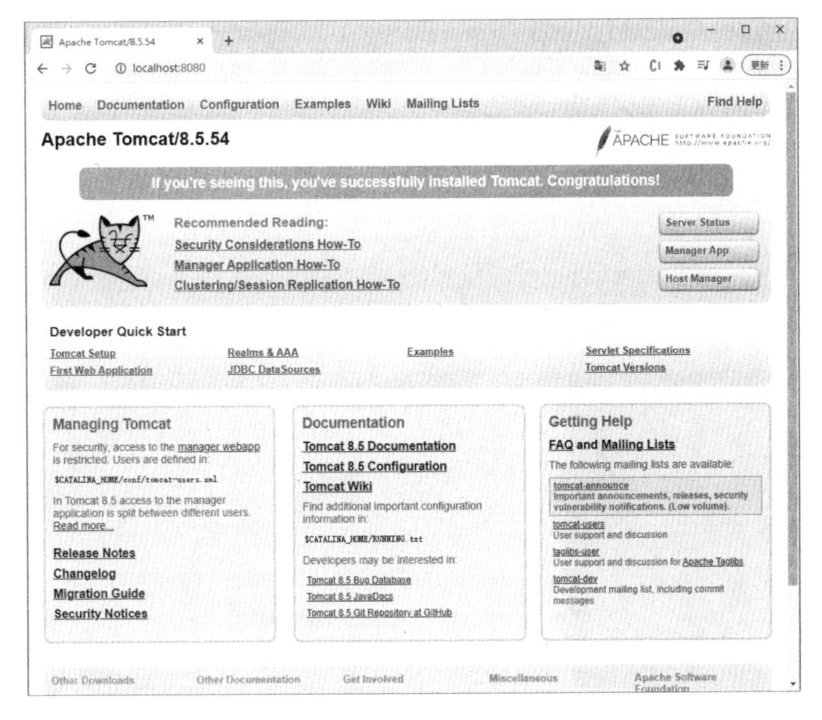

图 2-33　执行结果

具体安装步骤如下：

(1) 双击 MySQL 8.0 的安装文件，进入数据库的安装向导界面，选择“MySQL Server 8.0.21-X64”，单击“向右”箭头，如图 2-34 所示。

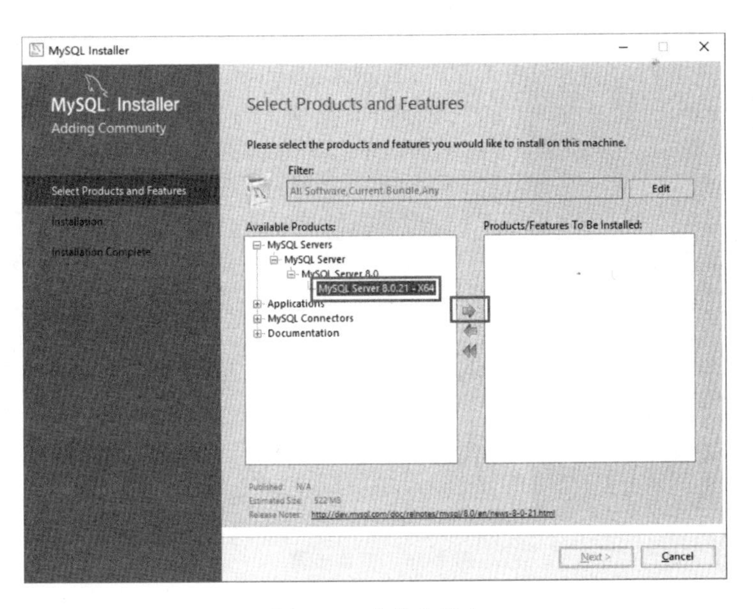

图 2-34　安装步骤 1

(2) 在右边窗口中看到“MySQL Server 8.0.21-X64”,单击“Next”按钮继续安装,如图 2-35 所示。

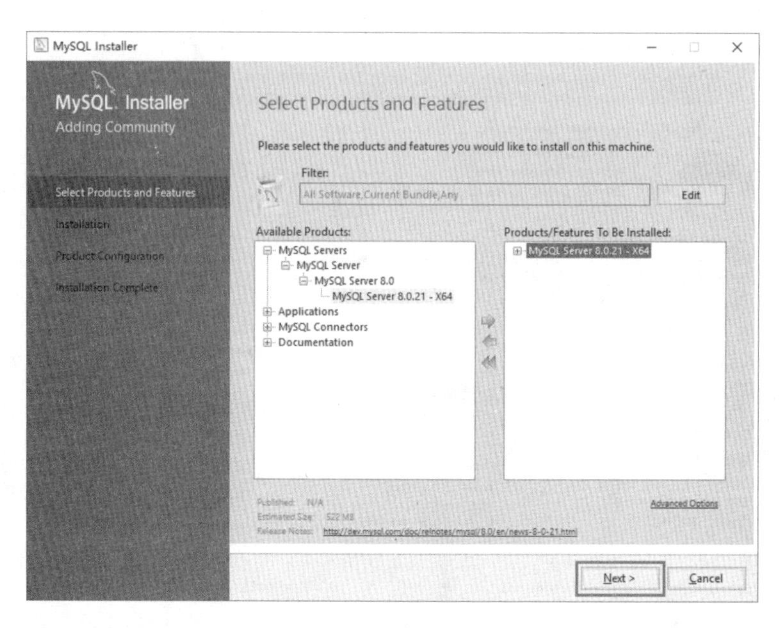

图 2-35　安装步骤 2

(3) 在出现提示安装产品的窗口中,单击“Execute”按钮继续安装,如图 2-36 所示。

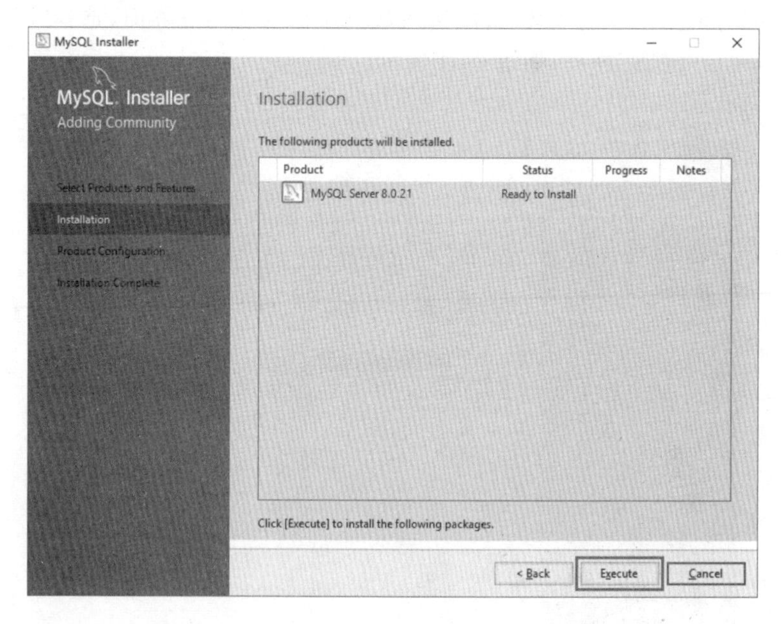

图 2-36　安装步骤 3

(4) 在出现提示安装产品的窗口中看到,状态提示为“Complete”,单击“Next”按钮继续安装,如图 2-37 所示。

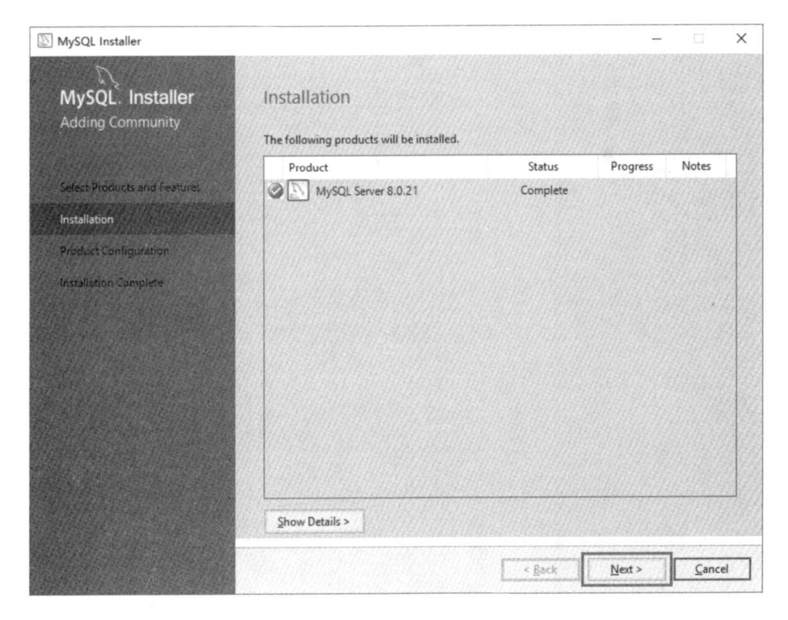

图 3-37　安装步骤 4

（5）进入产品配置的界面，单击“Next”按钮继续安装，如图 2-38 所示。

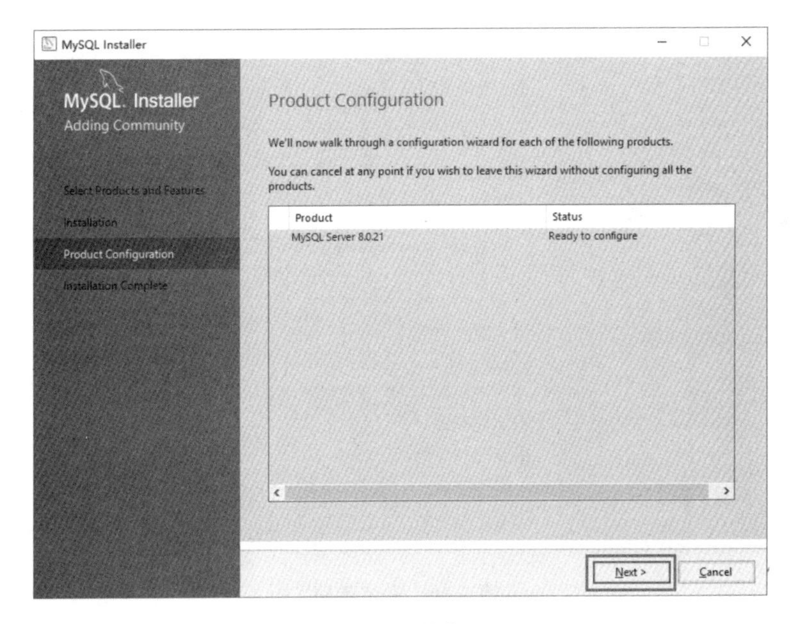

图 2-38　安装步骤 5

（6）进入下一个界面，默认选项，单击“Next”按钮继续安装，如图 2-39 所示。

（7）检查 Config Type 为“Development Computer”，Port 为“3306”，单击“Next”按钮继续安装，如图 2-40 所示。

（8）选择“Use Legacy Authentication Method(Retain MySQL 5. x Compatibility)”，单

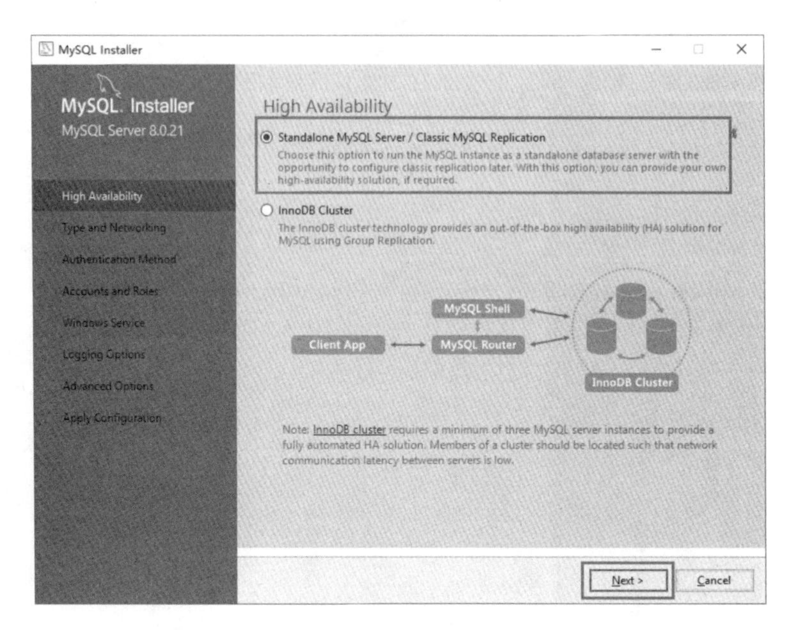

图 2-39　安装步骤 6

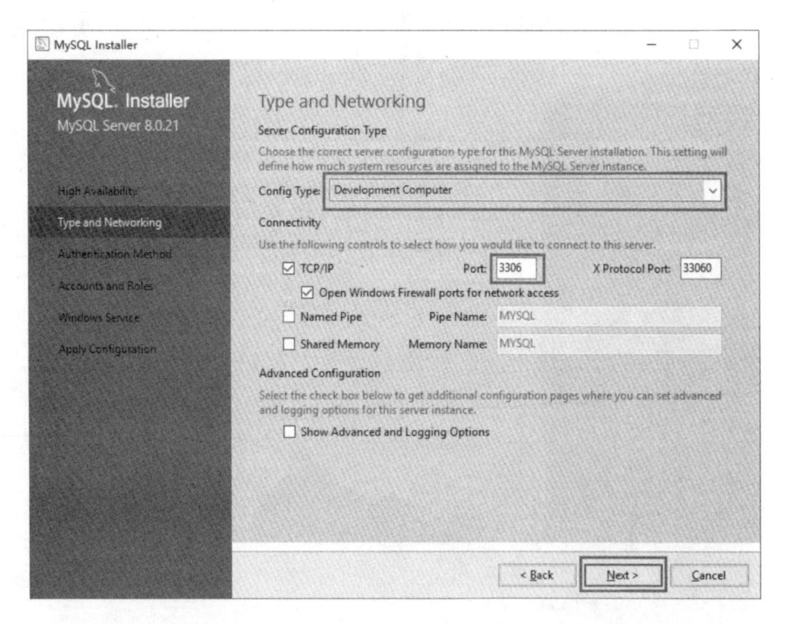

图 2-40　安装步骤 7

击“Next”按钮继续安装,如图 2-41 所示。

(9) 在“MySQL Root Password”中输入密码:123456,并在“Repeat Password”中再次输入密码:123456,单击“Next”按钮继续安装,如图 2-42 所示。

(10) 检查“Windows Service Name”为 MySQL80,其他选项默认,单击“Next”按钮继续安装,如图 2-43 所示。

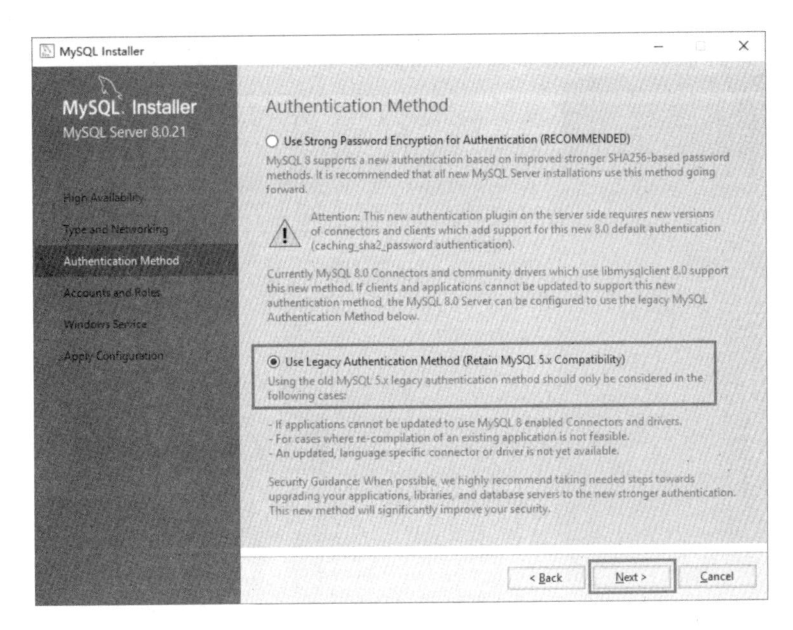

图 2-41　安装步骤 8

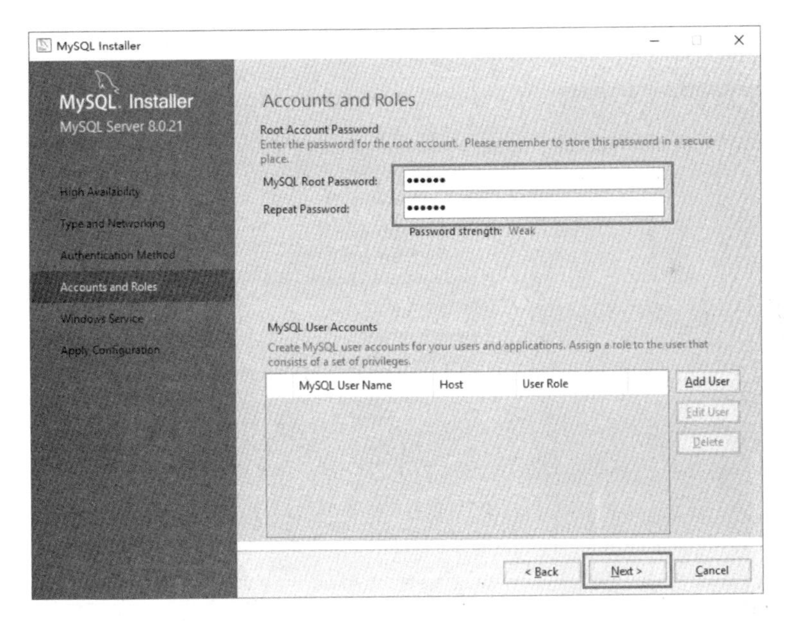

图 2-42　安装步骤 9

(11) 单击“Execute”按钮继续安装，如图 2-44 所示。

(12) 等待安装，单击“Finish”按钮完成安装，如图 2-45 所示。

2) MySQL 数据库管理工具

工欲善其事，必先利其器。MySQL 的数据库管理工具非常多，本书介绍 2 种 MySQL 管理工具和应用软件。

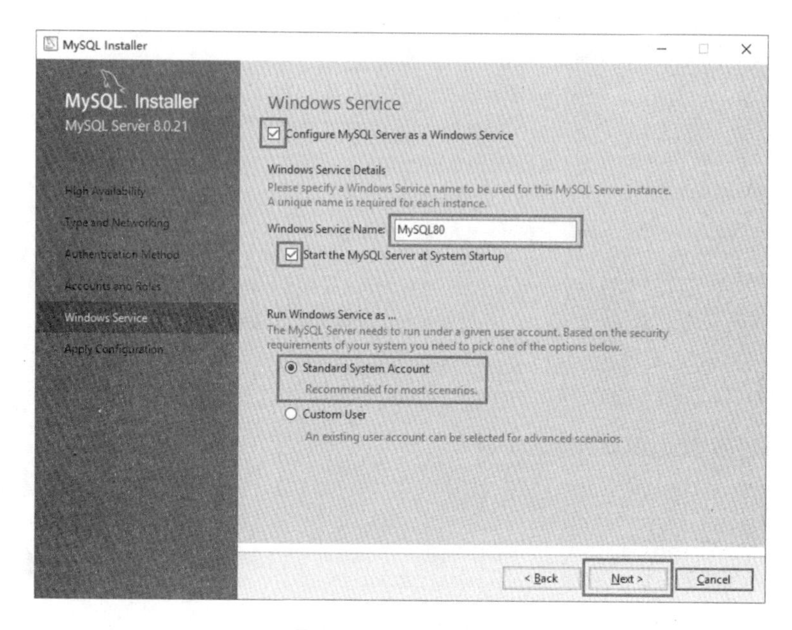

图 2-43　安装步骤 10

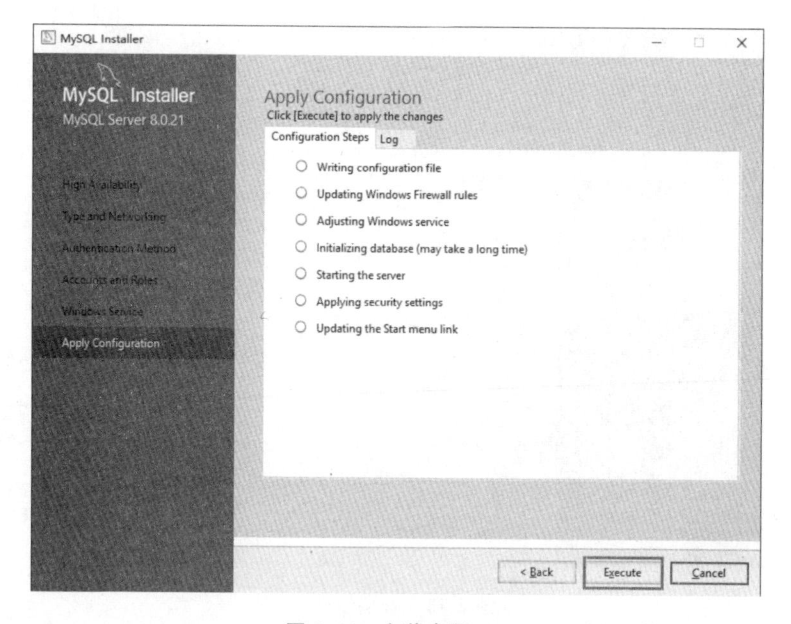

图 2-44　安装步骤 11

(1) MySQL 8.0 Command Line Client。

MySQL 数据库管理工具可以让读者通过一个命令窗口，来操作数据库和执行数据库 SQL 语句，在开始→程序中找到 MySQL 的菜单，单击客户端程序，需要输入安装时设置的数据库密码。操作界面如图 2-46、图 2-47 所示。

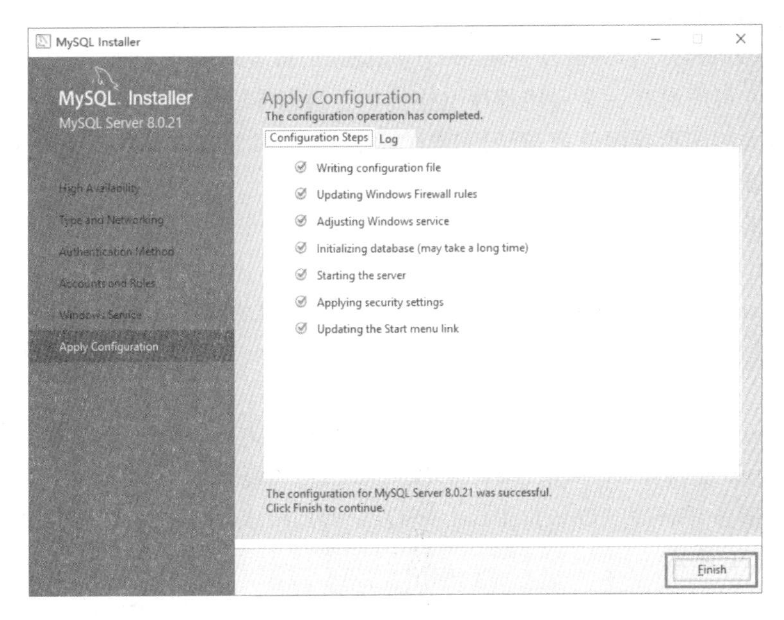

图 2-45　安装步骤 12

图 2-46　MySQL 菜单

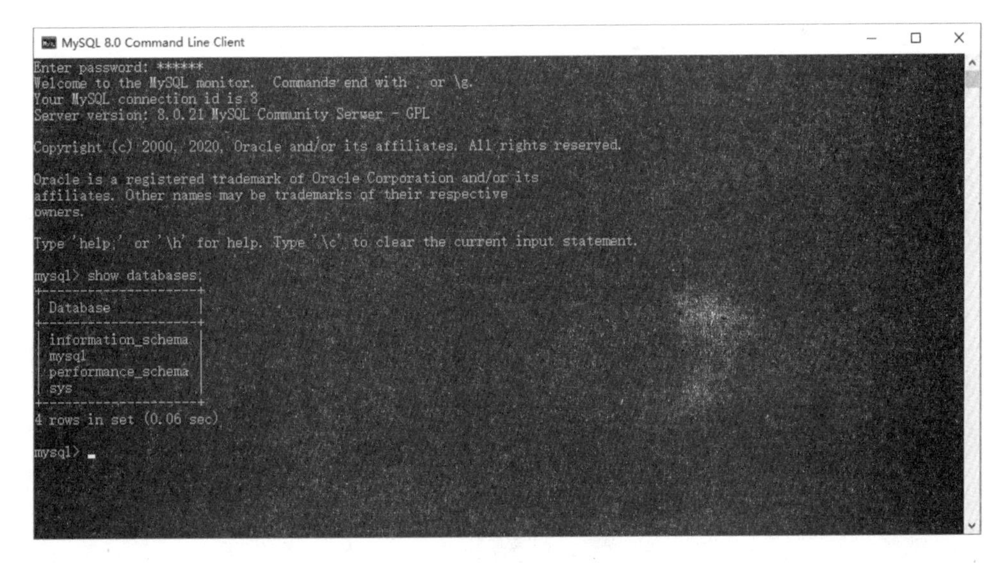

图 2-47　命令客户端

（2）Navicat Premium。

Navicat 是 MySQL、Oracle、PostgreSQL、SQLite 和 MariaDB 数据库管理与开发理想的解决方案。它可同时在一个应用程序上连接上述数据库。这种兼容前端为数据库提供了一个直观而强大的图形界面管理、开发和维护功能，为初级开发人员和专业开发人员都提供了一组全面的开发工具。

本书采用的 MySQL 数据库管理工具是 Navicat Premium，读者可从 http://www.20-80.cn/Testing_book/file/filelist.html 下载。

Navicat Premium 是一个可多重连接的数据库管理工具，它可让你以单一程序同时连接到 MySQL、Oracle、PostgreSQL、SQLite 及 SQL Server 数据库，让管理不同类型的数据库更加方便。

Navicat Premium 结合了其他 Navicat 成员的功能。有了不同数据库类型的连接能力，Navicat Premium 支持在 MySQL、Oracle、PostgreSQL、SQLite 及 SQL Server 之间传输数据。它支持大部分 MySQL、Oracle、PostgreSQL、SQLite 及 SQL Server 的功能。

4. 导入 SQL 脚本

SQL 脚本可从 http://www.20-80.cn/Testing_book/file/filelist.html 下载，名为“education.sql”，该脚本包括：建表语句、测试数据，不用读者编写数据库脚本。导入方法如下：

（1）打开 Navicat 软件，创建数据库连接。

单击“连接”按钮，输入 MySQL 密码（123456），直接单击“确定”按钮完成数据库创建，如图 2-48 所示。

（2）双击左侧栏的连接，会展开许多数据库，如图 2-49 所示。

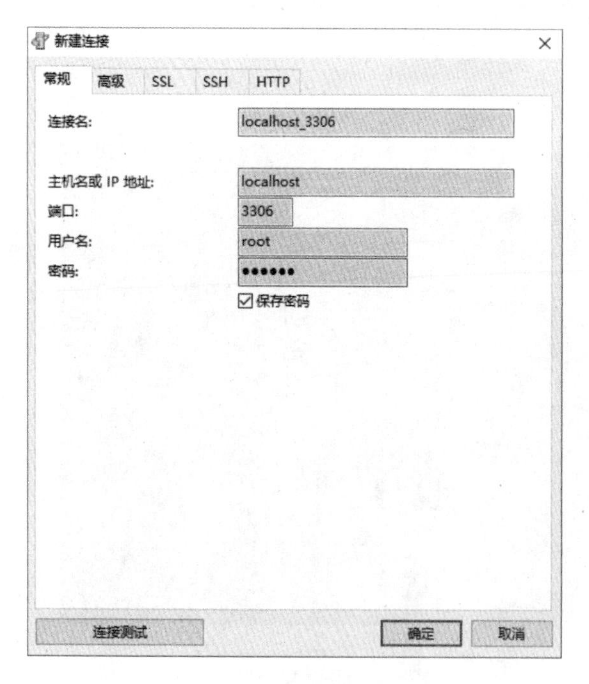

图 2-48　连接属性图

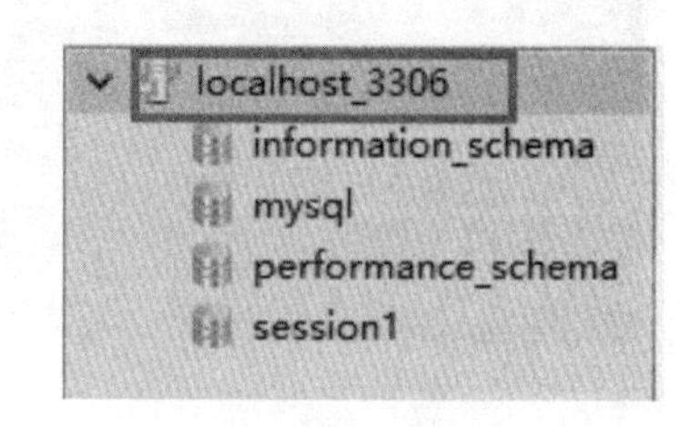

图 2-49　数据库连接图

（3）选择该连接，并右键选择“新建数据库”选项，并在创建窗口中填写库名“education”，单击“确定”按钮即可完成创建，如图 2-50 所示。

图 2-50　新建数据库

（4）选中新建的数据库 education，在右键菜单中选中“运行 SQL 文件...”，如图 2-51 所示。

图 2-51　选中查询

（5）选中下载好的 SQL 脚本“education. sql”，单击“开始”按钮，如图 2-52 所示。

（6）等待脚本执行导入成功，如图 2-53 所示。（此过程需要等待一段时间）

（7）检查导入结果。

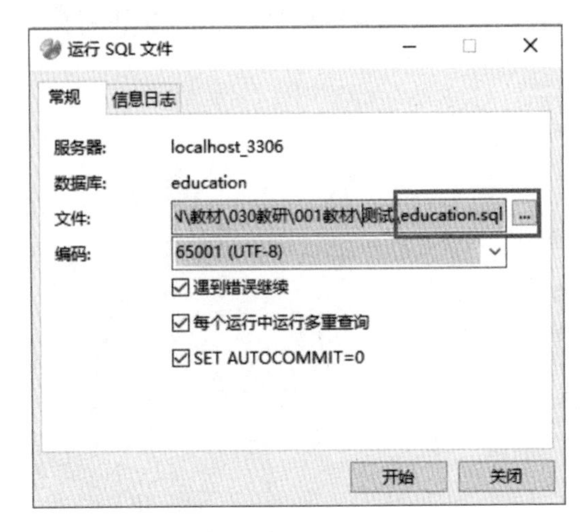

图 2-52　导入 SQL 脚本

图 2-53　运行 SQL 脚本

右键单击“表”，选择右键菜单中的“刷新”，如图 2-54 所示。

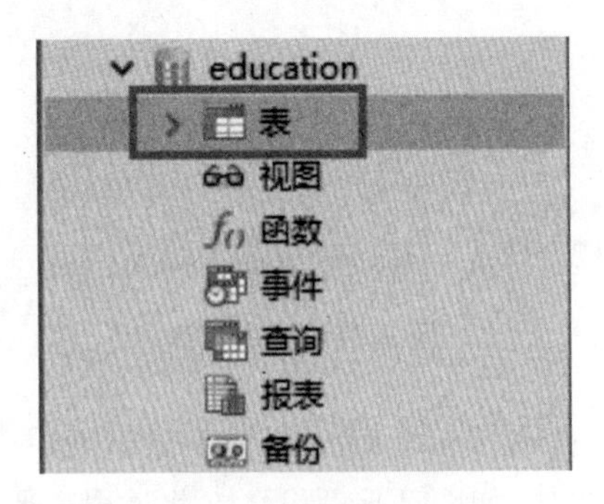

图 2-54　刷新表

检查表的数据是否导入完毕，如图 2-55 所示。

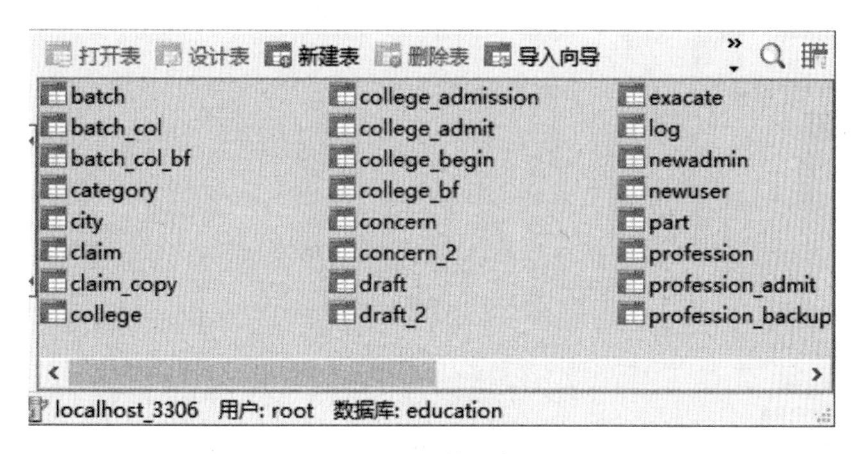

图 2-55　检查表

5. Tomcat 发布项目

（1）在 http://www.20-80.cn/Testing_book/file/filelist.html 中下载“Education.war”文件，并复制到 Tomcat 的 webapps 文件夹，如图 2-56 所示。

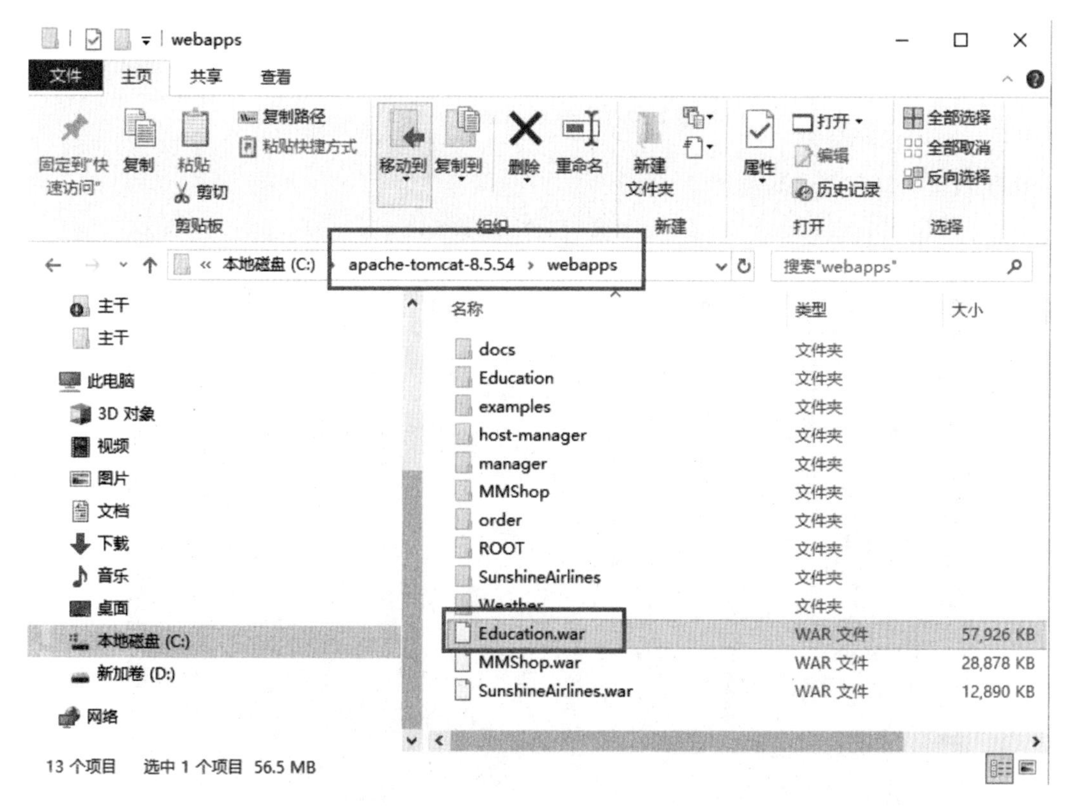

图 2-56　将 war 包放入 tomcat 中

（2）运行 Tomcat。

① 在 Tomcat 的 bin 目录下，找到 startup. bat 文件，如图 2-57 所示。

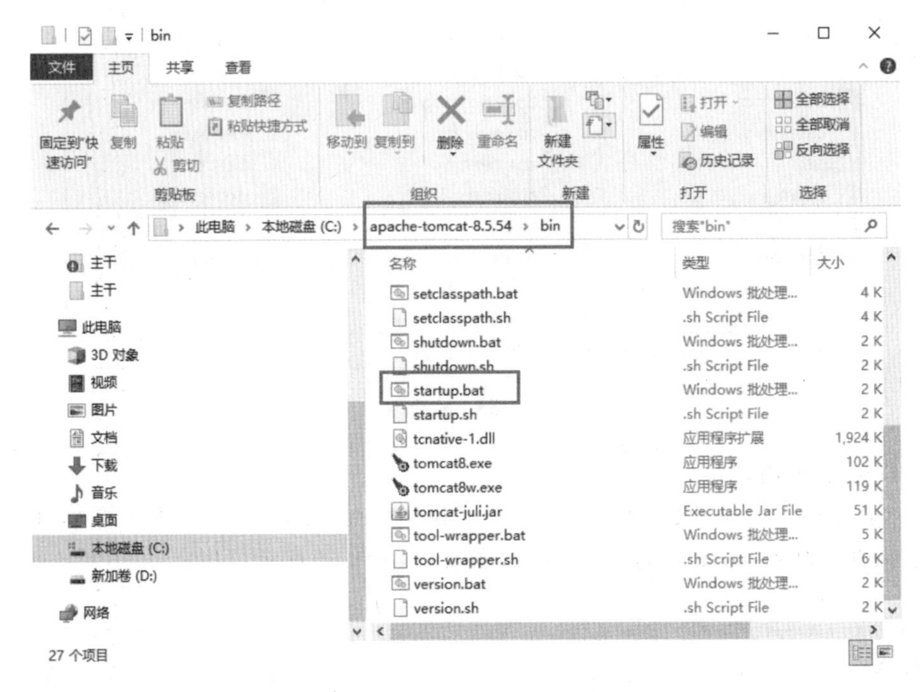

图 2-57　找到 startup. bat **文件**

② 双击启动 Tomcat，如图 2-58 所示。

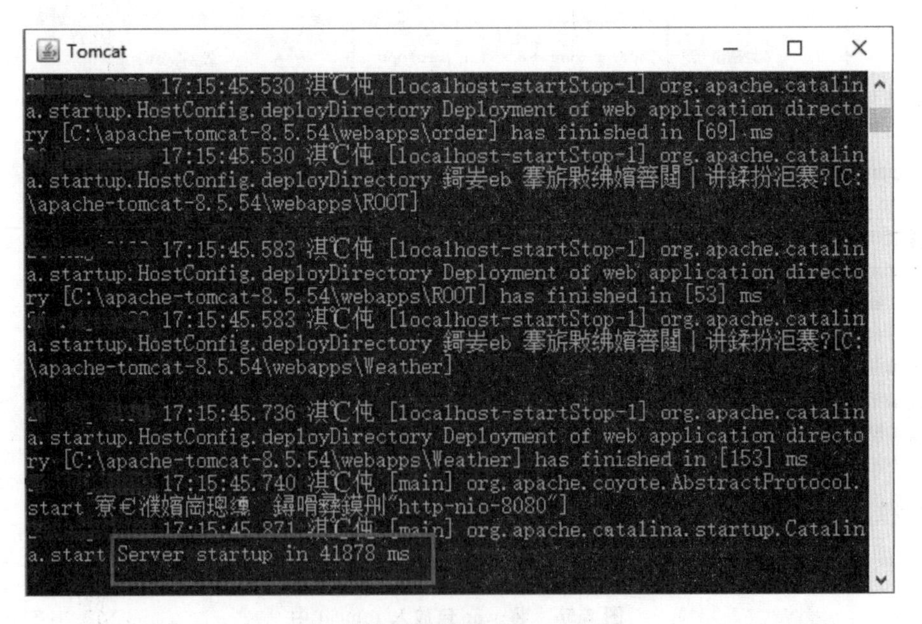

图 5-58　启动 Tomcat

③ 启动成功后，打开浏览器，输入 URL：http://localhost:8080/Education/login.html，按回车键，查看是否有返回结果。如果正常显示，则说明项目部署正常，如图 2-59 所示。

图 2-59　验证项目启动成功

实验实训

1. 实训目的

了解常见的软件系统架构。

2. 实训内容

(1) 搭建高考志愿填报辅助系统项目环境。

(2) 安装数据库系统，导入相应数据。

小　　结

本章主要介绍高考志愿填报辅助系统，介绍了项目的背景、核心需求、核心功能、系统架构图和如何搭建一个真实的系统。

通过介绍高考志愿填报辅助系统，使读者对如何开发系统有一个直观的认识。了解项目后，可以帮助读者更好地了解一个项目如何开展测试计划，设计测试用例，选择合适的测试技术，如何进行单元测试，如何执行自动化测试，等等。

书中涉及的软件和资源可以通过下面的二维码访问。

习 题 2

一、选择题

1. 高考志愿填报辅助系统项目的核心需求是(　　)。

A. 院校参考查询　　B. 填报专业分析

C. 志愿模拟　　D. 志愿填报

2. 项目搭建的关键步骤是(　　)。

A. JDK 环境配置　　B. Tomcat 环境配置

C. MySQL 环境配置　　D. 导入 SQL 脚本和使用 Tomcat 发布项目

3. 在 JDK 安装目录下,用于存放可执行程序的文件夹是(　　)。

A. bin　　B. jre

C. lib　　D. db

4. 下面关于配置 path 环境变量作用的说法中,正确的是(　　)。

A. 在任意目录可以使用 javac 和 java 命令

B. 在任意目录下可以使用 class 文件

C. 在任意目录下可以使用记事本

D. 在任意目录下可以使用扫雷游戏

二、简答题

MySQL 的数据库脚本的作用是什么?

第3章　测试计划和测试用例

章节导读

我们在日常生活、工作中经常需要做计划，正如古人有云：凡事预则立，不预则废。这句话充分说明了计划的必要性和重要性。项目有项目计划，测试作为项目中的一部分，也需要制订测试计划。

软件测试的基本流程包括：需求分析阶段、测试计划阶段、编写测试用例、测试执行阶段、输出测试报告。

测试计划(Testing plan)是描述了要进行测试活动的范围、方法、资源和进度的文档；是对整个信息系统应用软件组装测试和确认测试。

测试计划使软件测试工作顺利开展。测试计划为整个测试工作指明方向，大家知道该怎么进行，每个人具体干什么，什么时候开始；促进项目团队的彼此沟通，测试人员了解整个项目情况和具体每个阶段的工作，使得测试和开发人员能够配合默契；从项目管理层面上开展软件测试工作更加易于管理。

测试用例(Testing case)是指对一项特定的软件产品进行测试任务的描述，体现测试方案、方法、技术和策略。其内容包括测试目标、测试环境、输入数据、测试步骤、预期结果、测试脚本等，最终形成文档。简单来说，测试用例是为某个特殊目标而编制的一组测试输入、执行条件以及预期结果，用于核实是否满足某个特定软件需求。

写用例是测试人员梳理需求的一个重要手段，经验丰富的测试人员在写的过程中会加入自己的思考，即分析需求、消化需求的同时经常会发现需求文档中存在的未被提及的问题，可以帮助产品经理细化需求。

在写用例的过程中，测试人员对需求也有了更深入的理解，执行测试时可以更顺畅，提高测试效率。很常见的一种现象是测试人员比产品经理都了解所做的产品，一方面是因为测试人员经常会测试很多遍，另一方面是测试人员在写用例的过程中对需求进行了深入骨髓的剖析。

本章主要内容

1. 软件测试计划的概述、作用、原则。
2. 软件测试用例的概述、作用、质量。
3. 案例：高考志愿填报辅助系统测试计划、测试用例。

能力目标

1. 了解软件测试计划的概念、作用、原则。
2. 了解软件测试用例的概念、作用、质量。

3.1 软件测试计划

3.1.1 概述

制订测试计划，是为了确定测试目标、测试范围和任务，掌握所需的各种资源和投入，预见可能出现的问题和风险，采取正确的测试策略以指导测试的执行，最终按时按量地完成测试任务，达到测试目标。

在测试计划活动中，测试计划人员首先要仔细阅读有关资料，包括用户需求规格说明书、设计文档等，全面熟悉系统，并对软件测试方法和项目管理技术有着深刻的理解，完全掌握测试的输入。测试输入是制订测试计划的依据，主要有下列几项内容。

- 项目背景和项目总体要求，如项目可行性分析报告或项目计划书。
- 需求文档，用户需求决定了测试需求，只有真正理解实际的用户需求，才能明确测试需求和测试范围。
- 产品规格说明书会详细描述软件产品的功能特性，这是测试参考的标准。
- 技术设计文档，使测试人员了解测试的深度和难度、可能遇到的困难。
- 当前资源状况，包括人力资源、硬件资源、软件资源和其他环境资源。
- 业务能力和技术储备情况，在业务和技术上满足测试项目的需求。

在掌握了项目的足够信息后，就可以开始起草测试计划。起草测试计划，可以参考相关的测试计划模板，如附录 A 的“测试计划模板”。

一个良好的测试计划，其主要内容如下。

(1) 测试目标，包括：总体测试目标以及各阶段的测试对象、目标及其限制。

(2) 测试需求和范围：确定哪些功能特性需要测试、哪些功能特性不需要测试，包括功能特性分解、具体测试任务的确定，如功能测试、用户界面测试、性能测试和安全性等。

(3) 测试风险：潜在的测试风险分析、识别，以及风险回避、监控和管理。

(4) 项目估算：根据历史数据和采用恰当的评估技术，对测试工作量、测试周期以及所需资源做出合理的估算。

(5) 测试策略：根据测试需求和范围、测试风险、测试工作量和测试资源限制等来决定测试策略，是测试计划的关键内容。

(6) 测试阶段划分：合理的阶段划分，并定义每个测试阶段进入要求及完成的标准。

(7) 项目资源：各个测试阶段的资源分配，软、硬件资源和人力资源的组织和建设，包括测试人员的角色、责任和测试任务。

(8) 日程：确定各个测试阶段的结束日期以及最后测试报告递交日期，并采用时限图、甘特图等方法制定详细的时间表。

(9) 跟踪和控制机制：问题跟踪报告、变更控制、缺陷预防和质量管理等，如可能会导致测试计划变更的事件，包括测试工具的改进、测试环境的影响和新功能的变更等。

《XXX 项目测试计划》

变动记录

版本号	日期	作者	参与者	变动内容说明

目录索引

1. 前言

1.1　测试目标：通过本计划的实施，测试活动所能达到的总体的测试目标。

1.2　主要测试内容：主要的测试活动，测试计划、设计、实施的阶段划分及其内容。

1.3　参考文档及资料

1.4　术语的解释

2. 测试范围

测试范围应该列出所有需要测试的功能特性及其测试点，并要说明哪些功能特性将不被测试。

应列出单个模块测试、系统整体测试中的每一项测试的内容（类型）、目的及其名称、标识符、进度安排和测试条件等。

2.1　功能特性的测试内容

功能特性	测试目标	所涉及的模块	测试点

2.2　系统非特性的测试内容

测试目标	系统指标要求	测试内容	难点

3. 测试风险和策略

描述测试的总体方法，重点描述已知风险、总体策略、测试阶段划分、重点、风险防范措施等，包括测试环境的优化组合、识别出用户最常用的功能等。

测试阶段	测试重点	测试风险	风险防范措施

4. 测试设计说明

测试设计说明，应针对被测项的特点，采取合适的测试方法和相应的测试准则等。

4.1 被测项说明

描述被测项的特点，包括版本变化、软件特性组合及其相关的测试设计说明。

4.2 测试方法

描述被测项的测试活动和测试任务，指出所采用的方法、技术和工具，并估计执行各项任务所需的时间、测试的主要限制等。

4.3 环境要求

描述被测项所需的测试环境，包括硬件配置、系统软件和第三方应用软件等。

4.4 测试准则

规定各测试项通过测试的标准。

1. 人员分工

测试小组各人员的分工及相关的培训计划。

人员	角色	责任、负责的任务	进入项目时间

2. 进度安排

测试不同阶段的时间安排、进入标准、结束标准。

里程碑	时间	进入标准	阶段性成果	人力资源

3. 批准

由相关部门评审、批准记录。

3.1.2 软件测试计划的作用

软件测试计划是描述测试目的、范围、方法和软件测试的重点等内容的文档。软件测试计划作为软件项目计划的子计划，在项目启动初期就必须进行规划。在越来越多的软件开发中，软件质量日益受到重视，测试过程也从一个相对独立的步骤越来越紧密地嵌套在软件整个生命周期中。这样，如何规划整个项目周期的测试工作，如何将测试工作上升到测试管理的高度都依赖于测试计划的制订，测试计划因此成为测试工作赖以展开的基础。《软件测试文档标准》(IEEE 829—1998)将测试计划定义为："一个叙述了预定的测试活动的范围、途径、资源及进度安排的文档。它确认了测试项、被测特征、测试任务、人员安排，以及任何偶发事件的风险。"软件测试计划是指导测试过程的纲领性文件，软件测试计划需要描述所有要完成的测试工作，包括被测试项目的背景、测试目标、测试范围、测试方式、所需资源、进度安排、测试组织以及与测试有关的风险等方面内容。借助软件测试计划，参与测试的项目成员，尤其是测试管理人员，可以明确测试任务和测试方法，保持测试实施过程的顺畅沟通，跟踪和控制测试进度，应对测试过程中的各种变更。

具体地说，制订软件测试计划可以从以下几个方面帮助测试人员。

1. 使软件测试工作进行得更顺利

软件测试计划明确地将要进行的软件测试采用的模式、方法、步骤以及可能遇到的问题与风险等内容都做了考虑和计划，这样会使测试执行、测试分析和撰写测试报告的准备工作更加有效，使软件测试工作进行得更顺利。在软件测试过程中，常常会遇到一些问题而导致测试工作被延误，事实上有许多问题是预先可以防范的。此外，测试计划中也要考虑测试风险，这些风险包括测试中断、设计规格不断变化、人员不足、人员流失、人员测试经验不足、测试进度被压缩、软硬件资源不足以及测试方向错误等，这些都是不可预期的风险。对测试计划而言，凡是影响测试过程的问题，都要考虑到计划内容中，也就是说对测试项目的进行要做出最坏的打算，然后针对这些最坏的打算拟订最好的解决办法，尽量避开风险，使软件测试工作进行得更顺利。

2. 增进项目参加人员之间的沟通

测试工作必须具备相应的条件。如果程序员只是编写代码，而不对代码添加注释，则测试人员就很难完成测试任务。同样，如果测试人员之间不对计划测试的对象、测试所需的资源、测试进度安排等内容进行交流，则整个测试工作也很难成功。测试计划将测试组织结构与测试人员的工作分配纳入其中，测试工作在测试计划中进行了明确的划分，可以避免工作的重复和遗漏，并且测试人员了解每个人所应完成的测试工作内容，并在测试方向、测试策略等方面达成一定的共识，这样使得测试人员之间沟通更加顺利，也可以确保测试人员在沟通上不会产生偏差。

3. 及早发现和修正软件规格说明书的问题

在编写软件测试计划的初期，首先要了解软件各个部分的规格及要求，这样就需要仔细地阅读、理解规格说明书。在这个过程中，可能会发现其中出现的问题，如规格说明书中的论述前后矛盾、描述不完整等。规格说明书中的缺陷越早修正，对软件开发的益处越大，因为规格说明书从一开始就是软件开发工作的依据。

4. 使软件测试工作更易于管理

制订测试计划的另一个目的，就是为了使整个软件测试工作系统化，这样可以使软件测试工作更易于管理。测试计划中包含了两种重要的管理方式：一种是工作分解结构(work break structure，WBS)；另一种是监督和控制。对软件测试计划来说，工作分解结构就是将所有的测试工作一一细化，这有利于测试人员的工作分配。而当执行软件测试时，管理人员可以使用有效的管理方式来监督、控制测试过程，掌握测试工作进度。

从以上几个方面作用来看，在测试开展之前，编写一份好的软件测试计划书是非常有必要的。

目前，还有许多的软件测试工作是在没有任何测试计划的情况下进行的。这种“边打边走”的策略让测试人员处于一种不确定的状态，面对问题时采用“兵来将挡，水来土掩”的解决方式，这是低效率的，会让测试人员在相同的问题上浪费许多时间，而且会极大耗费测试人员的精力。在这种情况下所进行的软件测试工作，当然也能找到软件的错误和缺陷，但是这种未做计划就测试的软件，在整体质量上绝对是令人担忧的。实践已充分证明，只有精心计划软件测试工作，然后对软件测试过程进行有效的控制和管理，才能高效、高质量地完成软件测试工作。

3.1.3 制订测试计划的原则

制订测试计划是软件测试中最有挑战性的一个工作，以下几个原则将有助于测试计划的制订工作。

(1) 制订测试计划应尽早开始。即使还没掌握所有细节，也可以先从总体计划开始，然后逐步细化来完成大量的计划工作。尽早地制订测试计划可以使我们大致了解所需的资源，并且在项目的其他方面占用该资源之前进行测试。

(2) 保持测试计划的灵活性。制订测试计划时应考虑要能很容易地添加测试用例、测试数据等，测试计划本身应该是可变的，但是要受控于变更控制。

(3) 保持测试计划简洁易读。测试计划没有必要很大、很复杂，事实上测试计划越简洁易读，它就越有针对性。

(4) 尽量多方面来评审测试计划。多方面人员的评审和评价会对获得便于理解的测试计划很有帮助，测试计划应像其他交付结果一样受控于质量控制。

(5) 计算测试计划的投入。通常，制订测试计划应该占整个测试工作大约 1/3 的工作量，测试计划做得越好，执行测试就越容易。

3.2 制订XX省填报志愿辅助系统测试计划

《XX省填报志愿辅助系统测试计划》

变动记录

版本号	日期	作者	参与者	变动内容说明

目录索引

1. 前言

1.1 测试目标

测试包括登录模块、计划查询、关注模块、往年院校录取信息、往年投档线、往年一分一段表等各模块功能的情况。

1.2 主要测试内容

- 登录
- 修改密码

- 招生计划查询
- 关注模块
- 往年录取控制分数线查询
- 往年院校投档及录取情况查询
- 往年招生排序成绩一分一段统计表查询

1.3　参考文档及资料

1.4《XX省填报志愿辅助系统测试用例》

1.4　术语的解释

2. 测试范围

2.1　功能特性的测试内容

测试目标	所涉及的模块	测试点
登录	登录模块	(1) 能否成功登录； (2) 测试在不同情况下登录失败后的文字提示是否正确
修改密码	登录模块	(1) 能否成功修改密码； (2) 测试在不同情况下修改密码失败后的文字提示是否正确
招生计划查询	招生计划查询	(1) 测试系统在不同筛选条件下是否能查询到对应的结果； (2) 测试在部分筛选条件缺失的情况下对应的文字提示是否正确
添加关注	关注模块	测试能否成功添加关注
取消关注	关注模块	测试能否成功取消关注
查询关注列表	关注模块	测试能否查询关注列表，关注列表数据是否正确
打印关注列表	关注模块	测试能否打印关注列表
查询往年录取分数线	往年数据查询模块	测试查询不同年份的录取控制分数线是否对应
查询往年院校投档及录取情况	往年数据查询模块	测试系统在不同筛选条件下是否能查询到对应的结果
查询往年招生排序成绩一分一段统计表	往年数据查询模块	测试查询不同年份的招生排序成绩一分一段统计表是否对应

2.2　系统非功能特性的测试内容

验证项	检查项	检查内容
文字验证	文字使用验证	查看文字使用是否恰当、有无歧义、有无错别字
	文字字号验证	检查各个页面中的字体字号显示是否一致
	文字颜色验证	查看文字使用颜色是否一致
	文字提示验证	检查各个弹框提示、用户错误操作提示的文字是否符合当前操作情况

3. 测试风险和策略

测试阶段	测试风险	风险防范措施
测试计划	测试计划不全面;测试计划设计不合理	与测试计划中所涉及的人员进行确认,确保所有人员都知晓并清楚自身任务
测试用例	测试用例设计不完整,忽视了边界条件、异常处理等情况;用例没有完全覆盖要求	反复评审测试用例,召集项目组全员从多方面角度进行评审
第一遍全面测试	测试人员未按照测试要求进行测试;测试人员有遗漏的测试点	对测试人员进行集体培训,标注出测试的重难点
交叉自由测试		
测试总结	测试报告不完整;测试报告部分结论与实际不符	逐一核对测试报告,召开测试报告评审会议

4. 测试设计说明

4.1 被测项说明

描述被测项的特点,包括版本变化、软件特性组合及其相关的测试设计说明。

测试目标	测试设计说明	版本变化
登录	通过输入用户名、密码和验证码来进行用户信息验证,验证通过即可进入系统并使用	页面部分文字有所修改
修改密码	首次登录或重置密码后登录成功时需强制更改密码且密码格式有所要求,不可过于简单	
招生计划查询	根据不同的搜索条件,对招生计划数据进行查询,可查询出所有符合搜索条件的招生计划数据	部分搜索条件有所变动,页面部分文字有所修改
关注模块	在查询出招生计划数据后,可对感兴趣的院校专业进行关注,关注后可在关注列表中查看并打印出来,也可将已关注的招生计划进行取消关注	页面部分文字有所修改
往年录取控制分数线查询	可查询近三年所有批次的录取控制分数线	可查询的年份有所更改
往年院校投档及录取情况查询	可查询近三年所有批次的院校投档及录取情况,包括投档线、最高分、最低分、平均分等	可查询的年份有所更改
往年招生排序成绩一分一段统计表查询	可查询近三年所有批次的招生排序成绩一分一段统计表	可查询的年份有所更改

4.2　测试方法

测试活动	测试任务	测试方法	测试所需时间/min	测试限制
登录	测试系统的登录功能，包括能否成功登录和测试在不同情况下登录失败后的文字提示是否正确	根据测试用例逐一进行测试，观察系统给出的返回结果是否符合预期	5	
修改密码	测试系统的修改密码功能，包括能否成功修改密码和测试在不同情况下修改密码失败后的文字提示是否正确	根据测试用例逐一进行测试，观察系统给出的返回结果是否符合预期	5	
招生计划查询	(1) 测试系统在不同筛选条件下是否能查询到对应的结果； (2) 测试在部分筛选条件缺失的情况下对应的文字提示是否正确	根据测试用例逐一进行测试，观察系统给出的返回结果是否符合预期	30	
关注模块	(1) 测试添加关注功能是否正常； (2) 测试取消关注功能是否正常； (3) 测试关注列表展示是否正常	通过鼠标点击关注和取消关注后，到关注列表中查询是否关注成功或取消关注某专业	10	
往年录取控制分数线查询	测试查询不同年份的录取控制分数线是否对应	通过点击不同年份按钮，观察是否能得到对应年份的结果	5	
往年院校投档及录取情况查询	测试系统在不同筛选条件下是否能查询到对应的结果	根据测试用例逐一进行测试，观察系统给出的返回结果是否符合预期	30	
往年招生排序成绩一分一段统计表查询	测试查询不同年份的招生排序成绩一分一段统计表是否对应	通过点击不同年份按钮，观察是否能得到对应年份的结果	5	

4.3　环境要求

资源名称/类型	配置
操作系统环境	Windows 7、Windows 10
浏览器环境	Chrome、Microsoft Edge、Fire Fox 等
功能性测试工具	手工测试

4.4 测试准则

阶段	启动准则	暂停准则	再启动准则	结束准备
集成测试	(1) 测试环境准备好； (2) 软件无法正常运行	(1) 测试环境破坏； (2) 软件无法正常运行	(1) 测试环境恢复； (2) 软件恢复正常运行	(1) 完成全部功能测试； (2) 遗留轻微 Bug 少于 3 个
系统测试	测试环境准备好，主功能正常，基本业务流程能走通	(1) 环境破坏； (2) 主功能异常； (3) 基本业务流走不通	(1) 环境恢复； (2) 主功能恢复正常； (3) 基本业务流走通	(1) 完成全部功能测试； (2) 需求覆盖率 100%； (3) 用例执行率 100%； (4) 遗留轻微 Bug 少于 5 个
验收测试	测试环境准备好，主功能正常，基本业务流程能走通	(1) 环境破坏； (2) 发现 Bug	(1) 环境恢复； (2) Bug 修复	(1) 完成全部功能测试； (2) 需求覆盖率 100%； (3) 用例执行率 100%； (4) 通过率 99.5%； (5) 遗留轻微 Bug 少于 10 个

5. 人员分工

角色	责任、负责的任务
测试组长	协调项目安排，制订和维护测试计划
测试组员	设计测试用例及测试过程，评估测试，分析测试结果
测试员	执行测试，记录测试结果

6. 进度安排

测试阶段	测试时间/工时	参与人员	测试工作及安排	阶段性成果
测试计划	2	测试组长	测试计划	测试计划文档
测试用例	6	测试设计员	测试用例具体安排	测试用例文档
第一遍全面测试	10	测试员	执行测试用例	Bug 报告
交叉自由测试	2	全组成员	自由测试	Bug 报告
测试总结	2	全组成员	编写测试报告	测试总结报告

7. 批准

3.3　测试用例概述

3.3.1　概述

测试用例就是为了特定测试目的(如考察特定程序路径或验证某个产品特性)而设计的测试条件、测试数据及与之相关的操作过程序列的一个特定的使用实例或场景。测试用例也可以称为有效地发现软件缺陷的最小测试执行单元,即可以被独立执行的一个过程,这个过程是一个最小的测试实体,不能再被分解。

测试用例还包括期望结果,即需要增加验证点——验证用户操作软件时系统是否正确地做出响应,输出正确的结果。在测试时,需要将单个测试操作过程之后所产生的实际结果与期望的结果进行比较,若它们不一致,则预示着我们可能发现了一个缺陷。

1. 一个简单的测试用例

登录功能是软件系统最常见的一个功能,也是相对简单的一个功能,下面就以系统登录功能来讨论测试用例的设计。当我们面对一个登录功能时(见图 3-1),如何进行测试呢?

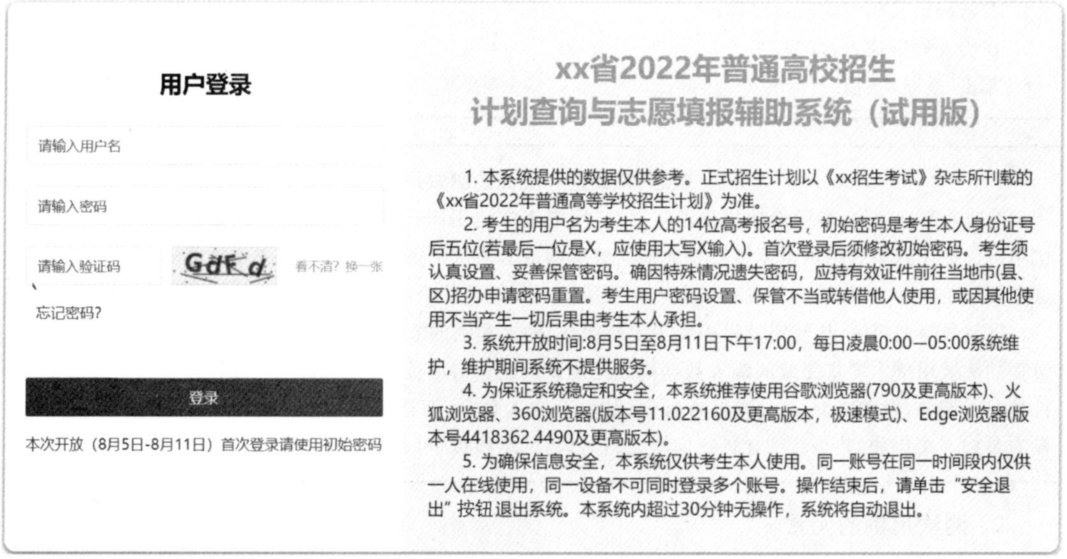

图 3-1　XX 省填报志愿辅助系统的登录功能的 UI 界面

从用户角度出发,当用户进行登录操作时,输入用户名、密码,然后单击"登录"按钮,就这么简单。当然,用户有时会忘记了密码,输错了密码,登录失败,系统会给出错误提示,如"用户名或密码输错""用户名和密码不匹配"。

如 XX 省填报志愿辅助系统的登录功能的测试用例如下。

- 用户名、密码、验证码输入正确,登录成功。

● 用户名为空，密码、验证码输入正确，登录失败，提示“请输入用户名”。

● 密码为空，用户名、验证码输入正确，登录失败，提示“请输入密码”。

● 验证码为空，用户名、密码输入正确，登录失败，提示“验证码不能为空”。

● 用户名、密码输入正确，验证码输入错误，登录失败，提示“您输入的验证码有误，请重新输入”。

● 密码、验证码输入正确，用户名输入错误，登录失败，提示“用户名输入错误”。

● 用户名、验证码输入正确，密码输入错误，登录失败，提示“密码输入错误”。

这些都是测试点，每一个测试点都可以看作一个测试用例。下面就以“用户名、验证码输入正确，密码输入错误”为例，来展示一个简单的测试用例。

【测试用例 1】

测试目标：验证输入错误的密码是否有正确的响应

测试环境：Windows 10 操作系统和浏览器 Chrome

输入数据：考生号和密码

步骤：

1. 打开浏览器。
2. 输入登录网址进入登录页面。
3. 在用户名输入框中输入：420980001。
4. 在密码输入框中输入：111111。
5. 在验证码框输入：1234。
6. 单击“登录”按钮。

概念：正面的和负面的测试用例

◇ 正面的测试用例，参照设计规格说明书，从用户正常使用产品各项功能的情景出发来设计的一类测试用例。正面的测试用例主要指有效的输入数据构成的测试用例。例如，验证基本功能被正常使用的测试用例属于这一类，如输入正确的用户名和正确的口令就是一个典型的正面的测试用例。

◇ 负面的测试用例，从使用过程中突然中断操作、输入非法的数据等异常操作出发而设计的测试用例。负面的测试用例主要指无效的输入数据构成的测试用例。借助负面的测试用例，往往可以发现更多的软件缺陷。例如，对 Windows 计算器进行测试时，不输入数字，而是粘贴一些字符进去，检查 Windows 有没有处理。又比如，某个软件在进行网络通信时，将网络线拔了，看系统是否崩溃。

2. 测试用例的元素

上面测试用例 1 包含了“测试目标、测试环境、输入数据、步骤和期望结果”等内容，其中每一项都是不可缺少的。如果少了其中一项，就很难操作或判断。例如，没有步骤，就不知道从哪里下手，也不知道如何获得执行结果。测试执行过程中，将实际结果和期望结果进行比较才能确定是否存在缺陷。期望结果就是基准、参照物，是验证点，每个测试用例至少要有一个验证点。测试用例在对测试场景和操作的描述中，可以概括为“5W1H”。

● Why——为什么而测？为功能、性能、可用性、容错性、兼容性、安全性等测试目标中某个目标而测。

● What——测什么？被测试的对象，如函数、类、菜单、按钮、表格、接口直至整个系统等。

● Where——在哪里测？测试用例运行时所处的环境，包括系统的配置和设定等要求，还包括操作系统、浏览器、通信协议等单机或网络环境。

● When——什么时候开始测？测试用例运行时所处的前提或条件限制。

● Which——哪些输入数据？在操作时，系统所接收的各种变化的数据，如数字、字符、文件等。

● How——如何操作软件？如何验证实际结果是否正确？在执行时，要根据先后次序、步骤来操作软件，将实际执行结果和期望结果进行比较来确定测试用例是否通过。

除了用例的基本描述信息之外，还需要其他信息来帮助执行、归档和管理。例如，当测试用例太多时，需要按照模块进行分类，有利于管理。

每个测试用例的重要程度也不一定相同，因为测试用例是与产品功能特性相关的，产品的功能特性有很大差异，有时用户经常使用 20%的功能，这 20%的功能特性对客户满意度的影响较大，所以这些产品特性的测试用例有较高的优先级。

为了管理方便和提高执行效率，测试用例还应附有其他一些信息，如测试用例所属模块、优先级、层次、预估的执行所需时间、依赖的测试用例、关联的缺陷等。综上所述，使用一个数据库的表结构来描述测试用例的元素，如表 3-1 所示。

表 3-1　测试用例的元素列表

字段名称	类型	注释
标识符	整型	唯一标识该测试用例的值，自动生成
测试项	字符型	测试的对象，可以从软件配置库中选择
测试目标	字符型	从固定列表中选择一个
测试环境要求	字符型	可从列表中选择，如果没有，则直接输入新增内容
前提	字符型	事先设定、条件限制，如已登录、某个选项已选上
输入数据	字符型	输入要求说明或数据列举
操作步骤	字符型	按 1. ……;2. ……等操作步骤，准确详细地描述
期望输出	字符型	通过文字、图片等说明本用例执行后的结果
所属模块	整型	模块标识符
优先级	整型	1,2,3(1-优先级最高)
层次	整型	0,1,2,3(0-最高层)
关联的测试用例	整型	上层(父)用例的标识符
执行时间	整型	秒、分钟
自动化标识	布尔型	Ture 和 False
关联的缺陷	枚举型	缺陷标识符列表

3. 测试用例的模板

1）国家标准 GB/T 15542—2008

<table>
<tr><td colspan="2">用例名称</td><td></td><td>用例标识</td><td></td></tr>
<tr><td colspan="2">测试追踪</td><td colspan="3"></td></tr>
<tr><td colspan="2">用例说明</td><td colspan="3"></td></tr>
<tr><td rowspan="4">用例的
初始化</td><td>硬件配置</td><td colspan="3"></td></tr>
<tr><td>软件配置</td><td colspan="3"></td></tr>
<tr><td>测试配置</td><td colspan="3"></td></tr>
<tr><td>参数配置</td><td colspan="3"></td></tr>
<tr><td colspan="5">操作过程</td></tr>
<tr><td>序号</td><td>输入及操作说明</td><td>期望的测试结果</td><td>评价标准</td><td>备注</td></tr>
<tr><td></td><td></td><td></td><td></td><td></td></tr>
<tr><td></td><td></td><td></td><td></td><td></td></tr>
<tr><td></td><td></td><td></td><td></td><td></td></tr>
<tr><td colspan="2">前提和约束</td><td colspan="3"></td></tr>
<tr><td colspan="2">过程终止条件</td><td colspan="3"></td></tr>
<tr><td colspan="2">结果评价标准</td><td colspan="3"></td></tr>
<tr><td colspan="2">设计人员</td><td></td><td>设计日期</td><td></td></tr>
</table>

2）简单的功能测试用例模板(表格形式)

<table>
<tr><td>标识码</td><td></td><td>用例名称</td><td colspan="3"></td></tr>
<tr><td>优先级</td><td>高/中/低</td><td>父用例</td><td></td><td>执行时间估计</td><td>分钟</td></tr>
<tr><td>前提条件</td><td colspan="5"></td></tr>
<tr><td>基本操作步骤</td><td colspan="5"></td></tr>
<tr><td colspan="2">输入/动作</td><td colspan="3">期望的结果</td><td>备注</td></tr>
<tr><td colspan="2">示例:典型正常值…</td><td colspan="3"></td><td></td></tr>
<tr><td colspan="2">示例:边界值…</td><td colspan="3"></td><td></td></tr>
<tr><td colspan="2">示例:异常值…</td><td colspan="3"></td><td></td></tr>
</table>

3.3.2 为什么需要测试用例

不管是过去演戏，还是现在拍电影，都需要写剧本。有了剧本，工作人员才会知道如何布置场景，演员才知道自己什么时候出场，如何出场，说哪些台词。如果没有剧本，演员会无所适从。而且，一个情节有时会重演几次，达到剧本效果，导演才满意。剧本要描述时间、地点、气氛、演员出场顺序、演员退场顺序等，使戏剧或电影按照剧情发展下去。软件测试用例就如同剧本，是执行测试所要参照的“剧本”。

设计测试用例就是为了更有效、更快地发现缺陷而设计的，具有很高的有效性和可重复性，可以节约测试时间，提高测试效率。测试用例具有良好的组织性、可跟踪性，有利于测试的管理。测试用例是测试执行的基础，可以避免测试的盲目性，降低测试成本并提高测试效率，是必不可少的测试件（test ware）。为什么这么说呢？有下列7点理由。

（1）重要参考依据。测试过程中，需要对测试结果有一个评判的依据。没有依据，就不可能知道测试结果是否通过。测试用例清楚地描述所期望的结果，成为测试的评判依据，避免测试的盲目性。

（2）提高测试质量。在测试过程中，对产品特性的理解越来越深，发现的缺陷越来越多。这些缺陷中，有些缺陷不是通过事先设计好的测试用例发现出来的，在对这些缺陷进行分析之后，需要加入新的测试用例，这就是知识积累的过程。即便最初的测试用例考虑不周全，随着测试的进行和软件版本更新，也将日趋完善。借助测试用例，可以保证所执行的测试系统全面地覆盖需求范围，不会遗漏任何测试点。

（3）有效性。测试用例是经过精心设计的，对程序的边界条件、系统的异常情况和薄弱环节等进行了针对性考虑，有助于以较小的代价或较短的时间发现所存在的问题。

（4）复用性。在软件产品的开发过程中，要不断推出新的版本，所以经常要对同一个功能进行多次测试，但有了测试用例就变得简单，即重复使用已有的测试用例。良好的测试用例不断地被重复使用，使得测试过程事半功倍。

（5）客观性。有了测试用例，无论是谁来测试，参照测试用例实施，都能保障测试的质量，可以把人为因素的影响减少到最小。

（6）可评估性、可管理性。从项目管理角度来说，测试用例的通过率是检验代码质量、保证效果的最主要指标之一。我们经常说，代码的质量不高或者代码的质量很好，其依据往往就是测试用例的通过率，以具体的量化结果作为依据。有了测试用例，工作量容易量化，从而对工作量预估、进度跟踪和控制等也都有很大帮助，有利于对测试进行组织和管理。

（7）知识传递。测试用例涵盖了产品的特性，测试用例通过不断改进，承载着产品知识的传递和积累，可以成为初学者的学习材料。对于新的测试人员，测试用例的熟悉和执行是学习产品特性和测试方法的最有效手段之一。

3.3.3　测试用例的质量

测试用例是测试的基础。所以测试用例的质量关系到测试结果的质量和测试产品的质量，那么，如何保证测试用例的质量？首先，测试人员需要全面地理解用户需求、服务质量要求、产品特性；其次，应采取正确、恰当的方法进行用例设计，按照测试用例的标准格式或规范的模板来书写测试用例。除此之外，评审也是提高测试用例质量的有效手段之一。

1. 测试用例的质量要求

为了更清楚地了解测试用例的质量要求，可以从不同层次来看，即单个测试用例的质量要求和整个产品或项目的测试用例集合的整体质量。作为整体质量，其要求的焦点集中在测试用例的覆盖率上，而单个测试的质量要求则集中在细节上，如具体的文字描述。

1）单个测试用例的质量要求

单个测试用例就是为了完成某个用户场景（用例）的测试，目标很清楚，针对某个测试点设计测试用例，包含“测试目标、测试环境、输入数据、步骤和期望结果”等主要信息和其他信息，其描述符合测试用例的模板。测试用例所需的环境、输入数据、步骤和期望结果等信息应有尽有，使测试用例的执行结果不会因人而异。

从反向思维出发，一个好的测试用例更容易发现缺陷，即发现缺陷概率越高。一个好的测试用例可以发现到目前为止，系统没被发现的缺陷。而作为一个合格的测试用例，应能满足下列要求。

- 具有可操作性。
- 具备所需的各项信息。
- 各项信息描述准确、清楚。
- 测试目标针对性强。
- 验证点完备，而且没有太多的验证点(如不超过 3 项)。
- 没有太多的操作步骤，如不超过 7 步。
- 符合正常业务惯例。

2）整体质量的要求

测试用例的整体质量要比单个质量考虑的因素多得多，虽然整体质量是建立在单个测试用例的质量上。测试用例的整体质量主要是指覆盖一个功能模块或一个产品的测试用例集合(或称一套测试用例)的质量。整体质量的最重要的指标就是测试用例的覆盖率，覆盖率越高，整体质量就越高。覆盖率是指通过已有的测试用例完成对所有功能特性或非功能特性测试的程度，也可以指通过已有的测试用例完成对所有代码及其分支、路径等测试的程度。通过提高测试用例的覆盖率，可以改进测试的质量和获得更高的产品质量。一套测试用例应该能完整地覆盖软件产品的功能点及其相关的质量特性，满足测试需求。

其次，作为测试用例的一个集合，具备一个合理的结构层次，没有重复的或多余的测试用例，使测试执行效率达到一个较高的水平。测试用例的连贯性也是必要的，可以进一步提高测试的执行效率。为了保证测试用例具有合理的、清晰的结构层次，就需要系统地设计测试用例。测试用例集合的层次性、连贯性以及系统性，使测试用例具有良好的可读性和可维护性。

软件测试的细化程度，称为粒度。粒度过大，测试点不够准确，操作步骤或期望结果比较含糊，不同的测试人员，测试结果差别很大。对于初学者，难以执行这样的测试用例，因为难以发现问题。粒度过小，例如，每一个测试数据都作为一个测试用例，那么测试用例数量很大，以后测试用例的维护工作量也就会很大，容易限制大家思维的发散、创新。所以测试用例的粒度要适当，要把握好细节和整体的平衡。概括起来，测试用例的整体质量可以概括为如下几点。

- 覆盖率。依据特定的测试目标的要求，尽可能覆盖所有的测试范围、功能特性和代码。
- 易用性。测试用例的设计思路清晰，组织结构层次合理，测试用例操作的连贯性好，使单个模块的测试用例执行顺畅。
- 易维护性。应该以很少的时间来完成测试用例的维护工作，包括添加、修改和删除测试用例。易用性和易读性也有助于易维护性。
- 粒度适中。既能覆盖各个特定的场景，保证测试的效率，又能处理好不同数据输入的测试要求，提高测试用例的可维护性。

2. 测试用例书写标准

在编写测试用例过程中，需要参考和规范一些基本的测试用例编写标准。在 ANSI/IEEE 829—1983 标准中，列出了与测试设计相关的测试用例编写规范和模板（参考附录C）。下面就是针对其主要元素所建议的书写要求。

- 标识符（identification）：每个测试用例应该有一个唯一的标识符，它将成为所有与测试用例相关的文档/表格引用和参考的基本元素。
- 测试项（test items）：测试用例应该准确地描述所需要的测试项及特征，测试项应该比测试设计说明中所列出的特性描述更加具体。例如，针对 Windows 计算器应用程序窗口的测试，测试对象是整个应用程序的用户界面，其测试项将包括该应用程序的界面特性要求，如窗口缩放测试、界面布局、菜单等。
- 测试环境要求（test environment）：用来描述执行该测试用例需要的具体测试环境。一般来说，整个测试模块应该包含测试环境的基本需求，而单个测试用例的测试环境需要描述该测试用例单独所需要的、特定的环境需求或前提条件。
- 输入标准（input criteria）：用来执行测试用例的输入需求。这些输入可能包括数据、文件或者操作（如鼠标的左键单击、键盘的按键处理等）。必要的时候，相关的数据库、文件也必须被罗列出来。
- 输出标准（output criteria）：标识按照指定的环境和输入标准得到的期望输出结果。如果可能的话，则尽量提供适当的系统规格说明来表明期望结果的正确性。
- 测试用例之间的关联：用来标识该测试用例与其他测试（用例）之间的依赖关系。在测试的实际过程中，很多的测试用例之间可能有某种依赖关系。例如，用例 A 需要在用例 B 通过测试后才能进行，此时需要在用例 A 的测试中表明对用例 B 的依赖性，从而保证测试用例的严谨性。

【测试用例 2：书写规范的测试用例】

ID：LG0101002

用例名称：验证输入错误的密码是否有正确的响应

测试项：考生号和密码

测试环境：Windows 10 操作系统和浏览器 Chrome

参考文档：软件规格说明书 SpeeLG01. doc

优先级：高

层次：2（即 LG0101 的子用例）

依赖的测试用例：LG0101001

步骤：

1. 打开浏览器。
2. 输入登录网址进入登录页面。
3. 在用户名输入框中输入：420980001。
4. 在密码输入框中输入：111111。
5. 在验证码框中输入：1234。
6. 单击“登录”按钮。

期望结果：

登录失败，弹出提示框，显示“密码输入错误”

3. 测试用例的评审

评审是提高测试用例质量的有效手段之一，通过评审可以发现测试用例中的问题，包括设计思路不清晰、缺乏层次结构、遗漏某些场景或测试点等。改正所发现的问题，从而提高测试用例的覆盖率和可维护性等。

测试用例的评审，一般由项目负责人以及测试、编程、设计等有关人员参加，也可邀请产品经理、客户代表参加。评审工作从测试用例的框架、结构开始，然后逐步向测试用例的局部或细节推进。

(1) 为了把握测试用例的框架、结构，要分析其设计思路，是否符合业务逻辑，是否符合技术设计的逻辑，是否可以和系统架构、组件等建立起完全的映射关系。

(2) 在局部上，应有重有轻，抓住一些测试的难点、系统的关键点，从不同的角度向测试用例的设计者提问。

(3) 在细节上，检查是否遵守测试用例编写的规范或模板，是否漏掉每一元素，每项元素是否描述清楚。

通过检查表来进行测试用例的评审也是一种简单而有效的方法。例如，针对检查表中下列各项问题，是否都能回答“是”。如果答案都为“是”，意味着测试用例通过了评审。

- 设计测试用例之前，是否清楚业务逻辑、流程？
- 测试用例的结构层次清晰、合理吗？
- 每一个功能点是否都有足够的、正面的测试用例来覆盖？
- 是否设计了相应的负面的测试用例？
- 是否覆盖了所有已知的边界值，如特殊字符、最大值、最小值？
- 是否覆盖了已知的无效值，如空值、垃圾数据和错误操作等？
- 是否覆盖了输入条件或数据的各种组合情况？
- 是否所有的接口数据都有对应的测试用例？
- 测试用例的前提条件、操作步骤描述是否明确、详细？
- 当前测试是否最小限度地依赖于先前测试或步骤生成的数据和条件？
- 测试用例检查点(验证点)描述是否明确、完备？
- 是否重用了以前的测试用例？

3.4 设计XX省填报志愿辅助系统的测试用例

对于XX省2022年普通高校招生计划查询与志愿填报辅助系统，我们针对该系统登录、修改密码、招生计划查询、关注、往年院校投档及录取情况查询、往年招生排序成绩一分一段统计表查询、往年录取控制分数线查询模块进行测试用例的设计。测试内容如下：

- 登录。
- 修改密码。
- 招生计划查询。
- 关注模块。
- 往年录取控制分数线查询

- 往年院校投档及录取情况查询。
- 往年招生排序成绩一分一段统计表查询。

1. 登录模块的测试用例

登录模块的测试用例举例如表 3-2 所示。

表 3-2　测试用例——登录

测试配置		测试数据				测试结果
测试用例编号	测试用例名称	用户名	密码	验证码	期望结果	
01	用户名、密码、验证码输入正确	420980001	123456	1234	登录成功	
02	用户名为空		123456	1234	提示“请输入用户名”	
03	密码为空	420980001		1234	提示“请输入密码”	
04	验证码为空	420980001	123456		提示“验证码不能为空”	
05	验证码输入错误	420980001	123456	1111	提示“您输入的验证码有误，请重新输入！”	
06	用户名输入错误	420981	123456	1234	提示“用户名输入错误”	
07	密码输入错误	420980001	111111	1234	提示“密码输入错误”	

2. 修改密码模块的测试用例

修改密码模块的测试用例举例如表 3-3 所示。

表 3-3　测试用例——修改密码

测试配置		测试数据			测试结果
测试用例编号	测试用例名称	新密码	重复新密码	期望结果	
01	新密码长度在 6～8 位字符之间并且英文字母加数字的格式	12345abc	12345abc	提交成功	
02	新密码为空		12345abc	提示“请输入密码”	
03	重复新密码为空	12345abc		提示“两次输入密码不一致请重新输入！”	
04	新密码与重复新密码不一致	12345abc	11111aaa	提示“两次输入密码不一致，请重新输入！”	
05	新密码长度不在 6～8 位字符之间	123a	123a	提示“密码格式错误，密码 6～8 位字符，由数字加英文字母组成，不区分大小写”	
06	新密码不符合英文字母加数字的格式	1234567	1234567	提示“密码格式错误，密码 6 至 8 位字符，由数字加英文字母组成，不区分大小写”	

3. 招生计划查询模块的测试用例举例

招生计划查询模块的测试用例举例如表 3-4 所示。

表 3-4　测试用例——招生计划查询

测试配置		测试数据							测试结果
测试用例编号	测试用例名称	首选科目	再选科目	省份	院校	院校专业组	专业	期望结果	
01	所有条件均已选择	物理	化学和生物	湖北	武汉工商学院	武汉工商学院第 02 组	计算机科学与技术	查询得到相应结果	
02	未选择首选科目		化学和生物	湖北	武汉工商学院	武汉工商学院第 02 组	计算机科学与技术	提示“考生首选科目须二选一!”	
03	未选择再选科目	物理		湖北	武汉工商学院	武汉工商学院第 02 组	计算机科学与技术	提示“考生再选科目须四选二!”	
04	只选择一个再选科目	物理	化学	湖北	武汉工商学院	武汉工商学院第 02 组	计算机科学与技术	提示“考生再选科目须四选二!”	
05	未选择院校	物理	化学和生物	湖北				提示“请选择院校”	
06	未选择院校专业组	物理	化学和生物	湖北	武汉工商学院			查询得到相应结果	
07	未选择专业	物理	化学和生物	湖北	武汉工商学院	武汉工商学院第 02 组		查询得到相应结果	

4. 关注模块的测试用例举例

关注模块的测试用例举例如表 3-5 所示。

表 3-5　测试用例——关注模块

测试配置		测试数据		测试结果
测试用例编号	测试用例名称	操作描述	期望结果	
01	添加关注	左键单击“关注”	关注成功	
02	取消关注	左键单击“取消关注”	取消关注成功	
03	查询关注列表	左键单击左侧菜单栏的“关注列表”	进入关注列表页面	
04	打印关注列表	左键单击“打印”按钮	弹出打印页面	
05	批次列表收起	左键单击批次的收缩按钮	批次列表收起	
06	批次列表展开	左键单击批次的展开按钮	批次列表展开	
07	返回主页	左键单击“返回主页”按钮	跳转至主页	

5. 往年录取控制分数线查询模块的测试用例

往年录取控制分数线查询模块的测试用例举例如表3-6所示。

表3-6　测试用例——往年录取控制分数线查询模块

测试配置		测试数据		测试结果
测试用例编号	测试用例名称	操作描述	期望结果	
01	查询某一年份的录取控制分数线	左键单击某一年份	查询得到对应年份的录取控制分数线	
02	返回主页	左键单击“返回主页”按钮	跳转至主页	

6. 往年院校投档及录取情况查询模块的测试用例

往年院校投档及录取情况查询模块的测试用例举例如表3-7所示。

表3-7　测试用例——往年院校投档及录取情况查询模块

测试配置		测试数据				测试结果
测试用例编号	测试用例名称	院校	筛选类型	筛选区间	期望结果	
01	选择院校、筛选类型和区间	武汉工商学院	投档线	500～600	查询得到相应结果	
02	只选择院校	武汉工商学院			查询得到相应结果	
03	只选择筛选类型和区间		投档线	500～600	查询得到相应结果	
04	均不选择				查询得到相应结果	

7. 往年招生排序成绩一分一段统计表查询模块的测试用例

往年招生排序成绩一分一段统计表查询模块的测试用例举例如表3-8所示。

表3-8　测试用例——往年招生排序成绩一分一段统计表查询模块

测试配置		测试数据		测试结果
测试用例编号	测试用例名称	操作描述	期望结果	
01	查询某年某科类招生排序成绩一分一段统计表	选择年份为2021,首选科目为物理,单击“查询”按钮	查询得到相应结果	
02	返回主页	左键单击“返回主页”按钮	跳转至主页	

实验实训

1. 实训目的

掌握软件项目测试流程,学会软件测试计划和测试用例的编写。

2. 实训内容

(1) 以图书管理系统为例,制订相应的测试计划

(2) 以图书管理系统为例,制订相应的测试用例

小　　结

本章介绍了软件测试的基本流程,重点讲解了测试计划和测试用例。通过本章学习,读者需要明确测试计划的重要性,了解如何制订测试计划。

测试计划描述了测试软件系统的总体策略和目标,包括测试范围、测试方法、测试目标、时间表、资源和风险等细节。

测试用例是用于软件系统上执行单个测试的一组特定指令、条件和数据。它描述了测试要采取的步骤,验证软件的特定特性或功能是否按预期工作。测试用例包括测试输入数据、预期结果、实际结果(通过、失败标准)等信息。

总之,测试计划和测试用例都是软件测试的重要组成部分,用于确保软件系统满足其预期需求并正确运行。

习　题　3

一、选择题

1. 软件测试的作用是(　　)。

A. 使软件测试工作进行更顺利

B. 增进项目参加人员之间的沟通

C. 及早发现和修正软件规格说明书的问题

D. 使软件测试工作更易于管理

2. 制订测试计划的原则是(　　)。

A. 制订测试计划应尽早开始

B. 保持测试计划的灵活性

C. 保持测试计划简洁易读

D. 尽量争取多方面来评审测试计划

E. 计算测试计划的投入

3. 提高软件测试的效率,应该(　　)

A. 随机地选取测试数据

B. 取一切可能的输入数据作为测试数据

C. 在完成编码以后制订软件的测试计划

D. 选择发现错误可能性最大的数据作为测试用例

4. 与设计测试用例无关的文档是(　　)

A. 项目开发计划

B. 需求规格说明书

C. 设计说明书

D. 源程序

二、简答题

1. 为什么需要制订测试计划?

2. 为什么需要测试用例?

第4章 测试技术

章节导读

软件测试的目的是发现软件程序中的错误,对软件是否符合设计要求,以及是否符合合同中所要达到的技术要求,进行有关验证以及评估软件的质量,最终实现将高质量的软件系统交给用户。

为了达到这个目的,人们发明了各种测试技术、方法和工具。这些软件的基本测试方法主要有静态测试和动态测试、功能测试、性能测试、黑盒测试、白盒测试等。

软件测试在软件设计及程序编码之后,在软件运行之前进行最为合适。考虑到测试人员是在软件开发过程中寻找Bug、避免软件开发过程中的缺陷,所以作为软件开发人员,软件测试要嵌入在整个软件开发的过程中。例如,在软件设计和程序编码等阶段都嵌入软件测试,要时时检查软件的可行性,但是作为专业的软件测试工作,还是在程序编码之后,软件运行之前最为合适。

在进行测试活动时应当尽早参与到软件的开发活动中,据统计有60%~80%的错误来自编码以前,并且修正一个软件错误所需的费用将随着软件生存周期的进展而上升,所以错误发现得越早,修正它所需的费用就越少。

本章主要内容

1. 软件测试的分类。
2. 静态测试和动态测试。
3. 黑盒测试和白盒测试的基本概念和常用方法。
4. 软件测试流程:单元测试、集成测试、回归测试。
5. 单元测试工具JUnit的使用。

能力目标

1. 了解软件测试分类。
2. 了解软件不同开发阶段的测试流程。
3. 掌握黑盒测试的等价类划分法、编辑值分析法、决策表法、因果图法。
4. 掌握白盒测试的逻辑覆盖测试法、路径分析法。
5. 了解测试工具JUnit的使用。

4.1 软件测试技术的分类

软件测试方法的分类有很多种,如图4-1所示,以测试过程中程序执行状态为依据可分为静态测试(static testing,ST)和动态测试(dynamic testing,DT);以具体实现算法细节和系统内部结构的相关情况为依据可分为黑盒测试、白盒测试和灰盒测试三类;从程序执行是否需要手工执行的方式来分,可分为人工测试(manual testing,MT)和自动化测试(automatic testing,AT),等等。本节将对这些测试方法进行详细介绍。

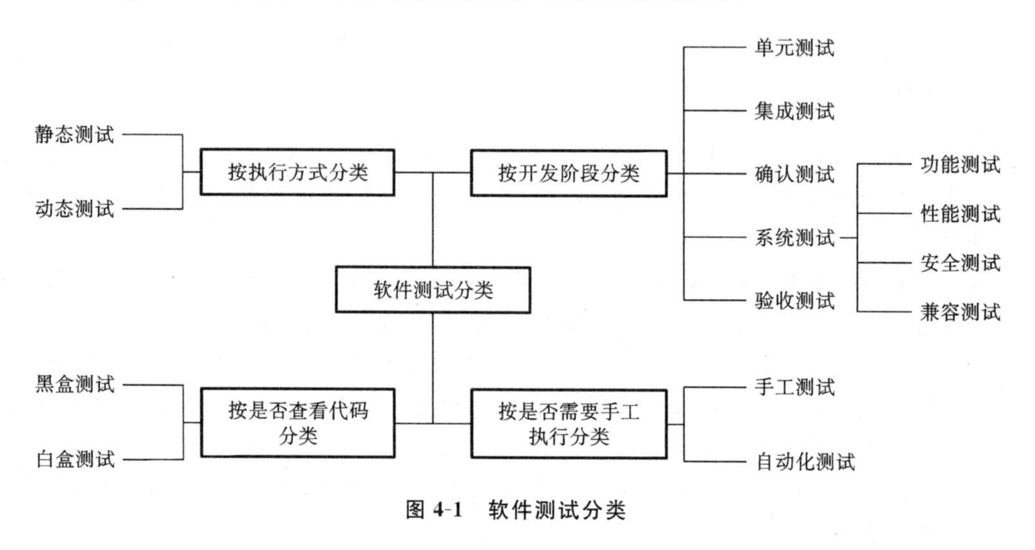

图 4-1 软件测试分类

4.1.1 按执行方式分类

从是否需要执行被测软件的角度,软件测试可分为静态测试(static testing)和动态测试(dynamic testing)。

静态测试顾名思义就是通过对被测程序的静态审查,发现代码中潜在的错误。它一般用人工方式脱机完成,故也称为人工测试或代码评审(code review);也可借助于静态分析器在计算机上以自动方式进行检查,但不要求程序本身在计算机上运行。按照评审的不同组织形式,代码评审又可分为代码会审、走查、办公桌检查以及同行评分 4 种。对某个具体的程序,通常只使用一种评审方式。

动态测试是通常意义上的测试,即通过使用和运行被测软件,发现潜在错误。动态测试的对象必须是能够由计算机真正运行的被测试程序,它包含黑盒测试和白盒测试。

4.1.2 按是否查看代码分类

从是否需要查看代码的角度,软件测试可分为黑盒测试(black-box testing)和白盒测试(white-box testing)。

黑盒测试是一种从用户角度出发的测试,又称为功能测试、数据驱动测试或基于规格说明的测试。使用这种方法进行测试时,把被测试程序当作一个“黑色的盒子”,忽略程序内部的结构特性,测试者在只知道该程序输入和输出之间的关系或程序功能的情况下,依靠能够反映这一关系和程序功能需求规格的说明书,来确定测试用例和推断测试结果的正确性。简单地说,若测试用例的设计是基于产品的功能,目的是检查程序各个功能是否实现,并检查其中的功能错误，则这种测试方法称为黑盒测试。

白盒测试则基于产品的内部结构来进行测试，检查内部操作是否按规定执行，软件各个部分功能是否得到充分利用。白盒测试又称为结构测试、逻辑驱动测试或基于程序的测试，即根据被测程序的内部结构设计测试用例，测试者需要预先了解被测试程序的结构。

4.1.3 按开发阶段分类

按照软件开发阶段和过程分类，软件测试可分为单元测试(unit testing)、集成测试(integration testing)、确认测试(validation testing)、系统测试(system testing)和验收测试(verification testing)，如表4-1所示。

表4-1 测试对应阶段

开发阶段	测试名称
编码	单元测试
详细设计	集成测试
概要设计	确认测试、系统测试
需求分析	验收测试

单元测试是针对每个单元的测试，是软件测试的最小单位，它旨在确保每个模块能正常工作。单元测试主要采用白盒测试方法，以发现内部错误。

集成测试是对已测试过的模块进行组装，进行集成测试的目的主要在于检验与软件设计相关的程序结构问题。在集成测试过程中，测试人员采用黑盒测试和白盒测试两种方法，以验证多个单元模块集成到一起后是否能够协调工作。

确认测试是检验所开发的软件能否满足所有功能和性能需求的最后手段，通常采用黑盒测试方法。

系统测试的主要任务是检测被测软件与系统的其他部分的协调性，通常采用黑盒测试方法。系统测试通常包含功能测试、性能测试、安全测试、兼容性测试等。

性能是用户的一种最终感受，主要通过响应时间、吞吐量、并发用户数、系统资源占用、系统稳定性几个指标来衡量。

验收测试是把控软件产品质量的最后一关，在这一环节，测试主要从用户的角度着手，参与者主要是用户以及少量的程序开发人员，通常采用黑盒测试方法。

4.1.4 按是否需要手工执行分类

按照测试用例的执行方式的角度分类，软件测试可分为手工测试(manual testing)和自动化测试(automation testing)。

手工测试是传统的测试方法，由测试人员手工编写测试用例、执行、观察结果。软件测试中发现问题最多的都是手工测试，占整个项目的95%左右，所以说手工测试是软件测试基础。但手工测试也有一些缺点：测试工作量大、重复多、回归测试难以实现。

自动化测试是指把以人为驱动的测试行为转化为机器执行的过程。实际上自动化测试往往通过一些测试工具或框架，编写自动化测试脚本，来模拟手工测试过程。例如，在项目迭代过程中，持续的回归测试是一项非常枯燥且重复的任务，并且测试人员每天从事重复性劳动，丝毫得不到成长，工作效率很低。此时，如果开展自动化测试，则能帮助测试人员从重复、枯燥的手工测试中解放出来，提高测试效率，缩短回归测试时间。

4.2 静态测试

4.2.1 代码走查

代码走查由测试小组组织，或者由专门的代码走查小组进行代码走查，这时需要开发人员提交有关的资料文档和源代码，并进行必要的讲解。代码走查往往根据代码检查单来进行，代码检查单通常是根据编码规范总结出来的一些条目，目的是检查代码是否按照编码规范来编写的。当然，代码走查的最终目的还是为了发现代码中潜在的错误和缺陷。该项工作的参与者为测试人员。代码走查速度一般建议为：汇编代码与 C 语言代码 150 行/小时，C++/Java 代码 200～300 行/小时。

4.2.2 技术评审

技术评审是一种审查技术，其主要特点是由一组评审员按照规范的步骤对软件需求、设计、代码或其他技术文档进行仔细的检查，以找出和消除其中的错误或缺陷。

根据 CMM 标准，该项工作的参与人员为程序员、设计师、单元测试工程师、维护者、需求分析师和编码标准专家，至少需要开发人员、测试人员和设计师。

1. 技术评审的目的

技术评审的目的包括：

- 发现软件在功能、逻辑、实现上的错误或缺陷。
- 验证软件是否符合需求规格。
- 确认软件符合预先定义的开发规范和标准。
- 保证软件在统一的模式下进行开发。
- 便于项目管理。

此外，技术评审为新手提供软件分析、设计和实现的培训途径，后备、后续开发人员也可以通过技术评审熟悉他人开发的软件，如测试人员可以通过参与评审熟悉被审的工作产品，为测试用例的分析和设计提供支持和帮助。

2. 评审小组成员

评审小组至少由 3 人组成(包括被审材料作者)，一般为 4～7 人。通常，概要性的设计文档需要较多评审人员，涉及详细技术的评审只需要较少的评审人员。

评审小组应包括下列成员：

(1) 评审员。

评审小组中的每个成员，无论他(她)是主持人、作者、宣读员、记录员，都是评审员(reviewer)。他们的职责是在会前准备阶段到会上检查被审查材料，找出其中的错误或缺陷。合适的评审员人选包括被审材料在生命周期中的前一阶段、本阶段和下一阶段的相关开发人员。例如，需求分析规格的评审员可以包括客户和概要设计者，详细设计规格和代码的评审员可以包括概要设计者、相关模块开发人员、测试人员。

(2) 主持人。

主持人(moderator)的主要职责包括：在评审会前负责技术评审计划和会前准备的检查；在评审会中负责调动每个评审员在评审会上的工作热情，把握评审会方向，保证评审会的工作效率；在评审会后负责对问题分类及问题修改后的复核。

(3) 宣读员。

宣读员(reader)的任务是在评审会上通过分段朗读来引导评审小组遍历被审材料。除了代码评审可以选择作者作为宣读员外，其他评审最好选择直接参与后续开发阶段的人员作为宣读员。

(4) 记录员。

记录员(recorder)负责将评审会上发现的软件问题记录在"技术评审问题记录表"。在评审会上提出的但尚未解决的任何问题以及前序工作产品的任何错误或缺陷都应加以记录。

(5) 作者。

被审材料的作者(author)负责在评审会上回答评审员提出的问题，以避免明显的误解被当作问题。此外，作者必须负责修正在评审会上发现的问题。

3. 技术评审活动过程

(1) 计划。

由项目经理指定的主持人检查作者提交的被审材料是否齐全，是否满足评审条件，例如，代码应通过编译后才能参加评审。主持人确定评审小组成员及职责，确定评审会时间、地点。主持人向评审小组成员分发评审材料，评审材料应包括被审材料、检查表和相关技术文档。

(2) 预备会。

如果评审小组不熟悉被审材料和有关背景，主持人可以决定是否召开预备会。在预备会上，作者介绍评审理由，被审材料的功能、用途及开发技术。

(3) 会前准备(自评审)。

在评审会之前，每位评审员应根据检查要点逐行检查被审材料，对发现的问题做好标记或记录。主持人应了解每位评审员会前准备情况，掌握在会前准备中发现的普遍问题和需要在评审会上加以重视的问题。会前准备是保证评审会效率的关键之一。如果会前准备不充分，主持人应重新安排评审会日程。

(4) 评审会。

评审会由主持人主持，由全体评审员共同对被审材料进行检查。宣读员逐行朗读或逐段讲解被审材料。评审员随时提出在朗读或讲解过程中发现的问题或疑问，记录员将问题写入“技术评审问题记录表”。必要时,可以就提出的问题进行简短的讨论。如果在一定时间内(由主持人控制)讨论无法取得结果,主持人应宣布该问题为“未决”问题,由记录员记录在案。在评审会结束时,由全体评审员做出最后的评审结论。主持人在评审会结束后对“技术评审问题记录表”中的问题进行分类。问题分类有两种方式:一种是按照问题的种类分;另一种是按照问题的严重性分。

(5) 修正错误。

作者在会后对评审会上提出的问题根据评审意见进行修正。

(6) 复审。

如果被审材料存在较多的问题或者较复杂的问题,主持人可以决定由全体评审员对修正后的被审材料再次举行评审会。

(7) 复核。

主持人或主持人委托他人对修正后的被审材料进行复核,检查评审会提出的并需要修正的问题是否得到解决。主持人完成“技术评审总结报告”。

4. 技术评审注意事项

(1) 评审应针对被审材料而不是被审材料的作者。评审会的气氛应该保持轻松、愉快,指出问题的语气应该温和。

(2) 每次评审会的时间最好不要超过 2 小时,具体评审时间的确定要综合考虑被审材料的难易程度、评审标准规范等因素。当被审材料较多时,应将被审材料分为若干部分分别进行评审。

(3) 限制争论和辩论。在评审会上,对于一时无法取得一致意见的问题应先记录在案,另行安排时间进行深入讨论。

(4) 阐明问题而不要试图解决问题。不要在评审会上解决发现的问题,可以在会后由作者自己或在别人的帮助下解决这些问题。

4.2.3 代码审查

代码审查是在编码初期或编写过程中采用的一种有同事参与的评审活动。该项工作需要所有开发小组共同参与,通过大家共同阅读代码,或者由程序编写者讲解代码,其他同事边听边分析问题的方法,共同查看程序,找出问题,使大家的代码风格一致或遵守编码规范。在进行代码审查时,代码缺陷检查表是我们的检查依据。代码缺陷检查表一般包括容易出错的地方和在以往的工作中遇到的典型错误或缺陷,下面以 Java 为例说明检查表通常包括的内容,如表 4-2 所示。

表 4-2 Java 缺陷检查表

内容	重要性	检查项
命名	重要	命名规则是否与所采用的规范保持一致
	一般	是否遵循了最小长度最多信息原则
	重要	has/can/is 前缀的函数是否返回布尔型

续表

内容	重要性	检查项
注释	重要	注释是否较清晰、必要
	重要	复杂的分支流程是否已经被注释
	一般	距离较远的右大括号“}”是否已经被注释
	一般	非通用变量是否全部被注释
	重要	函数是否已经有文档注释（功能、输入、返回及其他可选）
	一般	特殊用法是否被注释
声明、空白、缩进	一般	每行是否只声明了一个变量（特别是那些可能出错的类型）
	重要	变量是否已经在定义的同时初始化
	重要	类属性是否都执行了初始化
	一般	代码段落是否被适当地以空行分隔
	一般	是否合理地使用了空格使程序更清晰
	一般	代码行的长度是否在要求之内
	一般	折行是否恰当
	一般	包含复合语句的{}是否成对出现并符合规范
	一般	是否给单个的循环、条件语句也加了{}
	一般	if/if-else/if-elseif-else/do-while/switch-case 语句的格式是否符合规范
	一般	单个变量是否只作单个用途
	重要	单行是否只有单个功能（不要使用“;”进行多行合并）
	重要	单个函数是否执行了单个功能并与其命名相符
	一般	＋＋和－－操作符的应用是否符合规范
规模	重要	单个函数不超过规定行数
	重要	缩进层数是否不超过规定
可靠性（总则/变量和语句）	重要	是否已经消除了所有警告
	重要	常数变量是否声明为 final
	重要	对象使用前是否进行了检查
	重要	局部对象变量使用后是否被复位为 null
	重要	对数组的访问是否是安全的（合法的 index 取值为[0,MAX_SIZE－1]）
	重要	是否确认没有同名变量局部重复定义问题
	一般	程序中是否只使用了简单的表达式
	重要	是否已经用()使操作符优先级明确化
	重要	所有判断是否都使用了（变量＝＝常量）的形式

续表

内容	重要性	检查项
可靠性（总则/变量和语句）	一般	是否消除了流程悬挂
	重要	是否每个 if-elseif-else 语句都有最后一个 else 以确保处理了全集
	重要	是否每个 switch-case 语句都有最后一个 default 以确保处理了全集
	一般	for 循环是否都使用了包含下限不包含上限的形式(k=0;k<MAX)
	重要	XML 标记书写是否完整，字符串的拼写是否正确
	一般	对于流的操作代码异常捕获是否有 finally 操作，以关闭对象
	一般	退出代码段时是否对临时对象做了释放处理
	重要	对浮点数值的相等判断是否是恰当的（严禁使用==直接判断）
可靠性（函数）	重要	入口对象是否都被进行了不为空的判断
	重要	入口数据的合法范围是否都被进行了判断（尤其是数组）
	重要	是否对有异常抛出的方法都执行了 try-catch 保护
	重要	是否函数的所有分支都有返回值
	重要	int 的返回值是否合理（负值为失败，非负值则为成功）
	一般	对于复杂的 int 返回值判断过程是否定义了函数来处理
	一般	关键代码是否做了捕获异常处理
	重要	是否确保函数返回 CORBA 对象的任何一个属性都不能为 null
	重要	是否对方法返回对象的值做了 null 检查，该返回值定义时是否被初始化
	重要	是否对同步对象的遍历访问做了代码同步
	重要	是否确认在对 Map 对象使用迭代遍历过程中没有做增减元素操作
	重要	线程处理函数循环内部是否有异常捕获处理，以防止线程抛出异常而退出
	一般	原子操作代码异常中断，使用的相关外部变量是否恢复先前状态
	重要	函数对错误的处理是否是恰当的
可维护性	重要	实现代码中是否消除了直接常量（用于计数起点的简单常数例外）
	一般	是否消除了导致结构模糊的连续赋值（如 a=(b=d+c)）
	一般	是否每个 return 前都要有日志记录
	一般	是否有冗余判断语句，例如：if(b) return true; else return false;
	一般	是否把方法中的重复代码抽象成私有函数

4.3 黑盒测试

4.3.1 黑盒测试方法概述

黑盒测试（black-box testing）又称为功能测试、数据驱动测试和基于规格说明的测试。

黑盒测试是一种从用户观点出发的测试,主要以软件规格说明书为依据,是对程序功能和程序接口进行的测试。

黑盒测试的基本观点是:任何程序都可以看作是从输入定义域映射到输出值域的函数过程。黑盒测试将被测程序视为一个打不开的黑盒子,黑盒中的内容(实现过程)完全不知道,只明确盒子要做到什么。黑盒测试作为软件功能的测试手段,是重要的测试方法。它并不涉及程序内部结构和内部特性,主要根据规格说明,只依靠被测程序输入和输出之间的关系或程序的功能来设计测试用例。

黑盒测试是以用户的观点,从输入数据与输出数据的对应关系出发进行测试的,它不涉及程序的内部结构。很明显,如果外部特性本身有问题或规格说明书的规定有误,则用黑盒测试方法是发现不了的。黑盒测试方法着重测试软件的功能需求,是在程序接口上进行测试,主要是为了发现以下错误:

(1) 是否有不正确的功能或是遗漏的功能;

(2) 接口能否正确地接收输入数据并产生正确的输出结果;

(3) 是否有数据结构错误或外部信息访问错误;

(4) 性能是否能够满足要求;

(5) 是否有程序初始化和终止方面的错误。

黑盒测试有两个显著的特点:

(1) 黑盒测试不考虑软件的具体实现过程,当在软件实现的过程中发生变化时,测试用例仍然可以使用;

(2) 黑盒测试用例的设计可以和软件实现同时进行,这样能够压缩开发时间。黑盒测试不仅能够找到大多数其他测试方法无法发现的错误,而且一些外购软件、参数化软件包以及某些自动生成的软件,由于无法得到源程序,在一些情况下只能选择黑盒测试。

黑盒测试有两种基本方法,即通过测试和失败测试。

在进行通过测试时,实际上是确认软件能做什么,而不会去考验其能力如何,软件测试人员只运用最简单、最直观的测试案例。在设计和执行测试案例时,总是先要进行通过测试,验证软件的基本功能是否都已实现。

在确信了软件正确运行之后,就可以采取各种手段搞垮软件来找出缺陷,这种纯粹为了破坏软件而设计和执行的测试案例,被称为失败测试或迫使出错测试。

黑盒测试的具体技术方法主要包括等价类划分法、边界值分析法、因果图法、决策表法等。这些方法都比较实用,在设计具体的测试方案时要针对开发项目的特点进行适当选择。

4.3.2 等价类划分法

1. 等价类划分法概述

等价类划分法是黑盒测试用例设计中一种常用的设计方法,它将不能穷举的测试过程进行合理分类,从而保证设计出来的测试用例具有完整性和代表性。

等价类划分法把所有可能的输入数据,即程序的输入域划分成若干部分(子集),然后从每一个子集中选取少数具有代表性的数据作为测试用例。所谓等价类是指输入域的某个子集合,所有等价类的并集就是整个输入域,在等价类中,各个输入数据对于发现程序中的错误都是等效的，它们具有等价特性。因此，测试某个等价类的代表值就等价于对这一类中其他值的测试。也就是说，如果某一类中的一个例子发现了错误，这一等价类中的其他例子也能发现同样的错误；反之，如果某一类中的一个例子没有发现错误，则这一类中的其他例子也不会查出错误。

软件不能只接收合理有效的数据，也要具有处理异常数据的功能，这样的测试才能确保软件具有更高的可靠性。因此，在划分等价类的过程中，不但要考虑有效等价类划分，同时也要考虑无效等价类划分。

有效等价类是指对软件规格说明来说，合理、有意义的输入数据所构成的集合，利用有效等价类可以检验程序是否满足规格说明所规定的功能和性能。无效等价类则和有效等价类相反，即不满足程序输入要求或者无效的输入数据所构成的集合。利用无效等价类可以检验程序异常情况的处理。

使用等价类划分法设计测试用例，首先必须在分析需求规格说明的基础上划分等价类，然后列出等价类表。

在确立了等价类之后，可建立等价类表，列出所有划分出的等价类，如表 4-3 所示。

表 4-3　等价类表

输入条件	有效等价类	无效等价类
…	…	…
…	…	…

再根据已列出的等价类表，按以下步骤确定测试用例：

(1) 为每一个等价类规定一个唯一的编号；

(2) 设计一个新的测试用例，使其尽可能多地覆盖有效等价类，重复这个过程，直至所有的有效等价类均被测试用例所覆盖；

(3) 设计一个新的测试用例，使其仅覆盖一个无效等价类，重复这个过程，直至所有的无效等价类均被测试用例所覆盖。

2. 等价类划分法实例 1

NextDate 函数实现如下功能，输入年、月、日 3 个变量，分别为 day(日期)、month(月)、year(年)，输出为输入日期的后一天的日期。例如，输入为 2013 年 6 月 25 日，则 NextDate 函数的输出为 2013 年 6 月 26 日。设计测试用例如下所示。

有效等价类：

D1 = {day:1 <= day <= 31}

M1 = {month:1 <= month <= 12}

Y1 = {year:1912 <= year <= 2050}

无效等价类：

D2 = {day:day < 1}

D3 = {day:day > 31}

M2 = {month:month < 1}

M3 = {month:month > 12}

Y2 = {year: year < 1912}

Y3 = {year: year > 2050}

NextDate 函数的等价类测试用例设计如下：一个有效测试用例使用每个有效等价类中的一个值，无效测试用例中有一个是无效值，其他都取有效值，如表 4-4 所示。

表 4-4 NextDate 函数的等价类测试用例

测试用例	Day	Month	Year	预期输出
TestCase1	8	8	2013	2013 年 8 月 9 日
TestCase2	−1	8	2013	D2
TestCase3	32	8	2013	D3
TestCase4	8	−1	2013	M2
TestCase5	8	13	2013	M3
TestCase6	8	8	1911	Y2
TestCase7	8	8	2051	Y3

3. 等价类划分法实例 2

以高考志愿填报辅助系统“修改密码”为例，要求是：密码为 6～8 位字符，由数字加英文字母组成，不区分大小写，如图 4-2 所示。

图 4-2 修改密码界面

步骤 1：等价类划分，如表 4-5 所示。

表 4-5　等价类划分

输入条件	有效等价类	编号	无效等价类	编号
新密码	6～8 位	1	<6 位	4
	小写英文字母加数字	2	>8 位	5
	大写英文字母加数字	3	特殊字符	6
			中文	7
			只出现数字	8
			只出现英文字母	9

步骤 2:确定测试用例。

(1) 对表中 3 个有效等价类确定测试用例,如表 4-6 所示。

表 4-6　有效等价类

测试用例	测试用例名称	新密码	覆盖编号	预期输出
TestCase1	新密码长度在 6～8 位并且英文字母加数字的格式	12345abc	1、2	正确
TestCase2	小写英文字母加数字	12345a	1、2	正确
TestCase3	大写英文字母加数字	12345ABC	1、3	正确

(2) 对表中 6 个无效等价类确定测试用例,如表 4-7 所示。

表 4-7　无效等价类

测试用例	测试用例名称	新密码	覆盖编号	预期输出
TestCase1	新密码长度小于 6 位	123a	4	提示"密码格式错误,密码为 6～8 位字符,由数字加英文字母组成,不区分大小写"
TestCase2	新密码为空		4	提示"密码格式错误,密码为 6～8 位字符,由数字加英文字母组成,不区分大小写"
TestCase3	新密码长度大于 8 位	123456abc	5	提示"密码格式错误,密码为 6～8 位字符,由数字加英文字母组成,不区分大小写"
TestCase4	新密码含有特殊字符	123@#$%	6	提示"密码格式错误,密码为 6～8 位字符,由数字加英文字母组成,不区分大小写"
TestCase5	新密码含有中文	123 你好	7	提示"密码格式错误,密码为 6～8 位字符,由数字加英文字母组成,不区分大小写"
TestCase6	新密码只含数字	12345678	8	提示"密码格式错误,密码为 6～8 位字符,由数字加英文字母组成,不区分大小写"
TestCase7	新密码只含字母	Abcdefg	9	提示"密码格式错误,密码为 6～8 位字符,由数字加英文字母组成,不区分大小写"

4.3.3 边界值分析法

1. 边界值分析法概述

边界值分析法(boundary value analysis,BVA)是一种补充等价类划分法的测试用例设计技术,不同于等价类划分法选择等价类的任意元素,它选择等价类的边界来设计测试用例。在测试过程中,测试人员可能会忽略边界值的条件,而软件设计中大量的错误往往就发生在输入或输出范围的边界上,而非输入或输出范围的内部。因此,针对各种边界情况设计测试用例,可以查出更多的错误。

使用边界值分析方法设计测试用例,首先应确定边界情况。通常输入和输出等价类的边界,就是应着重测试的边界情况,应当选取正好等于、刚刚大于或刚刚小于边界的值作为测试数据,而不是选取等价类中的典型值或任意值作为测试数据。边界取值如图 4-3 所示。

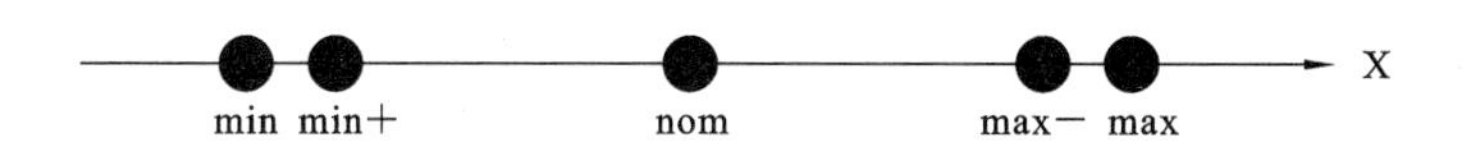

图 4-3 边界取值

在应用边界值分析法设计测试用例时,应遵循以下几条原则:

(1) 如果输入条件规定了值的范围,则应该选取刚达到这个范围的边界值,以及刚刚超过这个范围的边界值作为测试输入数据。

(2) 如果输入条件规定了值的个数,则用最大个数、最小个数、比最小个数少 1、比最大个数多 1 的数作为测试数据。

根据规格说明的每一个输出条件,分别使用以上两个原则。

(3) 如果程序的规格说明给出的输入域或输出域是有序集合(如有序表、顺序文件等),则应选取集合的第一个元素和最后一个元素作为测试用例。

(4) 如果程序中使用了一个内部数据结构,则应当选择这个内部数据结构的边界值作为测试用例。

2. 边界条件与次边界条件

由于边界值分析法是对输入的边界值进行测试,在测试用例设计中,需要对输入的条件进行分析并且找出其中的边界值条件,通过对这些边界值的测试来查出更多的错误。提出边界条件时,一定要测试临近边界的有效数据,测试最后一个可能有效的数据,同时测试刚超过边界的无效数据。通常情况下,软件测试所包含的边界检验有几种类型:数值、字符、位置、数量、速度、尺寸等。在设计测试用例时要考虑边界检验的类型特征:第一个/最后一个、开始/完成、空/满、最大值/最小值、最快/最慢、最高/最低、最长/最短等,这些不是确定的列表,而是一些可能出现的边界条件。

在多数情况下,边界值条件是基于应用程序的功能设计需要考虑的因素,可以从软件的规格说明或常识中得到,也是最终用户通常最容易发现问题的部分。然而,在测试用例设计过程中,某些边界值条件是不需要呈现给用户的,或者说用户很难注意到这些问题,但这些边界条件同时确实属于检验范畴内的边界条件,称为内部边界值条件或次边界值条件。主要有下面几种。

(1) 数值的边界值检验。

计算机是基于二进制进行工作的,因此,任何数值运算都有一定的范围限制,如表 4-8 所示。

表 4-8 计算机数值运算的范围

输入条件	有效等价类
位(bit)	0 或 1
字节(byte)	0～255
字(word)	0～65、535(单字)或 0～4、294、967、295(双字)
千(K)	1024
兆(M)	1048576
吉(G)	1073741824
太(T)	1099511627776

例如,对字节进行检验,边界值条件可以设置成 254、255 和 256。

(2) 字符的边界值检验。

在字符的编码方式中,ASCII 和 Unicode 是比较常见的编码方式,表 4-9 中列出了一些简单的字符和 ASCII 码对应关系。

表 4-9 字符的 ASCII 码对应表

字符	ASCII 码值	字符	ASCII 码值
空(null)	0	A	65
空格(space)	32	a	97
斜杠(/)	47	左中括号([)	91
0	48	z	122
冒号(:)	58	Z	90
@	64	反单引号(`)	96

在文本输入或者文本转换的测试过程中,需要非常清晰地了解 ASCII 码的一些基本对应关系,如小写字母 a 和大写字母 A、空和空格的 ASCII 码值是不同的;斜杠、@、左中括号和反单引号恰好处在阿拉伯数字、英文字母的边界值附近。

3. 标准性(一般性)边界值测试

采用边界值分析测试的基本思想是:故障往往出现在输入变量的边界值附近。因此,边界值分析法利用输入变量的最小值(min)、略大于最小值(min+)、输入值域内的任意值、略小于最大值(max-)和最大值(max)来设计测试用例,如图 4-4 所示。

4. 健壮性边界值测试

健壮性测试是作为边界值分析的一个简单的扩充,它除了对变量的 5 个边界值分析取

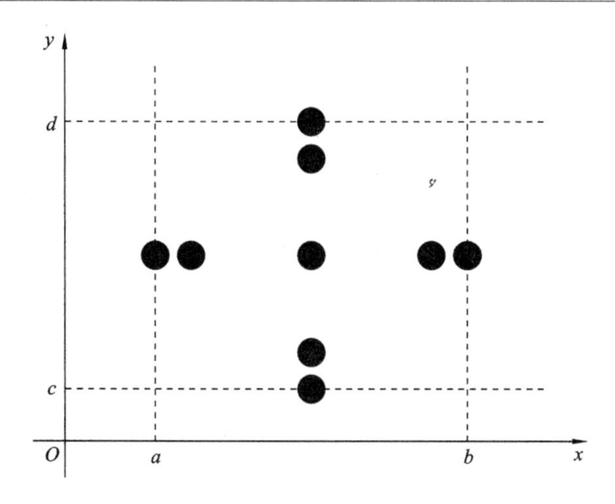

图 4-4 标准性(一般性)边界值测试

值外，还需要增加一个略大于最大值(max+)以及略小于最小值(min-)的取值，检查超过极限值时系统的情况。因此，对于有 n 个变量的函数采用健壮性测试需要 $6n+1$ 个测试用例，如图 4-5 所示。

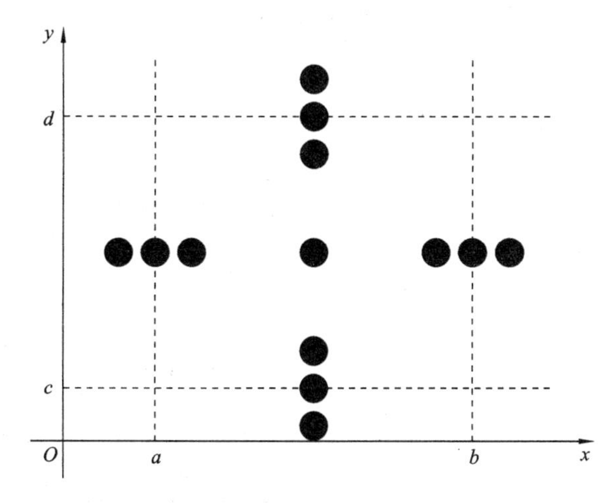

图 4-5 健壮性边界值测试

5. 边界值法实例 1

还是以高考志愿填报辅助系统“修改密码”为例，要求是：密码为 6～8 位字符，由数字加英文字母组成，不区分大小写，如图 4-6 所示。表 4-10 给出了边界值分析测试用例。

6. 边界值法实例 2

在 NextDate 函数中，规定了变量 day(日期)、month(月)、year(年)相应的取值范围。在 4.3.2 节等价类划分法设计测试用例中已经提过，具体如下。

```
D1={day:1<=day<=31}
M1={month:1<=month<=12}
Y1={year:1912<=year<=2050}
```

图 4-6　修改密码要求 6～8 位字符

表 4-10　边界值分析修改密码测试用例

测试用例	测试用例名称	新密码	预期输出
TestCase1	新密码 0 个字符		提示"密码格式错误,密码为 6～8 位字符,由数字加英文字母组成,不区分大小写"
TestCase2	新密码 5 个字符	123ab	提示"密码格式错误,密码为 6～8 位字符,由数字加英文字母组成,不区分大小写"
TestCase3	新密码 6 个字符	12345a	正确
TestCase4	新密码 7 个字符	12345ab	正确
TestCase5	新密码 8 个字符	12345abc	正确
TestCase6	新密码 9 个字符	123456abc	提示"密码格式错误,密码为 6～8 位字符,由数字加英文字母组成,不区分大小写"

采用边界值分析法的测试用例,如表 4-11 所示。

表 4-11　边界值分析法 NextDate 函数测试用例

测试用例	输入			预期输出
	Month	Day	Year	
TestCase1	−1	15	2000	month 不在 1～12 中
TestCase2	0	15	2000	month 不在 1～12 中
TestCase3	1	15	2000	2000 年 1 月 16 日
TestCase4	2	15	2000	2000 年 2 月 16 日
TestCase5	11	15	2000	2000 年 11 月 16 日

续表

测试用例	输入			预期输出
	Month	Day	Year	
TestCase6	12	15	2000	2000 年 12 月 16 日
TestCase7	13	15	2000	month 不在 1～12 中
TestCase8	6	−1	2000	day 不在 1～31 中
TestCase9	6	0	2000	day 不在 1～31 中
TestCase10	6	1	2000	2000 年 6 月 2 日
TestCase11	6	2	2000	2000 年 6 月 3 日
TestCase12	6	30	2000	2000 年 7 月 1 日
TestCase13	6	31	2000	不可能的输入日期
TestCase14	6	32	2000	day 不在 1～31 中
TestCase15	6	15	1911	year 不在 1912～2050 中
TestCase16	6	15	1912	1912 年 6 月 16 日
TestCase17	6	15	1913	1913 年 6 月 16 日
TestCase18	6	15	2049	2049 年 6 月 16 日
TestCase19	6	15	2050	2050 年 6 月 16 日
TestCase20	6	15	2051	year 不在 1912～2050 中

4.3.4　决策表法

1. 决策表法概述

在所有的黑盒测试方法中，基于决策表（也称判定表）的测试是最为严格、最具有逻辑性的测试方法。决策表是分析和表达多个逻辑条件下执行不同操作的有力工具，由于决策表可以把复杂的逻辑关系和多种条件组合的情况表达得既具体又明确，在程序设计发展的初期，决策表就已被当作编写程序的辅助工具了。决策表通常由 4 个部分组成，如图 4-7 所示。

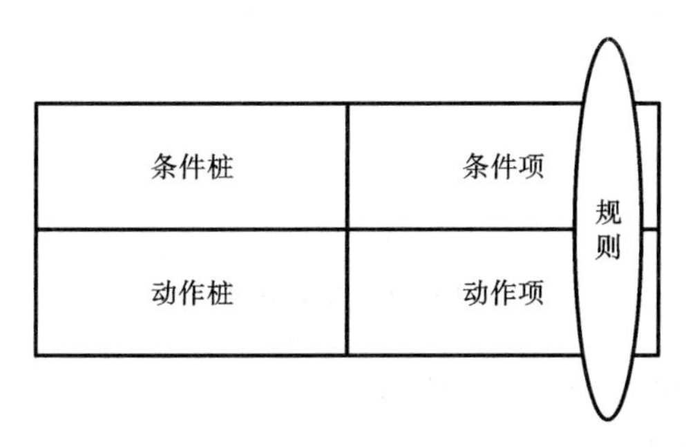

图 4-7　决策表的组成

- 条件桩:列出了问题的所有条件,通常认为列出条件的先后次序无关紧要。
- 动作桩:列出了问题规定的可能采取的操作,这些操作的排列顺序没有约束。
- 条件项:针对条件桩给出的条件列出所有可能的取值。
- 动作项:与条件项紧密相关,列出在条件项的各组取值情况下应该采取的动作。

任何一个条件组合的特定取值及其相应要执行的操作是一条规则,在决策表中贯穿条件项和动作项的一列就是一条规则。显然,决策表中列出多少组条件取值,也就有多少条规则,即条件项和动作项有多少列。根据软件规格说明,建立决策表的步骤如下:

(1) 确定规则的个数,假如有 n 个条件,每个条件有 2 个取值(0,1),故有 2^n 种规则;

(2) 列出所有的条件桩和动作桩;

(3) 填入条件项;

(4) 填入动作项,得到初始决策表;

(5) 化简,合并相似规则(相同动作)。

2. 决策表法实例

以高考志愿填报辅助系统"登录"为例,主要测试的控件有 3 个:用户名、密码与验证码。假如只有当用户名是 22420000001、密码为 123456a、验证码都正确时才能正常登录。利用决策表对系统的登录界面进行测试,如图 4-8 所示。

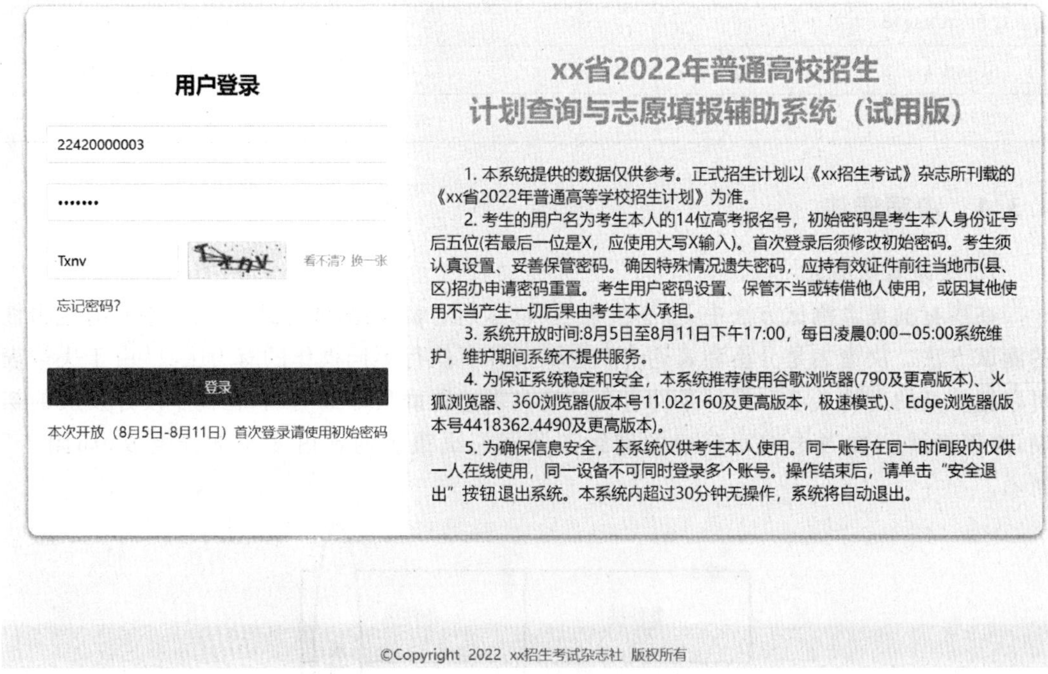

图 4-8 登录界面

步骤 1:分析条件与动作,如图 4-9 所示。

步骤 2:条件组合,如表 4-12 所示。

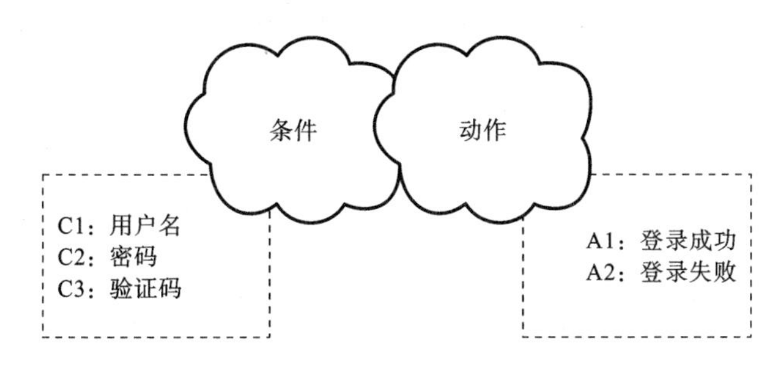

图 4-9　条件与动作

表 4-12　条件组合

规则		1	2	3	4	5	6	7	8
条件	C1:用户名	1	1	1	1	0	0	0	0
	C2:密码	1	1	0	0	1	1	0	0
	C3:验证码	1	0	1	0	1	0	1	0
动作	A1:登录成功								
	A2:登录失败								

步骤 3:设计决策表,如表 4-13 所示。

表 4-13　决策表

规则		1	2	3	4	5	6	7	8
条件	C1:用户名	Y	Y	Y	Y	N	N	N	N
	C2:密码	Y	Y	N	N	Y	Y	N	N
	C3:验证码	Y	N	Y	N	Y	N	Y	N
动作	A1:登录成功	√							
	A2:登录失败		√	√	√	√	√	√	√

步骤 4:决策表简化,如表 4-14 所示。

表 4-14　决策表简化

规则		1	2	3	4
条件	C1:用户名	Y	-	-	N
	C2:密码	Y	-	N	-
	C3:验证码	Y	N	-	-
动作	A1:登录成功	√			
	A2:登录失败		√	√	√

步骤 5:设计测试用例,如表 4-15 所示。

表 4-15　决策表法分析登录测试用例

测试用例	输入数据	预期输出
TestCase1	用户名:22420000001 密码:12345a 验证码:75rp	登录成功
TestCase2	用户名:22420000001 密码:12345a 验证码:b8XZ	登录失败
TestCase3	用户名:22420000001 密码:11111a 验证码:75rp	登录失败
TestCase4	用户名:2298001 密码:12345a 验证码:75rp	登录失败

4.3.5　因果图法

1. 因果图法概述

等价类划分法和边界值分析法都着重考虑输入条件本身,而没有考虑到输入条件的各种组合情况,也没有考虑到各个输入条件之间的相互制约关系。因此,必须考虑采用一种适合多种条件的组合,相应能产生多个动作的形式来进行测试用例的设计,这就需要采用因果图法。因果图法就是一种利用图解法分析输入的各种组合情况,从而设计测试用例的方法,它适合检查程序输入条件的各种组合情况。

在因果图中使用 4 种符号分别表示 4 种因果关系,如图 4-10 所示。用直线连接左右节点,其中左节点 C_i 表示输入状态(或原因),右节点 E_i 表示输出状态(或结果)。C_i 和 E_i 都可取值 0 或 1,0 表示某种状态不出现,1 表示某种状态出现。

图 4-10 中各符号的含义如下。

如图 4-10(a)所示,表示恒等。若 C_1 是 1,则 E_1 也是 1;若 C_1 是 0,则 E_1 也是 0。

如图 4-10(b)所示,表示非。若 C_1 是 1,则 E_1 是 0;若 C 是 0,则 E_1 为 1。

如图 4-10(c)所示,表示或。若 C_1 或 C_2 或 C_3 是 1,则 E_1 是 1;若 C_1、C_2、C_3 全为 0,则 E_1 为 0。

如图 4-10(d)所示,表示与。若 C_1 和 C_2 都是 1,则 E_1 是 1;只要 C_1、C_2、C_3 中有一个为 0,则 E_1 为 0。

在实际问题中,输入状态相互之间还可能存在某些依赖关系,我们称之为约束。例如,某些输入条件不可能同时出现,输出状态之间也往往存在约束,在因果图中,以特定的符号标明这些约束,如图 4-11 所示。

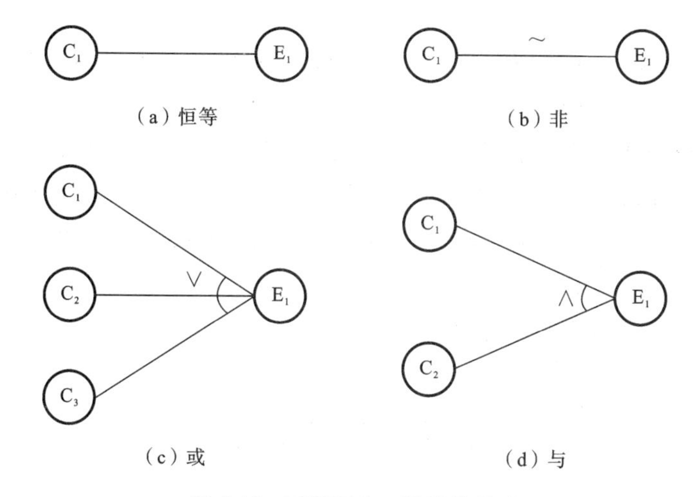

图 4-10 因果图中 4 种因果关系

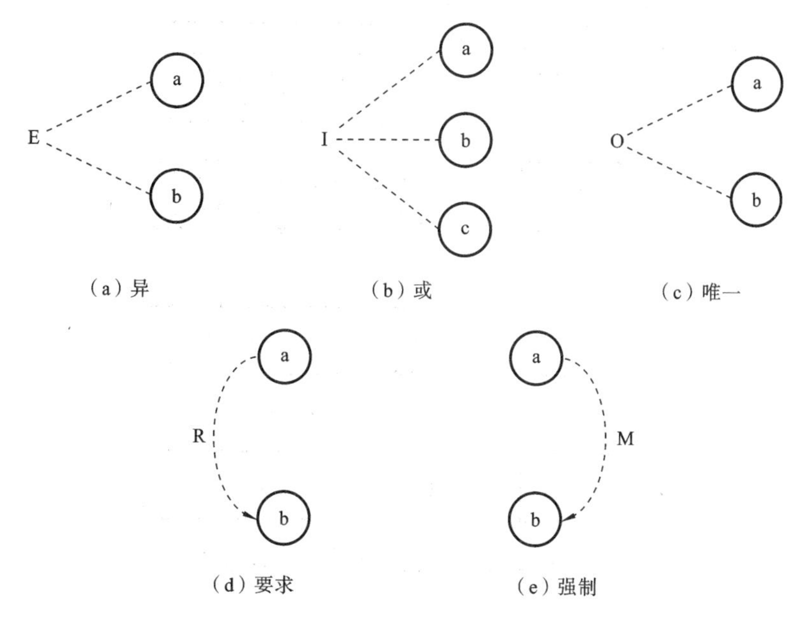

图 4-11 约束符号

图 4-11 中对输入条件的约束如下。

如图 4-11(a)所示，表示 E 约束(exclusive，异)。a 和 b 中最多有一个可能为 1，即 a 和 b 不能同时为 1。

如图 4-11(b)所示，表示 I 约束(inclusive，或)。a、b 和 c 中至少有一个必须是 1，即 a、b 和 c 不能同时为 0。

如图 4-11(c)所示，表示 O 约束(one and only，唯一)。a 和 b 中必须有一个且仅有一个为 1。

如图 4-11(d)所示，表示 R 约束(require，要求)。a 是 1 时，b 必须是 1，即 a 是 1 时，b 不

能是 0。

如图 4-11(e)所示,表示 M 约束(masks,强制)。若结果 a 是 1,则结果 b 强制为 0。对输出条件的约束只有 M 约束。

因果图法最终要生成决策表,然后设计测试用例,需要以下几个步骤:

(1) 分析软件规格说明书中的输入/输出条件,并且分析出等价类。分析规格说明中的语义内容,通过这些语义找出相对应的输入与输入之间、输入与输出之间的对应关系。

(2) 将对应的输入与输入之间、输入与输出之间的关系连接起来,并且将其中不可能的组合情况标注成约束或者限制条件,形成因果图。

(3) 将因果图转换成决策表。

(4) 将决策表的每一列作为依据,设计测试用例。

上述步骤如图 4-12 所示。

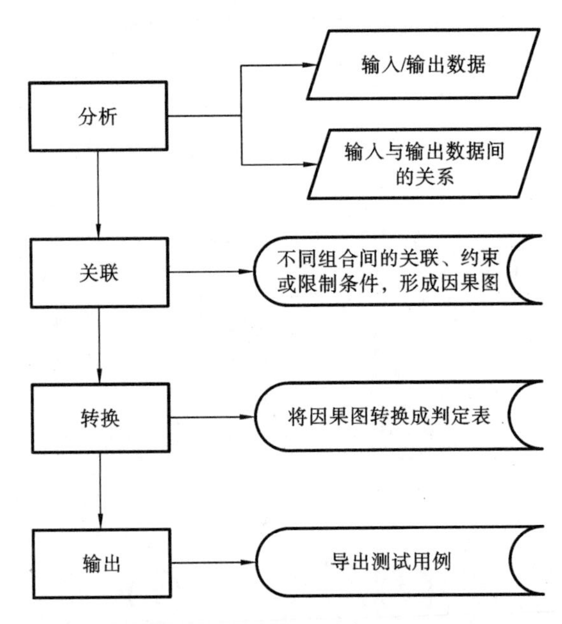

图 4-12　因果图法生成测试用例步骤

因果图生成的测试用例中包括了所有输入数据取真值和假值的情况,而构成的测试用例数目达到最少,其测试用例数目随输入数据数目的增加而线性地增加。

2. 因果图法实例

还是以高考志愿填报辅助系统"登录"为例,主要测试的控件有 3 个:用户名、密码与验证码。假如只有当用户名是 22420000001、密码为 123456a、验证码都正确时才能正常登录。利用因果图法对系统的登录界面测试,如图 4-13 所示。

步骤 1:画出因果图,如图 4-14 所示。

步骤 2:从因果图导出决策表,如表 4-16 所示。

用户登录

请输入用户名

请输入密码

请输入验证码　看不清？换一张

忘记密码？

登录

本次开放（8月5日-8月11日）首次登录请使用初始密码

xx省2022年普通高校招生
计划查询与志愿填报辅助系统（试用版）

1. 本系统提供的数据仅供参考。正式招生计划以《xx招生考试》杂志所刊载的《xx省2022年普通高等学校招生计划》为准。

2. 考生的用户名为考生本人的14位高考报名号，初始密码是考生本人身份证号后五位(若最后一位是X，应使用大写X输入)。首次登录后须修改初始密码。考生须认真设置、妥善保管密码。确因特殊情况遗失密码，应持有效证件前往当地市(县、区)招办申请密码重置。考生用户密码设置、保管不当或转借他人使用，或因其他使用不当产生一切后果由考生本人承担。

3. 系统开放时间:8月5日至8月11日下午17:00，每日凌晨0:00—05:00系统维护，维护期间系统不提供服务。

4. 为保证系统稳定和安全，本系统推荐使用谷歌浏览器(790及更高版本)、火狐浏览器、360浏览器(版本号11.022160及更高版本，极速模式)、Edge浏览器(版本号4418362.4490及更高版本)。

5. 为确保信息安全，本系统仅供考生本人使用。同一账号在同一时间段内仅供一人在线使用，同一设备不可同时登录多个账号。操作结束后，请单击“安全退出”按钮退出系统。本系统内超过30分钟无操作，系统将自动退出。

©Copyright 2022 xx招生考试杂志社 版权所有

图 4-13　登录界面

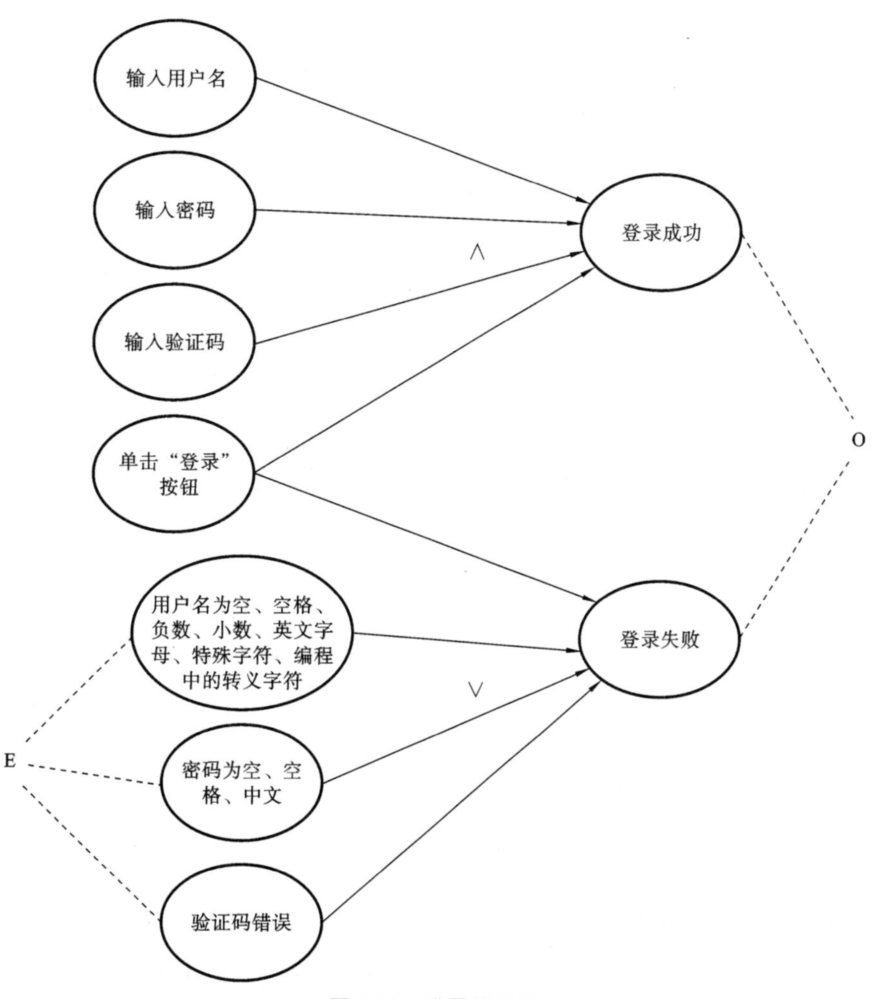

图 4-14　登录因果图

表 4-16　因果图导出决策表

	规则	1	2	3	4	5	6	7
原因	输入用户名	1	1	0	0	0	0	0
	输入密码	1	0	1	0	0	0	0
	输入验证码	1	0	0	1	0	0	0
	单击“登录”按钮	1	1	1	1	1	1	1
	用户名为空、空格、负数、小数、英文字母、特殊字符、编程中的转义字符	0	0	0	0	1	0	0
	密码为空、空格、中文	0	0	0	0	0	1	0
	验证码错误	0	0	0		0	0	1
结果	登录成功	1	0	0	0	0	0	0
	登录失败	0	1	1	1	1	1	1

步骤 3:从决策表导出测试用例,如表 4-17 所示。

表 4-17　因果图法分析登录测试用例

测试用例	输入数据	预期输出
TestCase1	用户名:22420000001 密码:12345a 验证码:75rp	登录成功
TestCase2	用户名:22420000001 密码: 验证码:	登录失败
TestCase3	用户名: 密码:12345a 验证码:	登录失败
TestCase4	用户名: 密码: 验证码:75rp	登录失败
TestCase5	用户名:22420000001 密码:12345a 验证码:b8XZ	登录失败
TestCase6	用户名:hn%$#@\n*-87 密码:12345a 验证码:75rp	登录失败
TestCase7	用户名:22420000001 密码:你好 nihao/&# 验证码:75rp	登录失败

4.3.6 黑盒测试方法的选择

1. 黑盒测试方法的优缺点

黑盒测试的优点：适用于各个测试阶段；从产品功能角度进行测试；容易入手生成测试数据。

黑盒测试的缺点：某些代码得不到测试；如果规则说明有误，则无法发现；不易充分进行测试。

2. 各种黑盒测试方法的选择

为了最大限度地减少测试遗留的缺陷，同时也为了最大限度地发现存在的缺陷，在测试实施之前，测试工程师必须确定将要采用的黑盒测试策略和方法，并以此为依据制定详细的测试方案。通常，一个好的测试策略和测试方法必将给整个测试工作带来事半功倍的效果。如何才能设计好的黑盒测试策略和测试方法呢？通常在确定黑盒测试方法时，应该遵循以下原则：

（1）根据程序的重要性和一旦发生故障将造成的损失程度来确定测试等级和测试重点。

（2）认真选择测试策略，以便能尽可能少地使用测试用例，从而发现尽可能多的程序错误。一次完整的软件测试过后，如果程序中遗留的错误仍过多并且严重，则表明该次测试是不足的，而测试不足则意味着让用户承担隐藏错误带来的危险，但测试过度又会带来资源的浪费，因此，测试需要找到一个平衡点。

（3）进行等价类划分，包括输入条件和输出条件的等价划分，将无限测试变成有限测试，这是减少工作量和提高测试效率的最有效方法。

（4）在任何情况下都必须使用边界值分析方法，经验表明用这种方法设计出测试用例发现程序错误的能力最强。

（5）对照程序逻辑，检查已设计出的测试用例的逻辑覆盖程度，如果没有达到要求的覆盖标准，应当再补充足够的测试用例。

（6）如果程序的功能说明中含有输入条件的组合情况，则应在一开始就选用因果图法。

4.4 白盒测试

白盒测试也称为结构测试或逻辑驱动测试，使用白盒测试时知道产品的内部工作过程，通过测试来检测产品内部动作是否按照规格说明书的规定正常进行。白盒测试方法按照程序内部的结构测试程序，检验程序中的每条通路是否都能按预定要求正确工作，而不管其功能。白盒测试的主要方法有逻辑覆盖、基本路径测试等，它主要用于软件验证。

通常的程序结构覆盖有：

- 语句覆盖；
- 判断覆盖；
- 条件覆盖；
- 判断/条件覆盖；
- 条件组合覆盖；

● 路径覆盖。

语句覆盖是最常见也是最弱的逻辑覆盖准则，它要求设计若干个测试用例，使被测程序的每个语句都至少执行一次。判定覆盖或分支覆盖则要求设计若干个测试用例，使被测程序的每个判定的真、假分支都至少执行一次。当判定含有多个条件时，可以要求设计若干个测试用例，使被测程序的每个条件的真、假分支都至少执行一次，即条件覆盖。在考虑对程序路径进行全面检验时，即可使用条件覆盖准则。

虽然结构测试提供了评价测试的逻辑覆盖准则，但结构测试是不完全的。如果程序结构本身存在问题，如程序逻辑错误或者遗漏了规格说明书中已规定的功能，那么无论哪种结构测试，即使其覆盖率达到了百分之百，也是检查不出来的。因此，提高结构测试的覆盖率，可以增强对被测软件的信任度，但并不能做到万无一失。

4.4.1 逻辑覆盖测试

白盒测试技术的常见方法之一就是覆盖测试，它利用程序的逻辑结构来设计相应的测试用例。测试人员要深入了解被测程序的逻辑结构特点，完全掌握源代码的流程，才能设计出恰当的用例。根据不同的测试要求，覆盖测试可以分为语句覆盖、判断覆盖、条件覆盖、判断/条件覆盖、条件组合覆盖和路径覆盖。

下面是一段简单的C语言程序，这里将其作为公共程序段来说明五种覆盖测试的各自特点。

```
if(x>100&&y>500) {
score=score+1;
}
if(x>=1000 || z>5000) {
score=score+5;
}
```

其程序控制流图如图4-15所示。

语句覆盖(statement coverage)是指设计若干个测试用例，程序运行时每个可执行语句至少被执行一次。在保证完成要求的情况下，测试用例的数目越少越好。

以下是针对公共程序段设计的两个测试用例，称为测试用例组1。

Test Case 1：x=2000，y=600，z=6000

Test Case 2：x=900，y=600，z=5000

如表4-18所示，采用Test Case 1作为测试用例，则程序按路径a→c→e顺序执行，程序中的4个语句都将执行一次，符合语句覆盖的要求。采用Test Case 2作为测试用例，则程序按路径a→c→d顺序执行，程序中的语句4没有执行到，所以没有达到语句覆盖的要求。

表4-18 测试用例组1

测试用例	x，y，z	(x>100) and (y>500)	(x>=1000) or (z>5000)	执行路径
Test Case 1	2000，600，6000	True	True	a→c→e
Test Case 2	900，600，5000	True	False	a→c→d

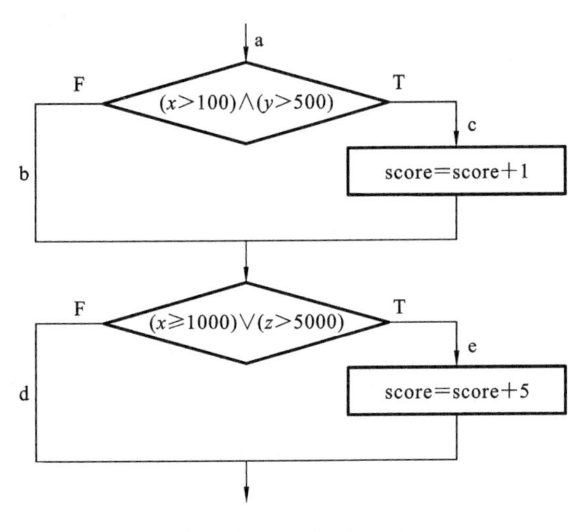

图 4-15 程序流程图

从表面上看，语句覆盖用例测试了程序中的每一个语句行，好像对程序覆盖得很全面，但实际上语句覆盖测试是最弱的逻辑覆盖方法。例如，第一个判断的逻辑运算符“&&”错误写成“||”，或者第二个判断的逻辑运算符“||”错误地写成“&&”，这时如果采用 Test Case 1 测试用例是检验不出程序中的判断逻辑错误的。如果语句 3“if (x>=1000|| z>5000)”错误写成“if(x>=1500|| z>5000)”，Test Case 1 同样无法发现错误之处。

根据上述分析可知，语句覆盖测试只是表面上的覆盖程序流程，没有针对源程序各个语句间的内在关系，设计更为细致的测试用例。

判断覆盖(branch coverage)是指设计若干个测试用例，执行被测试程序时，使程序中每个判断条件的真值分支和假值分支至少执行一次。在保证完成要求的情况下，测试用例的数目同样越少越好，判断覆盖又称为分支覆盖。

测试用例组 2：

Test Case 1：x = 2000，y = 600，z = 6000

Test Case 3：x = 50，y = 600，z = 2000

如表 4-19 所示，采用 Test Case 1 作为测试用例，程序按路径 a→c→e 顺序执行；采用 Test Case 3 作为测试用例，程序按路径 a→b→d 顺序执行。所以采用这一组测试用例，公共程序段的 4 个判断分支 b、c、d、e 都被覆盖到了。

表 4-19 测试用例组 2

测试用例	x,y,z	(x>100) and (y>500)	(x>=1000) or (z>5000)	执行路径
Test Case 1	2000,600,6000	True	True	a→c→e
Test Case 3	50,600,2000	False	False	a→b→d

测试用例组 3：

Test Case 4：x = 2000，y = 600，z = 2000

Test Case 5：x = 2000，y = 200，z = 6000

如表 4-20 所示，采用 Test Case 4 作为测试用例，程序沿着路径 a→c→d 顺序执行；采用 Test Case 5 作为测试用例，则程序沿着路径 a→b→e 顺序执行，显然采用这组测试用例同样可以满足判断覆盖。

表 4-20　测试用例组 3

测试用例	x,y,z	(x>100) and (y>500)	(x>=1000) or (z>5000)	执行路径
Test Case 4	2000,600,2000	True	False	a→c→d
Test Case 5	2000,200,6000	False	True	a→b→e

实际上，测试用例组 2 和测试用例组 3 不仅达到了判断覆盖要求，也同时满足了语句覆盖要求，某种程度上可以说判断覆盖测试要强于语句覆盖测试。但是，如果将第二个判断条件"(x>=1000) or (z>5000)"中的 z>5000 错误定义成 z 的其他限定范围，由于判断条件中的两个判断式是"或"的关系，其中一个判断式错误不影响结果，所以这两组测试用例是发现不了问题的。因此，应该用具有更强逻辑覆盖能力的覆盖测试方法来测试这种内部判断条件。

条件覆盖(condition coverage)是指设计若干个测试用例，执行被测试程序时，使程序中每个判断条件中的每个判断式的真值和假值至少执行一遍。

测试用例组 4：

Test Case 1：x = 2000，y = 600，z = 6000

Test Case 3：x = 50，y = 600，z = 2000

Test Case 5：x = 2000，y = 200，z = 6000

如表 4-21 所示，把前面设计过的测试用例挑选出 Test Case 1、Test Case 3、Test Case 5 组合成测试用例组 4，组中的 3 个测试用例覆盖了 4 个内部判断式的 8 种真假值情况，同时这组测试用例也实现了判断覆盖，但是并不可以说判断覆盖是条件覆盖的子集。

表 4-21　测试用例组 4

测试用例	x,y,z	(x>100)	(y>500)	(x>=1000)	(z>5000)	执行路径
Test Case 1	2000,600,6000	True	True	True	True	a→c→e
Test Case 3	50,600,2000	False	True	False	False	a→b→d
Test Case 5	2000,200,6000	True	False	True	True	a→b→e

测试用例组 5：

Test Case 6：x = 50，y = 600，z = 6000

Test Case 7：x = 2000，y = 200，z = 1000

测试结果如表 4-22 和表 4-23 所示，其中表 4-22 表示每个判断条件的每个判断式的真值和假值，表 4-23 表示每个判断条件的真值和假值。测试用例组 5 中的 2 个测试用例虽然覆盖了 4 个内部判断式的 8 种真假值情况，但是这组测试用例的执行路径是 a→b→e，仅是覆盖了判断条件的 4 个真假分支中的 2 个。所以，需要设计一种能同时满足判断覆盖和条件覆盖的覆盖测试方法，即判断/条件覆盖测试。

表 4-22 测试用例组 5a

测试用例	x,y,z	(x>100)	(y>500)	(x>=1000)	(z>5000)	执行路径
Test Case 6	50,600,6000	False	True	False	True	a→b→e
Test Case 7	2000,200,1000	True	False	True	False	a→b→e

表 4-23 测试用例组 5b

测试用例	x,y,z	(x>100) and (y>500)	(x>=1000) or (z>5000)	执行路径
Test Case 6	50,600,6000	False	True	a→b→e
Test Case 7	2000,200,1000	False	True	a→b→e

判断/条件覆盖是指设计若干个测试用例，使执行被测试程序时，程序中每个判断条件的真假值分支至少执行一遍，并且每个判断条件的内部判断式的真假值分支也要被执行一遍。

测试用例组 6：

Test Case 1：x = 2000，y = 600，z = 6000

Test Case 8：x = 50，y = 200，z = 2000

测试结果如表 4-24 和表 4-25 所示，其中表 4-24 表示每个判断条件的每个判断式的真值和假值，表 4-25 表示每个判断条件的真值和假值。测试用例组 6 虽然满足了判断覆盖和条件覆盖，但是没有对每个判断条件的内部判断式的所有真假值组合进行测试。条件组合判断是必要的，因为条件判断语句中的“与”和“或”，即“&&”和“||”，会使内部判断式之间产生抑制作用。例如，C=A&&B 中，如果 A 为假值，那么 C 就为假值，测试程序就不检测 B 了，B 的正确与否就无法测试。同样，C=A||B 中，如果 A 为真值，那么 C 就为真值，测试程序也不检测 B 了，B 的正确与否也就无法测试。

表 4-24 测试用例组 6a

测试用例	x,y,z	(x>100)	(y>500)	(x>=1000)	(z>5000)	执行路径
Test Case 1	2000,600,6000	True	True	True	True	a→c→e
Test Case 8	50,200,2000	False	False	False	False	a→b→d

表 4-25 测试用例组 6b

测试用例	x,y,z	(x>100) and (y>500)	(x>=1000) or (z>5000)	执行路径
Test Case 1	2000,600,6000	True	True	a→c→e
Test Case 8	50,200,2000	False	False	a→b→d

条件组合覆盖则是指设计若干个测试用例，使执行被测试程序时，程序中每个判断条件的内部判断式的各种真假组合可能都至少执行一遍。可见，满足条件组合覆盖的测试用例组一定满足判断覆盖、条件覆盖和判断/条件覆盖。

测试用例组 7：

Test Case 1：x = 2000，y = 600，z = 6000

Test Case 6:x = 50,y = 600,z = 6000

Test Case 7:x = 2000,y = 200,z = 1000

Test Case 8:x = 50,y = 200,z = 2000

测试结果如表 4-26 和表 4-27 所示,表 4-26 表示每个判断条件的每个判断式的真值和假值,表 4-27 表示每个判断条件的真值和假值。测试用例组 7 虽然满足了判断覆盖、条件覆盖以及判断/条件覆盖,但是并没有覆盖程序控制流图中全部的 4 条路径(a→c→e、a→c→d、a→b→e、a→b→d),只覆盖了其中 3 条路径(a→c→e、a→b→e、a→b→d)。软件测试的目的是尽可能地发现所有软件缺陷,因此程序中的每一条路径都应该进行相应的覆盖测试,从而保证程序中的每一个特定路径方案都能顺利运行。能够达到这样要求的是路径覆盖测试,在下一节将进行介绍。

表 4-26　测试用例组 7a

测试用例	x,y,z	(x>100)	(y>500)	(x>=1000)	(z>5000)	执行路径
Test Case 1	2000,600,6000	True	True	True	True	a→c→e
Test Case 6	50,600,6000	False	True	False	True	a→b→e
Test Case 7	2000,200,1000	True	False	True	False	a→b→e
Test Case 8	50,200,2000	False	False	False	False	a→b→d

表 4-27　测试用例组 7b

测试用例	x,y,z	(x>100) and (y>500)	(x>=1000) or (z>5000)	执行路径
Test Case 1	2000,600,6000	True	True	a→c→e
Test Case 6	50,600,6000	False	True	a→b→e
Test Case 7	2000,200,1000	False	True	a→b→e
Test Case 8	50,200,2000	False	False	a→b→d

应该注意的是,上面 6 种覆盖测试方法所引用的公共程序只有短短 4 行,是一段非常简单的示例代码,然而在实际程序测试中,即便一个简短的程序,其路径数目也可能是一个庞大的数字,要对其实现路径覆盖测试是很难的。所以,路径覆盖测试是相对的,要尽可能把路径数压缩到一个可承受范围。

当然,即便对某个简短的程序段做到了路径覆盖测试,也不能保证源代码不存在其他软件问题了。多手段的软件测试是必要的,它们之间是相辅相成的。没有一个测试方法能够找到所有软件缺陷,只能说是尽可能多地查找软件缺陷。

4.4.2　路径分析测试

路径覆盖是白盒测试最为典型的问题,但大多数情况下实现路径覆盖几乎是不可能的,此时可进行着眼于路径分析的测试,称为路径分析测试。完成路径测试的理想情况是做到路径覆盖。独立路径选择和 Z 路径覆盖是两种常见的路径覆盖方法。

1. 控制流图

白盒测试是针对软件产品内部逻辑结构进行测试的，测试人员必须对测试的软件有深入的理解，包括其内部结构、各单元部分及它们之间的内在联系，还有程序运行原理等。因而这是一项庞大且复杂的工作。为了更加突出程序的内部结构，便于测试人员理解源代码，可以对程序流程图进行简化，生成控制流图(control flow graph)。简化后的控制流图将由节点和控制边组成。

1）控制流图的特点

控制流图有以下几个特点：

(1) 具有唯一入口节点，即源节点，表示程序段的开始语句；

(2) 具有唯一出口节点，即汇节点，表示程序段的结束语句；

(3) 节点由带有标号的圆圈表示，表示一个或多个无分支的源程序语句；

(4) 控制边由带箭头的直线或弧线表示，代表控制流的方向。

常见的控制流图如图 4-16 所示。

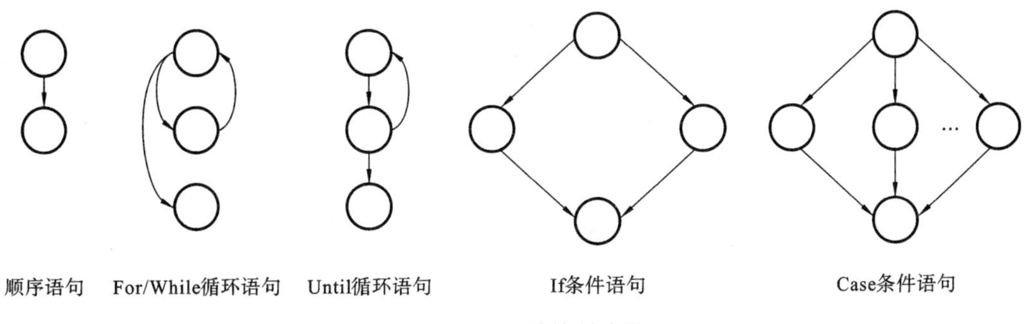

图 4-16 常见的控制流图

包含条件的节点称为判断节点，由判断节点发出的边必须终止于某一个节点。

2）程序环路复杂性

程序的环路复杂性是一种描述程序逻辑复杂度的标准，该标准运用基本路径方法，给出了程序基本路径集中的独立路径条数，这是确保程序中每个可执行语句至少执行一次所必需的测试用例数目的上界。

给定一个控制流图 G，设其环形复杂度为 $V(G)$，这里介绍 3 种常见的求解 $V(G)$ 的计算方法。

(1) $V(G)=E-N+2$，其中 E 是控制流图 G 中边的数量，N 是控制流图中节点的数目。

(2) $V(G)=P+1$，其中 P 是控制流图 G 中判断节点的数目。

(3) $V(G)=A$，其中 A 是控制流图 G 中区域的数目。由边和节点围成的区域叫区域，当在控制流图中计算区域的数目时，控制流图外的区域也应记为一个区域。

2. 独立路径测试

对于一个较为复杂的程序要做到完全的路径覆盖测试是不可能实现的，既然路径覆盖测试无法达到，那么可以对某个程序的所有独立路径进行测试，从而可以认为已经检验了程序的每一条语句，即达到了语句覆盖，这种测试方法就是独立路径测试方法。从控制流图来看，一条新独立路径应至少包含一条在其他独立路径中从未有过的边，路径可以用控制流图中的节点序列来表示。

例如，在图 4-17 所示的控制流图中，一组独立的路径如下。

path1：1→11

path2：1→2→3→4→5→10→1→11

path3：1→2→3→6→8→9→10→1→11

path4：1→2→3→6→7→9→10→1→11

路径 path1、path2、path3、path4 组成控制流图的一个基本路径集。

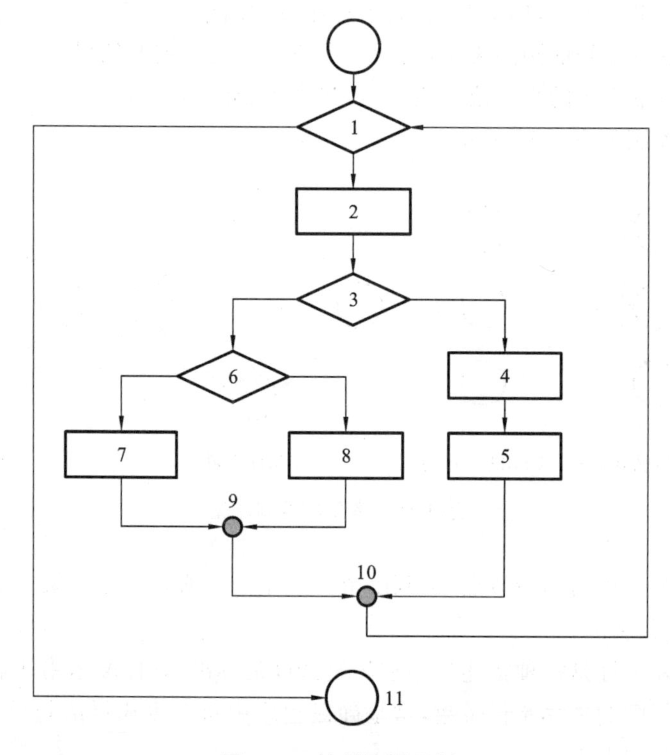

图 4-17　控制流图示例

白盒测试可以设计成基本路径集的执行过程，通常基本路径集并不唯一确定，独立路径测试的步骤包括 3 个方面：导出程序控制流图，求程序环形复杂度，设计测试用例。

下面通过一个 C 语言程序实例来具体说明独立路径测试的设计流程，这段程序的作用是统计一行字符中有多少个单词，单词之间用空格分隔开。

```
main ()
{
    int num1=0, num2=0, score=100;
    int i;
    char str;
```

```
    scanf ("% d, % c\n", &i, &str);

    while (i< 5)
    {
        if(str=='T' )
            num1++;
        else if(str=='F')
        {
            score=score-10;
            num2++;
        }
        i++;
    }

    printf ("num1= % d, num2= % d, score= % d\n", num1, num2, score);
}
```

根据源代码可以导出程序的控制流图，如图4-18所示。每个圆圈代表控制流图的节点，表示一个或多个语句，圆圈中的数字对应程序中某一行的编号，箭头代表边的方向，即控制流方向。

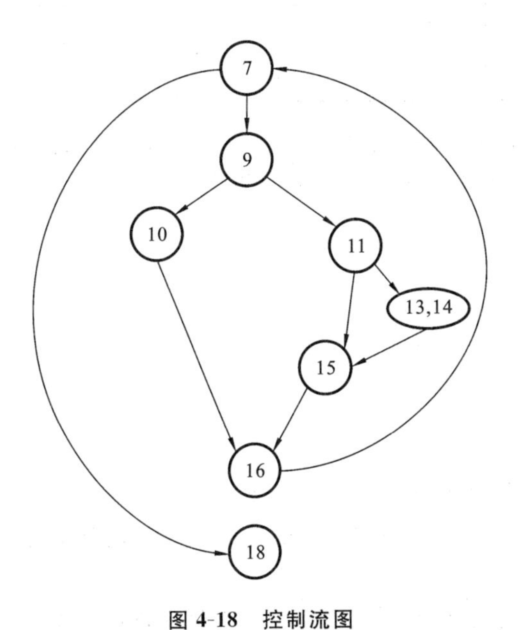

图4-18　控制流图

然后根据程序环形复杂度的计算公式，求出程序路径集合中的独立路径数目。

公式1：$V(G)=10-8+2$，其中10是控制流图G中边的数量，8是控制流图中节点的数目。

公式2：$V(G)=3+1$，其中3是控制流图G中判断节点的数目。

公式 3：$V(G)=4$，其中 4 是控制流图 G 中区域的数目。

因此，控制流图 G 的环形复杂度是 4，就是说至少需要 4 条独立路径组成基本路径集合，并由此得到能够覆盖所有程序语句的测试用例。

下面就来设计测试用例。根据上面环形复杂度的计算结果，源程序的基本路径集合中有 4 条独立路径：

path1：7→18

path2：7→9→10→16→7→18

path3：7→9→11→15→16→7→18

path4：7→9→11→13→14→15→16→7→18

根据上述 4 条独立路径，设计了测试用例组 8，如表 4-28 所示。将测试用例组 8 中的 4 个测试用例作为程序输入数据，能够遍历这 4 条独立路径，源程序中的循环体分别将执行零次或一次。

表 4-28　测试用例组 8

测试用例	输入		期望输出			执行路径
	i	str	num1	num2	score	
Test Case 1	5	‘T’	0	0	100	路径 1
Test Case 2	4	‘T’	1	0	100	路径 2
Test Case 3	4	‘A’	0	0	100	路径 3
Test Case 4	4	‘F’	0	1	90	路径 4

注意：如果程序中的条件判断表达式是由一个或多个逻辑运算符（or、and、not）连接的复合条件表达式，需要变换为一系列只有单个条件的嵌套的判断。例如，

```
if (a or b)
then
procedure x
else
procedure y;
...
```

对应的控制流图如图 4-19 所示，程序行 1 的 a、b 都是独立的判断节点，还有程序行 4 也是判断节点，所以共计 3 个判断节点，因此图 4-19 所示的环形复杂度为 $V(G)=3+1$。

3. Z 路径覆盖测试

与独立路径选择一样，Z 路径覆盖也是一种常见的路径覆盖方法，可以说 Z 路径覆盖是路径覆盖的一种变体。对于语句较少的简单程序，路径覆盖是具有可行性的，但是对于源代码很多的复杂程序，或者对于含有较多条件语句和较多循环体的程序来说，需要测试的路径数目会成倍增长，达到一个巨大数字，以至于无法实现路径覆盖。

为了解决这一问题，必须舍弃一些不重要的因素，简化循环结构，从而极大地减少路径的数量，使得覆盖这些有限的路径成为可能。采用简化循环方法的路径覆盖就是 Z 路径

覆盖。

所谓简化循环就是减少循环的次数。这里不考虑循环体的形式和复杂度如何，也不考虑循环体实际上需要执行多少次，只考虑通过循环体零次和一次这两种情况。零次循环即是指跳过循环体，从循环体的入口直接到循环体的出口。通过一次循环体则是为了检查循环初始值。

根据简化循环的思路，循环要么执行，要么跳过，这和判定分支的效果是一样的，可见简化循环就是将循环结构转变成选择结构。

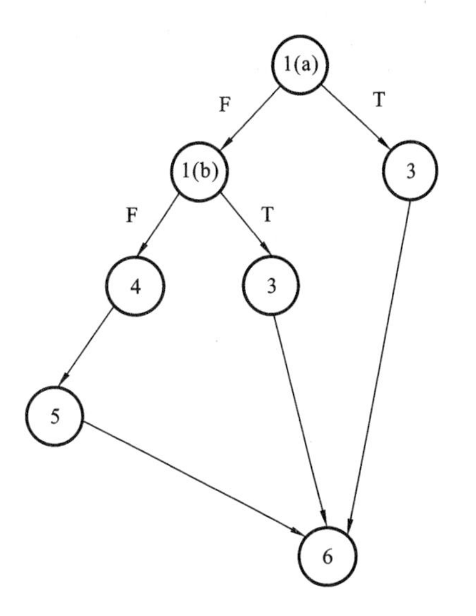

图 4-19　程序控制流图

4. 白盒测试的优缺点

1）白盒测试的优点

(1) 白盒测试方法深入到了程序内部，测试粒度到达某个模块、某个函数甚至某条语句，能从程序具体实现的角度发现问题。

(2) 白盒测试方法是对黑盒测试方法的最有力补充，只有将二者结合才能将软件测试工作做到相对到位。

2）白盒测试的缺点

(1) 白盒测试使测试人员集中关注程序是否正确执行，却很难同时让测试人员考虑是否完全满足设计说明书、需求说明书或者用户实际需求，也较难查出程序中遗漏的路径。

(2) 白盒测试方法的高覆盖率要求，使得测试工作量大，远远超过黑盒测试的工作量。

(3) 需要测试人员用尽量短的时间理解开发人员编写的代码。

(4) 需要测试人员读懂代码(思维进入程序)后，还能站在一定高度(思维跳出程序)设计测试用例和开展测试工作，这对测试人员要求较高。

4.5　单元测试

4.5.1　什么是单元测试

单元测试就是对软件最小单元进行测试，以保证构成软件的各个单元的质量。这些单元是软件系统或产品中可以被分离的，但又能被测试的最小单元。因此，单元测试又称为模块测试、逻辑测试或结构测试。在过程化编程中，一个单元就是单个程序、函数、过程等；对于面向对象编程，要进行测试的基本单元是类。

在单元测试活动中，强调被测试对象的独立性，软件的独立单元将与程序的其他部分隔离开，以避免其他单元对该单元的影响。这样，缩小了问题分析范围，而且可以比较彻底地消除各个单元中所存在的问题，避免将来功能测试和系统测试中查找问题的困难。

单元测试是开发者编写的一小段代码，用于检验被测代码的一个很小的、很明确的功能是否正确。通常而言，一个单元测试是用于判断某个特定条件(或者场景)下某个特定函数的行为。例如，你可能输入一组数据到某个 list 中去，然后确认该 list 经过排序函数，可以得到经过排序的数据。或者，你可能会从字符串中删除匹配某种模式的字符，然后确认该字符串不再包含这些字符了。

单元测试通常由程序员自己来完成，最终受益的也是程序员自己。程序员有责任为自己的代码编写单元测试。执行单元测试，就是为了证明这段代码的行为和我们期望的一致，同时，调试不能代替单元测试。单元测试任务通常包括的内容如表 4-29 所示。

表 4-29　单元测试任务

	测试任务	测试清单
1	输入接口测试	检查输入接口是否正确： (1) 输入的实际参数与形式参数的个数是否相同、属性是否匹配、参数单位是否一致； (2) 调用其他模块时所给实际参数的个数是否与被调模块的形参个数相同、属性匹配、参数单位是否一致； (3) 调用预定义函数时所用参数的个数、属性和次序是否正确； (4) 是否存在与当前入口点无关的参数引用(使用了其他入口点的参数)； (5) 是否修改了只读型参数； (6) 对全程变量的定义各模块是否一致； (7) 是否把某些约束作为参数传递
2	输出接口测试	检查输出接口是否正确： (1) 文件属性是否正确； (2) 格式说明与输入/输出语句是否匹配； (3) 缓冲区大小与记录长度是否匹配(确保缓冲区、内存能够保留读取的数据)； (4) 文件使用前是否已经打开； (5) 是否处理了文件尾； (6) 是否处理了输入/输出错误； (7) 输出信息中是否有文字性错误
3	局部数据结构测试	检查局部数据结构完整性： (1) 不合适或不相容的类型说明(数据类型是否正确)； (2) 变量是否赋初值； (3) 变量初始化或省缺值有错； (4) 不正确的变量名(拼错或不正确地截断)； (5) 出现上溢、下溢和地址异常
4	边界条件测试	检查临界数据处理的正确性： (1) 普通合法数据的处理； (2) 普通非法数据的处理； (3) 边界条件内合法边界数据的处理； (4) 边界条件外非法边界数据的处理； (5) 其他

续表

	测试任务	测试清单
5	所有独立执行通路测试	检查每一条独立执行路径的测试,保证每条语句被至少执行一次: (1) 误解或用错了算符优先级; (2) 混合类型运算; (3) 变量初值错; (4) 精度不够; (5) 表达式符号错
6	各条错误处理通路测试	预见、预设的各种出错处理是否正确有效: (1) 输出的出错信息难以理解; (2) 记录的错误与实际不相符; (3) 程序定义的出错处理前系统已介入; (4) 异常处理不当; (5) 未提供足够的定位出错的信息

单元测试应从各个层次来对单元内部算法、外部功能实现等进行检验,包括对程序代码的评审和通过运行单元程序来验证其功能特性等内容。单元测试的目标不仅是测试代码的功能性,还需确保代码在结构上安全、可靠。如果单元代码没有得到适当的、足够的测试,则其弱点容易受到攻击,并导致安全性风险(如内存泄漏或指针引用)以及性能问题。执行完全的单元测试可以减少应用级别所需的测试工作量,从根本上减少缺陷发生的可能性。通过单元测试,我们希望达到下列目标:

(1) 单元实现了其特定的功能,如果需要,则返回正确的值。

(2) 单元的运行能够覆盖预先设定的各种逻辑。

(3) 在单元工作过程中,其内部数据能够保持完整性,包括全局变量的处理、内部数据的形式、内容及相互关系等不发生错误。

(4) 可以接收正确数据,也能处理非法数据,在数据边界条件上,单元也能够正确工作。

(5) 该单元的算法合理,性能良好。

(6) 该单元代码经过扫描,没有发现任何安全性问题。

实际测试工作的经验告诉我们,如果仅对软件进行功能测试、验收测试,似乎缺陷总是找不完,不是这边出现错误,就是那个角落发现问题,每天报告的缺陷虽不多,但总能发现新的且比较严重的缺陷,测试没有尽头。为什么会出现这种情况?

产生这种现象的主要原因就是在功能测试、验收测试之前没有进行充分的单元测试。虽然,我们清楚测试不能穷尽所有程序路径,但单元是整个软件的构成基础,如果没有进行单元测试,基础就不稳,而靠功能测试、验收测试不能彻底解决问题。单元的质量是整个软件质量的基础,所以充分的单元测试是必要的。

通过单元测试可以更早地发现缺陷,缩短开发周期,降低软件成本。多数缺陷在单元测试中很容易被发现,但如果没有进行单元测试,而把这些缺陷留到后期,就会隐藏得很深而难以发现,最终的结果导致测试周期延长,开发成本急剧增加。

4.5.2 单元测试框架 xUnit

xUnit 是各种代码驱动测试框架的统称，这些框架可以测试软件的不同内容(单元)，如函数和类。xUnit 框架的主要优点是，它提供了一个自动化测试的解决方案，可以避免多次编写重复的测试代码。面向特定语言的、基于 xUnit 框架的自动化测试框架如表 4-30 所示。

表 4-30　xUnit 自动化测试框架

编号	测试框架	用途
1	JUnit	主要测试用 Java 语言编写的代码
2	CPPUnit	主要测试用 C++语言编写的代码
3	PyUnit——Unittest	主要测试用 Python 语言编写的代码
4	MiniUnit	主要用于测试 C 语言编写的代码

xUnit 的框架如图 4-20 所示，底层是 xUnit 的 Framwork，xUnit 的类库提供了对外的功能方法、工具类、API 等。TestCase(具体的测试用例)去使用 Framwork，TestCase 执行后会有 TestResult。通过 TestSuite 控制 TestCase 的组合，TestRunner 执行器负责执行 case。TestListener 监听 case 成功失败以及数据结果，输出到结果报告中。

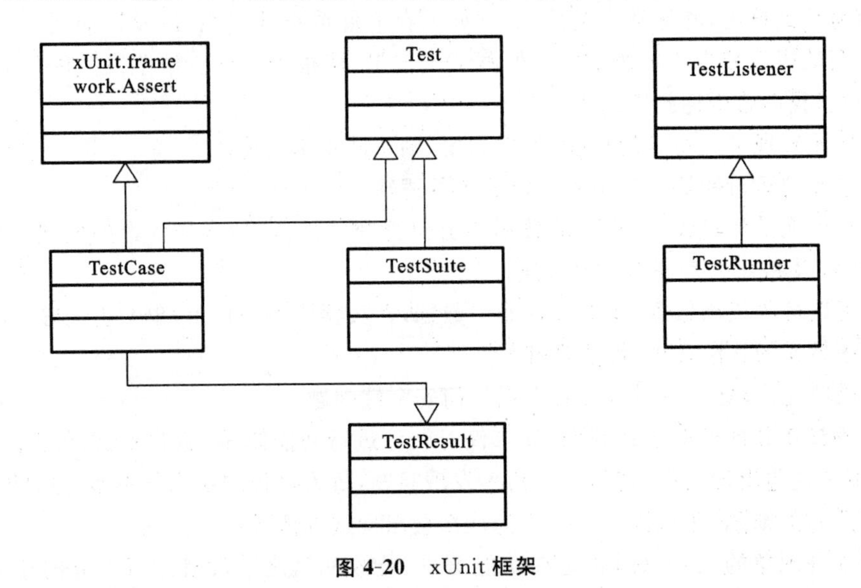

图 4-20　xUnit 框架

xUnit 测试框架包括以下四个要素：

(1) 测试目标(对象)：一组认定被测对象或被测程序单元测试成功的预定条件或预期结果的设定。Fixture 就是被测试的目标，可以是一个函数、一组对象或一个对象。测试人员在测试前应了解被测试对象的功能或行为。

(2) 测试集：一组测试用例，这些测试用例要求有相同的测试 Fixture，以保证这些测试不会出现管理上的混乱。

(3) 测试执行：单个单元测试的执行可以按下面的方式进行。

第一步：编写 setup()函数，建立针对被测试单元的独立测试环境。这一步可能包含创建临时或代理的数据库、目录，或者启动一个服务器进程。

第二步：编写所有测试用例的测试程序。

第三步：编写 tearDown()函数，无论测试成功还是失败，都将环境进行清理，以免影响后续的测试。

(4) 断言：是验证被测程序在测试中的行为或状态的一个函数或者宏。断言的失败会引发异常，终止测试的执行。

4.5.3　单元测试工具 JUnit

JUnit 是 Java 社区中知名度最高的单元测试工具，它诞生于 1997 年，由 Erich Gamma 和 Kent Beck 共同开发完成。JUnit 设计得非常小巧，但是功能却非常强大。JUnit 是一个开源的 Java 测试框架，可以进行二次开发，方便地对 JUnit 进行扩展。JUnit 主要用于白盒测试、回归测试。

JUnit 促进"先测试再编码"，它强调建立测试数据的一段代码可以被测试，实现先测试再编码的想法。这提高了程序员的工作效率和程序代码的稳定性，减小了程序员的压力和调试时间。在编写代码前进行的需求分析，很多时候都是没有弄清楚需求的细节就开始编写代码，当发现问题时，又得去找业务人员反复确认，最后勉强弄清楚所有逻辑关系，但这种情况下编写出来的代码可能不能正常运行，只能去调试，调试好久才能让代码勉强运行。经过测试人员的测试，从中测出 bug、debug、打补丁，代码才最终正常运行了。这种过程生产出来的代码质量很差，维护时不敢动，动了还得手工测试，还得让测试人员测试，还得加班……因此，开发软件时，必须要知道软件要解决什么问题——要实现什么样的目标。

先测试再编码要求我们先根据需求去拆分任务，把一个大的任务拆分成一个个模块，也就是一个个的函数。先为这些函数去编写最小的测试。通过测试函数指导代码的编写，这样有助于我们通过测试弄清需求。同时可以通过断言的诊断机制快速得出反馈，当写完所有的测试代码，会发现所有的需求都会被测试覆盖。

JUnit 还有如下特点：

- JUnit 是用于编写和运行测试的开源框架。
- 提供了注释，以确定测试方法。
- 提供断言测试预期结果。
- 提供了测试运行功能来执行测试。
- JUnit 测试让您可以更快地编写代码，提高质量。
- JUnit 简洁，它并不复杂且不需要花费太多时间。
- JUnit 测试可以自动运行，检查自己的结果，并提供即时反馈，没有必要通过测试结果报告来手动梳理。
- JUnit 测试可以组织成测试套件，包含测试案例，甚至其他测试套件。
- JUnit 可显示测试进度，如果测试时没有问题则条形显示绿色，测试失败则会显示红色。

JUnit 常用注解如表 4-31 所示。

表 4-31　JUnit 常用注解

	注解	说明
1	@Test	表示方法为一个单元测试用例，在一个测试用例中可以多次声明此注解，每个注解为@Test 的方法只被执行一次
2	@BeforeClass	表示方法在测试类被调用之前执行，在一个测试类中只能声明此注解一次，此注解对应的方法只能被执行一次
3	@AfterClass	表示方法在测试类被调用结束退出之前执行，在一个测试类中只能声明此注解一次，并且此注解对应的方法只能被执行一次
4	@Before	表示方法在每个@Test 调用之前被执行，即一个类中有多少个@Test 注解方法，那么@Before 注解的方法就会被调用多少次
5	@After	表示方法在每个@Test 调用结束之后被执行，即一个类中有多少个@Test 注解方法，那么@Before 注解的方法就会被调用多少次
6	@Ignore	表示方法为暂时不执行的测试用例方法，会被 JUnit 忽略执行

4.5.4　JUnit 在 Eclipse 中的使用

Eclipse 是一个开放源代码的、基于 Java 的可扩展开发平台。它是一个框架和一组服务，用于通过插件组件构建开发环境。为了展示如何使用 JUnit 进行单元测试，本小节以高考志愿填报辅助系统中的 MyHelper 类为例，使用 Eclipse 的 JUnit 对 MyHelper 类进行单元测试。

下面是进行测试的具体步骤。

运行 Eclipse，导入高考志愿填报辅助系统项目 Education，采用 JUnit4 进行测试 MyHelper 类的各种方法。

（1）在 Eclipse 中打开 MyHelper 类。

```
package edu.wtbu.helper;

import java.sql.Connection;
import java.sql.DriverManager;
import java.sql.PreparedStatement;
import java.sql.ResultSet;
import java.sql.ResultSetMetaData;
import java.util.ArrayList;
import java.util.HashMap;

import edu.wtbu.config.Config;

public class MyHelper {
    private  Connection connection=null;
```

```
    private  PreparedStatement preparedStatement=null;
    private  ResultSet resultSet=null;
    //用于取得连接
    private  Connection getConnection() {
        try {
            Class.forName(Config.getMysql_driver());
            connection=DriverManager.getConnection (Config.getMysql_url(),
                                                    Config.getMysql_user(),
                                                    Config.getMysql_password());
        }catch (Exception e) {
            e.printStackTrace();
            // TODO: handle exception
        }
        return connection;
    }

    //结束函数用于关闭所有
    private  void closeAll() {
        try {
            if(null !=resultSet) {
                resultSet.close();
            }
        }catch (Exception e) {
            e.printStackTrace();
            resultSet=null;
        }
        try {
            if(null !=preparedStatement) {
                preparedStatement.close();
            }
        }catch (Exception e) {
            e.printStackTrace();
            preparedStatement=null;
        }
        try {
            if(null !=connection) {
                connection.close();
            }
        }catch (Exception e) {
            e.printStackTrace();
            connection=null;
```

```
    }
}

//在数据库中执行查询返回动态数组
public  ArrayList< Object[]>executeQuery(String sql){
    ArrayList< Object[]>list=new ArrayList<Object[]>();
    try {
        connection=getConnection();
        preparedStatement=connection.prepareStatement(sql);
        resultSet=preparedStatement.executeQuery();
        ResultSetMetaData resultSetMetaData=resultSet.getMetaData();
        int column=resultSetMetaData.getColumnCount();
        while(resultSet.next()) {
            Object[]objects=new Object[column];
            for(int i=0;i<column;i++) {
                objects[i]=resultSet.getObject(i+1);
            }
            list.add(objects);
        }
    }catch (Exception e) {
        e.printStackTrace();
        // TODO: handle exception
    }finally {
        closeAll();
    }
    return list;
}

//执行更新 更新数组信息
public  void executeUpdate(String sql){
    ArrayList<Object[]>list=new ArrayList<Object[]>();
    try {
        connection=getConnection();
        preparedStatement=connection.prepareStatement(sql);
        preparedStatement.executeUpdate();
    }catch (Exception e) {
        e.printStackTrace();
        // TODO:handle exception
    }finally {
        closeAll();
    }
```

```
}

//根据输入的参数值执行查询
public  ArrayList<Object[]>executeQuery(String sql,Object[]parameters){
    ArrayList<Object[]>list=new ArrayList<Object[]>();
    try {
        connection=getConnection();
        preparedStatement=connection.prepareStatement(sql);
        if(parameters!=null) {
            for(int i=0;i<parameters.length;i++) {
                String className=parameters[i].getClass().getName();
                if(className.contains("String")) {
                    preparedStatement.setString(i+1, parameters[i].toString());
                }
                if(className.contains("Integer")) {
                    preparedStatement.setInt(i+1, Integer.parseInt(parameters[i].
                    toString()));
                }
            }
        }
        resultSet=preparedStatement.executeQuery();
        ResultSetMetaData resultSetMetaData=resultSet.getMetaData();
        int column=resultSetMetaData.getColumnCount();
        while(resultSet.next()) {
            Object[]objects=new Object[column];
            for(int i=0;i<column;i++) {
                objects[i]=resultSet.getObject(i+1);
            }
            list.add(objects);
        }
    }catch (Exception e) {
        e.printStackTrace();
        // TODO: handle exception
    }finally {
        closeAll();
    }
    return list;
}

//根据输入的参数值执行更新数组
public  int executeUpdate(String sql,Object[] parameters){
```

```
        int result=0;
        try {
            connection=getConnection();
            preparedStatement=connection.prepareStatement(sql);
            if(parameters!=null) {
                for(int i=0;i<parameters.length;i++) {
                    String className=parameters[i].getClass().getName();
                    if(className.contains("String")) {
                        preparedStatement.setString(i+1, parameters[i].toString());
                    }
                    if(className.contains("Integer")) {
                        preparedStatement.setInt (i+1,
                                                   Integer.parseInt (parameters[i]. toString
                                                   ()));
                    }
                }
            }
            result= preparedStatement.executeUpdate();
        }catch (Exception e) {
            e.printStackTrace();
            // TODO: handle exception
        }finally {
            closeAll();
        }
        return result;
    }

    //根据参数返回哈希表的映射
    public ArrayList<HashMap<String, Object>>executeQueryReturnMap(String sql,Object[] pa-
rameters){
        ArrayList<HashMap<String, Object>>list=new ArrayList<HashMap<String, Object>>();
        try {
            connection=getConnection();
            preparedStatement=connection.prepareStatement(sql);
            if(parameters!=null) {
                for(int i=0;i<parameters.length;i++) {
                    String className=parameters[i].getClass().getName();
                    if(className.contains("String")) {
                        preparedStatement.setString(i+1, parameters[i].toString());
                    }
                    if(className.contains("Integer")) {
```

```
                    preparedStatement.setInt(i+1, Integer.parseInt(parameters[i].
                    toString()));
                }
            }
        }
        resultSet=preparedStatement.executeQuery();
        ResultSetMetaData resultSetMetaData=resultSet.getMetaData();
        int column=resultSetMetaData.getColumnCount();
        while(resultSet.next()) {
            HashMap<String, Object>map=new HashMap<String, Object> ();
            for(int i=0;i<column;i++) {
                String key=resultSetMetaData.getColumnLabel(i+1);
                Object object=resultSet.getObject(i+1);
                map.put(key, object);
            }
            list.add(map);
        }
    }catch (Exception e) {
        e.printStackTrace();
        // TODO: handle exception
    }finally {
        closeAll();
    }
    return list;
  }
}
```

(2) 将 JUnit4 单元测试包引入 Education 项目。右击该项目,选择“Properties”。在弹出的属性窗口中,首先在左边选择 Java Build Path,然后到右上角选择 Libraries 标签,之后在最右边单击“Add Library”按钮,在弹出窗口中选择 JUnit,单击“Next”按钮,选择 JUnit4 并单击“确定”按钮,将 JUnit4 软件包加入 Education 项目,如图 4-21 所示。

(3) 生成 JUnit 测试框架。在 Eclipse 的 Package Explorer 中右键单击 MyHelper 类,弹出快捷菜单,在其中选择【New】→【Other】→【Java】→【JUnit】→【JUnit Test Case】,如图 4-22 所示。

然后在弹出的对话框中选择 setUp()和 tearDown()方法,如图 4-23 所示。

单击“Next”按钮后,系统会自动列出 MyHelper 类中所包含的方法,如图 4-24 所示。

Eclipse 自动生成名为 MyHelperTest 新类,代码中包含一些空的测试用例。将 Helper 类进行修改,完整代码如下:

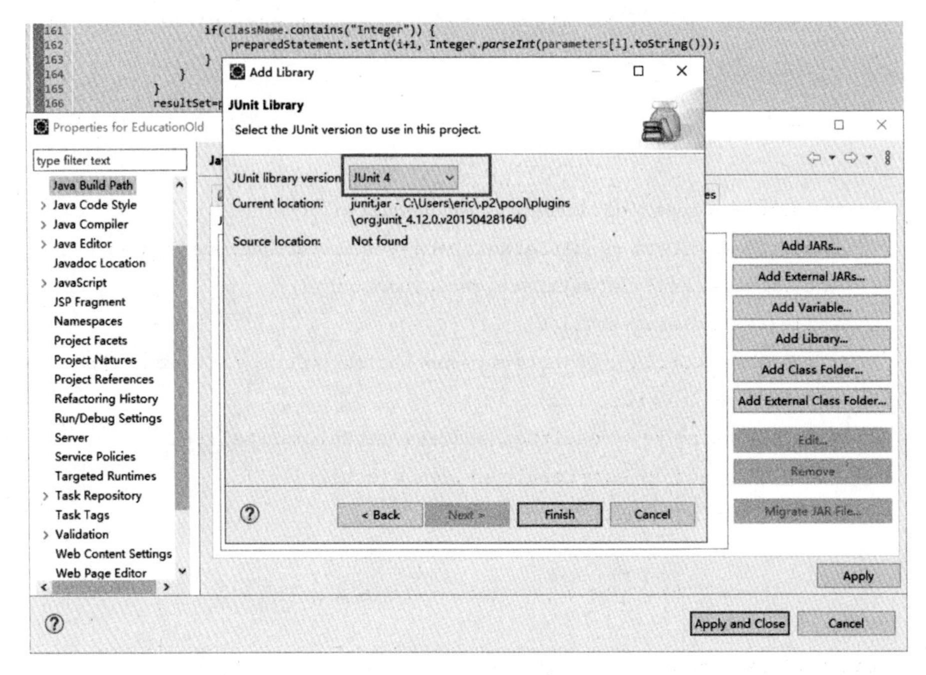

图 4-21　将 JUnit4 测试包引入项目

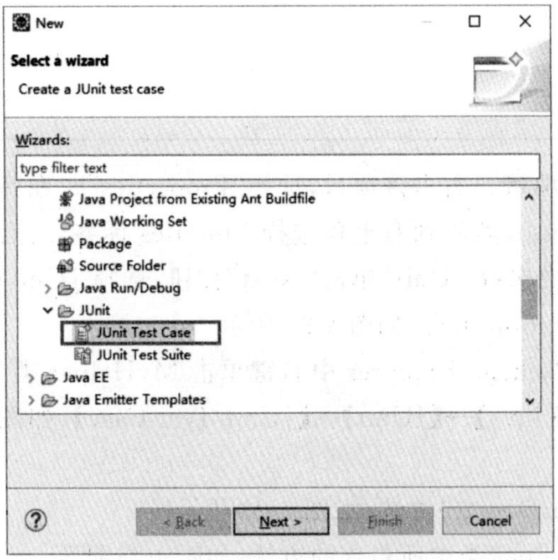

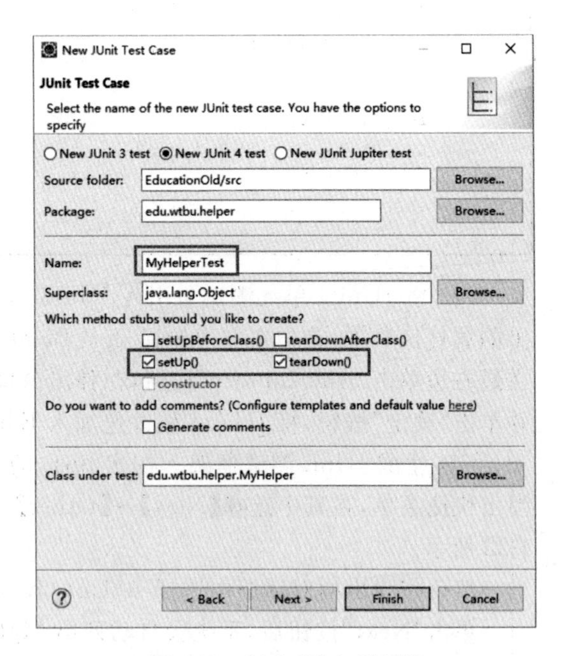

图 4-22　创建 JUnit 测试用例

图 4-23　创建 JUnit 测试类

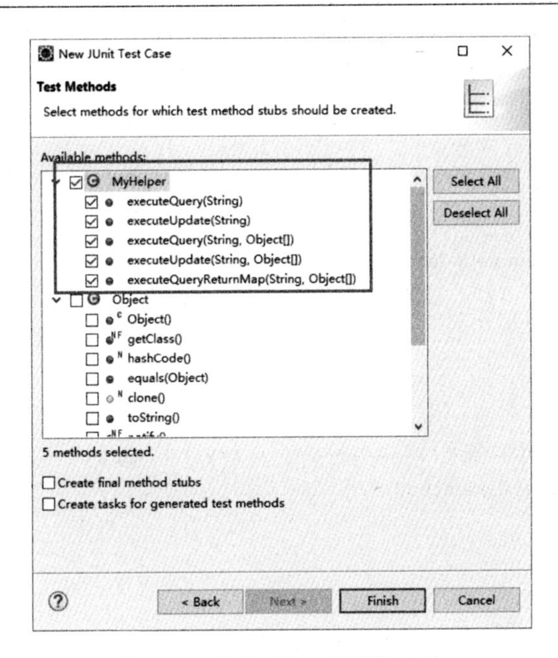

图 4-24　选择 JUnit 测试类方法

```
package edu.wtbu.helper;

import static org.JUnit.Assert.* ;

import org.JUnit.After;
import org.JUnit.Before;
import org.JUnit.Ignore;
import org.JUnit.Test;

public class MyHelperTest {

    @Before
    public void setUp() throws Exception {
    }

    @After
    public void tearDown() throws Exception {
    }

    private static MyHelper helper=new MyHelper();

    @Test
    public void testExecuteQueryString() {
```

```
        helper.executeQuery("select* from college");
    }

    @Ignore
    @Test
    public void testExecuteUpdateString() {

    }

    @Test
    public void testExecuteQueryStringObjectArray() {
        fail("Not yet implemented");
    }

    @Test
    public void testExecuteUpdateStringObjectArray() {
        fail("Not yet implemented");
    }

    @Test
    public void testExecuteQueryReturnMap() {
        fail("Not yet implemented");
    }
}
```

(4) 运行测试代码,在 MyHelperTest 类上单击右键,选择“Run As a JUnit Test”,运行结果如图 4-25 所示。

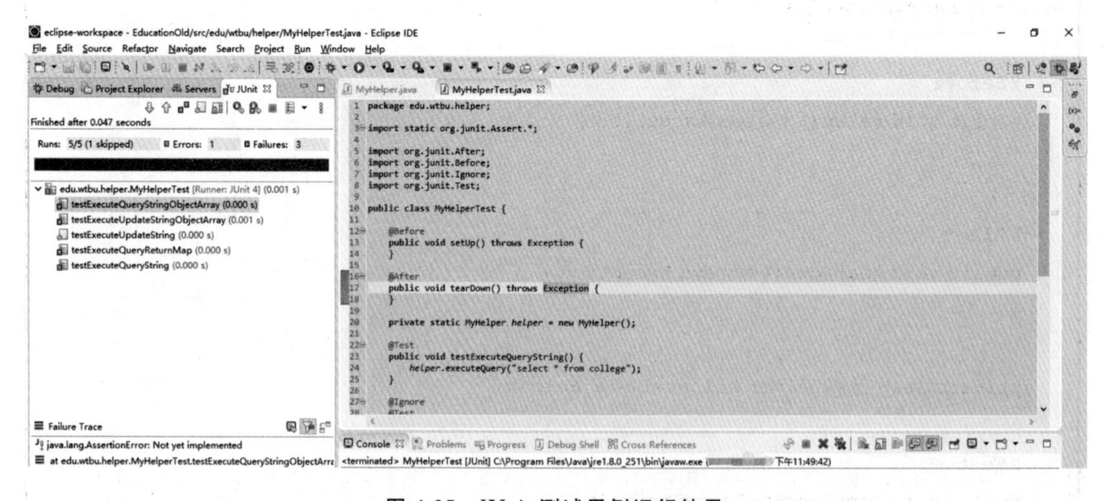

图 4-25　JUnit 测试用例运行结果

图中进度条中红色表示发现错误，具体的测试结果为“共进行了5个测试，其中1个测试被忽略，1个测试错误，3个测试失败”。

4.5.5　推荐其他几款Java程序员测试工具

随着DevOp的不断流行，自动化测试慢慢成为Java开发者的关注点。因此，本小节将介绍几款优秀的单元测试框架和库，它们可以帮助Java开发人员在其Java项目上编写单元测试和集成测试。

1. REST Assured

REST Assured是GitHub上一个开源项目。项目地址：https://github.com/rest-assured/rest-assured。

其优点如下：

- 简约的接口测试DSL；
- 支持xml json的结构化解析；
- 支持xpath jsonpath gpath等多种解析方式；
- 对spring的支持比较全面。

2. Selenium

Selenium也是一个用于Web应用程序测试的工具。Selenium测试直接运行在浏览器中，就像真正的用户在操作一样。支持的浏览器包括IE、Mozilla Firefox、Mozilla Suite等。这个工具的主要功能是测试与浏览器的兼容性，即测试你的应用程序是否能够很好地工作在不同浏览器和操作系统之上。

3. TestNG

TestNG是Java中的一个测试框架，类似于JUnit和NUnit，功能都差不多，只是功能更加强大，使用也更方便。

4. Mockito

Mockito是GitHub上使用最广泛的Mock框架，并与JUnit结合使用可以创建和配置Mock对象。使用Mockito简化了具有外部依赖的类的测试开发。

5. Spock Framework

Spock的灵感源于JUnit、JMock、RSpec、Groovy、Scala、Vulcans以及其他优秀的框架形态。

Spock与JUnit一样都是Java生态内比较流行的单元测试框架，不同点在于Spock基于Groovy动态语言，这个框架的突出点在于它美妙和表达规范的语言，使得Spock相较于传统Java单元测试框架具备了更强的动态能力，从语法风格来比较，Spock单元测试的语义性更强，代码本身更能简洁直观地体现出测试用例。

得益于JUnit Runner，Spock能够在大多数IDE、编译工具、持续集成服务下工作。

6. Cucumber

Cucumber是一个支持BDD(behavior driven development)，即行为驱动开发的自动化测试框架。在进行单元测试或者集成测试之前，事先将测试的步骤和验证信息用通用的语言（英语）定义好，使得测试的步骤、单元测试和集成测试每一步执行的目的能被非开发人员读懂，并且写单元测试和集成测试的人员可以依据事先写好的框架进行代码的编写，达到行为驱动开发的目的。

7. Spring Test

Spring Test 是 Spring MVC 自带的一个非常有用的测试框架，因此不使用运行中的 Servlet 容器，该框架即可进行深度测试。

它是用于向 Spring 应用程序编写自动测试的最有用的库之一。它可以为 Spring 的应用程序（包括 MVC 控制器）编写单元测试和集成测试工作提供一流的支持。

8. Robot Framework

Robot Framework 是一个基于 Python 的、可扩展的关键字驱动的测试自动化框架，用于端到端验收测试和验收测试驱动开发（ATDD）。它可用于测试分布式异构应用程序，其中验证需要涉及多种技术和接口。

4.6 回归测试

回归测试是指软件系统被修改或扩充（如系统功能增强或升级）后重新进行的测试，是为了保证对软件所做的修改没有引入新的错误而重复进行的测试。每当软件增加了新的功能，或者软件中的缺陷被修正，这些变更都有可能影响软件原有的功能和结构。为了防止软件的变更产生无法预料的副作用，不仅要对内容进行测试，还要重复进行过去已经进行过的测试，以证明修改没有引起未曾预料的后果，或证明修改后的软件仍能满足具体的需求。

严格地说，回归测试不是一个测试阶段，只是一种可以用于单元测试、集成测试、系统测试、确认测试和验收测试各个测试过程的测试技术。回归测试与 V 型模型之间的关系如图 4-26 所示。

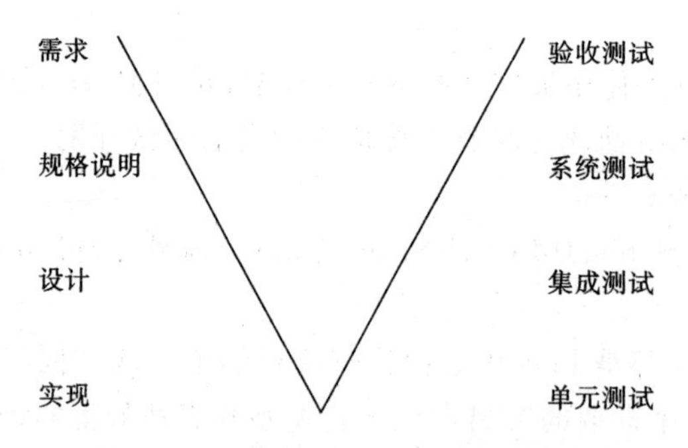

图 4-26　回归测试与 V 型模型的关系

在理想的测试环境中，程序每改变一次，测试人员都要重新执行回归测试，一方面来验证新增加或修改功能的正确性，另一方面测试人员还要从以前的测试中选取大量的测试以确定是否在实现新功能的过程中引入了缺陷。

在实际工作中，回归测试需要反复进行，当测试者一次又一次地完成相同的测试时，这些回归测试将变得非常令人厌烦，而在大多数回归测试需要手工完成的时候尤其如此，因此，需要通过自动化测试来实现重复的和一致的回归测试。通过自动化测试可以提高回归测试效率。为了支持多种回归测试策略，自动化测试工具应该是通用的和灵活的，以便满足达到不同回归测试目标的要求。第5章将重点讲解自动化测试及工具的使用。

4.6.1 回归测试的技术和回归测试的数据

回归测试一般采用黑盒测试技术来测试软件的高级需求，而无须考虑软件的实现细节，也有可能采用一些非功能测试来检查系统的增强或扩展是否影响了系统的性能特性，以及与其他系统间的互操作性和兼容性问题。

错误猜测在回归测试中是很重要的。错误猜测看起来像是通过直觉来发现软件中的错误或缺陷，实际上错误猜测主要来自经验。测试者是使用了一系列技术来确定测试所要达到的范围和程度，这些技术主要有：

(1) 有关软件设计方法和实现技术；

(2) 有关前期测试阶段结果的知识；

(3) 测试类似或相关系统的经验，了解以前在类似系统中哪些地方发现过缺陷；

(4) 典型的产生错误的知识，如被零除错误；

(5) 通用的测试经验规则。

设计和引入回归测试数据的重要原则是，应保证数据中可能影响测试的因素与未经修改扩充的原软件上进行测试时的那些因素尽可能一致，否则要想确定观测到的测试结果是否由于数据变化引起的还是很困难的。

当需要在回归测试中使用新的手工数据时，测试人员必须采用正规的测试技术，如前面章节介绍的边界值分析法或等价类划分法等。

4.6.2 回归测试的范围

在回归测试范围的选择上，一个最简单的方法是每次回归执行所有在前期测试阶段建立的测试，来确认问题修改的正确性，以及没有造成对其他功能的不利影响。

常用的用例选择方法可以分为以下3种：

(1) 局限在修改范围内的测试；

(2) 在受影响功能范围内回归；

(3) 根据一定的覆盖率指标选择回归测试。

4.6.3 回归测试的人员

由于回归测试一般与系统测试和验收测试相关，所以要由测试组长负责，确保选择使用合适的技术和在合理的质量控制中执行充分的回归测试。测试人员在回归测试工作中将设计并实现测试新的扩展或增强部分所需的新测试用例，并使用正规的测试技术创建或修改已有的测试数据。

在回归测试过程中，测试过程由一个测试观察员来监控测试工作。在回归测试完成时测试组组长负责整理并归档大量的回归测试结果，包括测试结果记录、回归测试日志和简短的回归测试总结报告。

实验实训

1. 实训目的

完成“解二元一次方程”的黑盒测试方法。

学会使用JUnit单元测试工具。

2. 实训内容

使用JUnit进行单元测试。

小　　结

本章主要讲解了常见的测试技术,测试方法的分类,按照执行方式可以分为静态测试和动态测试,按照开发过程可以分为单元测试、集成测试、确认测试、系统测试、验收测试等。每种测试技术都有不同的方法和工具。读者在进行测试时需要明确测试所在的阶段,并选取合适的工具。

本章讲述了软件测试所涉及的各种方法、工具、技术和框架的知识。通过本章的学习,读者需要掌握JUnit单元测试框架进行单元测试。

要学好软件测试技术,需要了解Java、JavaScript、Python和C#等编程语言。测试技术的学习经验涉及实际测试场景中的实践。本章通过真实项目讲解,可以使读者对测试有一个直观的了解。

总体而言,测试技术的学习经验是一个持续的过程,涉及不断获取知识和技能,以改进软件测试实践并确保高质量的软件交付。

习　题　4

一、选择题

1. 软件项目流程可划分为(　　)。

A. 单元测试　　B. 集成测试　　C. 系统测试　　D. 验收测试

2. 系统测试可分为(　　)。

A. 功能测试　　B. 性能测试　　C. 安全测试　　D. 兼容测试

3. 软件测试按代码可见程度可分为(　　)。

A. 白盒测试　　B. 黑盒测试　　C. 灰盒测试　　D. 红盒测试

4. 黑盒测试所使用的方法包括(　　)。

A. 等价类划分法　　B. 边界值分析法　　C. 决策表法　　D. 因果图法

5. 白盒测试的主要方法有(　　)。

A. 逻辑覆盖　　B. 基本路径测试　　C. 功能测试　　D. 性能测试

二、填空题

1. 边界值分析是将测试________情况作为重点目标，选取正好等于、刚刚大于或刚刚小于________的测试数据。如果输入或输出域是一个有序集合,则应选取集合的________元素和________元素作为测试用例。

2. 软件测试方法按执行方式一般分为两大类：________方法和________方法。

3. 动态测试通过________发现错误，根据________的设计方法不同，动态测试又分为________与________两类。

4. 逻辑覆盖是对程序内部有________存在的逻辑结构设计测试用例，根据程序内部的逻辑覆盖程度又可分为________、________、________、________、________和________6种覆盖技术。

第 5 章　自动化测试

章节导读

随着科技的发展，手工测试的效率越来越低。软件测试的重复工作量大，客户对系统上线的时间要求也严，这就使得开发过程与测试过程的时间成本高，为了更好地保障软件产品的质量，又能快速提升功能测试的验证效率，于是就诞生了自动化测试。

软件开发从手工测试阶段发展到机器测试时代，很多原本手工能够测试的重复功能项，可以让自动化测试脚本帮助我们来完成，这样就大大提升了测试效率，缩短系统上线时间，同时节约了企业的研发成本，这就是进行自动化测试的本质目的。

某个软件功能需要测试能否支持高并发时，假设系统要支持 1000 个用户同时访问，如果用人工完成这项验证工作，所需的资源太大，基本上做不到。如果用自动化测试工具模拟 1000 个用户的操作就能比较快速地完成测试。这样就大大提升了测试人员的工作效率，同样这也是实施自动化测试的目的。

自动化测试比手动测试更快、更高效。自动化测试可以重复快速运行，使开发人员能够更有效地识别问题和错误。自动化测试确保每次测试都以相同的方式运行，消除了人为错误导致的变化。自动化测试可以覆盖大量测试用例和场景，提供比手动测试更全面的测试覆盖范围。这有助于开发人员及时发现问题，并降低软件中出现错误的风险。

从长远来看，自动化测试具有成本效益，因为它减少了对手动测试的需求，并为开发人员腾出了时间来完成更关键的任务。总体而言，自动化测试已经成为现代软件开发的一个重要组成部分。它帮助开发人员提高其软件产品的质量，降低错误风险，更有效地将软件产品推向市场。

本章主要内容

1. 自动化测试的概念。
2. 自动化测试的任务。
3. 自动化功能测试工具。
4. 自动化性能测试工具。

能力目标

1. 了解自动化测试的概念、任务、功能测试、性能测试。
2. 掌握自动化测试工具的使用。

5.1　自动化测试的定义

自动化测试，是指把以人为驱动的测试行为转化为机器执行的过程。实际上自动化测试往往通过一些测试工具或框架，编写自动化测试脚本，来模拟手工测试过程。例如，在项目迭代过程中，持续的回归测试是一项非常枯燥且重复的任务，并且测试人员每天从事重复性劳动，丝毫得不到成长，工作效率很低。此时，如果开展自动化测试就能帮助测试人员从重复、枯燥的手工测试中解放出来，提高测试效率，缩短回归测试时间。

实施自动化测试之前，需要对软件开发过程进行分析，以观察其是否适合使用自动化测试。通常情况下，引入自动化测试需要满足以下条件。

(1) 项目需求变动不频繁。

测试脚本的稳定性决定了自动化测试的维护成本。如果软件需求变动过于频繁，测试人员需要根据变动的需求来更新测试用例及相关的测试脚本，而脚本的维护本身就是一个代码开发的过程，需要修改、调试，必要的时候还要修改自动化测试的框架，如果所花费的成本不低于利用其节省的测试成本，那么自动化测试便是失败的。

(2) 项目周期足够长。

自动化测试需求的确定、自动化测试框架的设计、测试脚本的编写与调试均需要相当长的时间来完成，而这样的过程本身就是一个测试软件的开发过程，也是需要较长的时间来完成。如果项目的周期比较短，没有足够的时间去支持这样一个过程，那么自动化测试便无意义。

(3) 自动化测试脚本可重复使用。

如果费尽心思开发了一套近乎完美的自动化测试脚本，但是脚本的重复使用率很低，致使期间所耗费的成本大于所创造的经济价值，自动化测试便成为测试人员的练手之作，而并非真正可产生效益的测试手段了。

另外，在手工测试无法完成，需要投入大量时间与人力时也需要考虑引入自动化测试，如性能测试、配置测试、大数据量输入测试等。

5.2　自动化测试的任务

自动化测试与软件开发过程从本质上来讲是一样的，无非是利用自动化测试工具（相当于软件开发工具），经过对测试需求的分析（软件过程中的需求分析），设计出自动化测试用例（软件过程中的需求规格），从而搭建自动化测试的框架（软件过程中的概要设计），设计与编写自动化脚本（详细设计与编码），测试脚本的正确性，从而完成该套测试脚本（即主要功能为测试的应用软件）。

1. 自动化测试需求分析

当测试项目满足了自动化测试的前提条件，并确定在该项目中需要使用自动化测试时，我们便开始进行自动化测试需求分析。此过程需要确定自动化测试的范围以及相应的测试用例、测试数据，并形成详细的文档，以便于自动化测试框架的建立。

2. 自动化测试框架的搭建

所谓自动化测试框架就是像软件架构一般，定义了在使用该套脚本时需要调用哪些文件、结构，调用的过程以及文件结构如何划分。

而根据自动化测试用例，我们很容易定位出自动化测试框架的典型要素。

(1) 公用的对象。

不同的测试用例会有一些相同的对象被重复使用，如窗口、按钮、页面等。这些公用的对象可被抽取出来，在编写脚本时随时调用。当这些对象的属性因为需求的变更而改变时，只需要修改该对象属性即可，而无需修改所有相关的测试脚本。

(2) 公用的环境。

各测试用例也会用到相同的测试环境，将该测试环境独立封装，在各个测试用例中灵活调用，也能增强脚本的可维护性。

(3) 公用的方法。

当测试工具没有所需的方法时，而该方法又会被经常使用，我们便需要自己编写该方法，以方便脚本的调用。

(4) 测试数据。

一个测试用例可能需要执行很多个测试数据，我们就将测试数据放在一个独立的文件中，由测试脚本执行到该用例时读取数据文件，从而达到数据覆盖的目的。

在该框架中需要将这些典型要素考虑进去，在测试用例中抽取出公用的元素放入已定义的文件，设定好调用的过程。

5.3 自动化功能测试

5.3.1 什么是自动化功能测试

与手动测试相比，功能测试自动化可以更快地完成各个测试模块，更早地发布无错误的软件，产生更多的效益。

但是在使用 Selenium 或 UFT 等测试工具进行功能测试时，应时刻注意，使用工具的最终目的不是展示自动化测试的过程，而是切实提高测试效率，因此，关键仍然在于测试的设计。

(1) 针对大量的重复性手动测试，尽量改为自动化测试方式，即只要能够通过系统自动读入的方式执行的测试，均改为自动化测试方式进行，且注意每个测试脚本包含的流程不要太复杂。

(2) 对于某些无法用自动化测试方式实现的测试，仍采用手动测试。例如，在登录时会出现一些随机生成的验证码，无法用自动填充的方法实现，这时测试工具会报错，脚本将中断，针对这类测试用例只能通过手动测试实现。而其他正常的输入数据，可以通过自动化测试来实现。

5.3.2 自动化功能测试的基本流程

自动化功能测试的基本流程如图 5-1 所示。

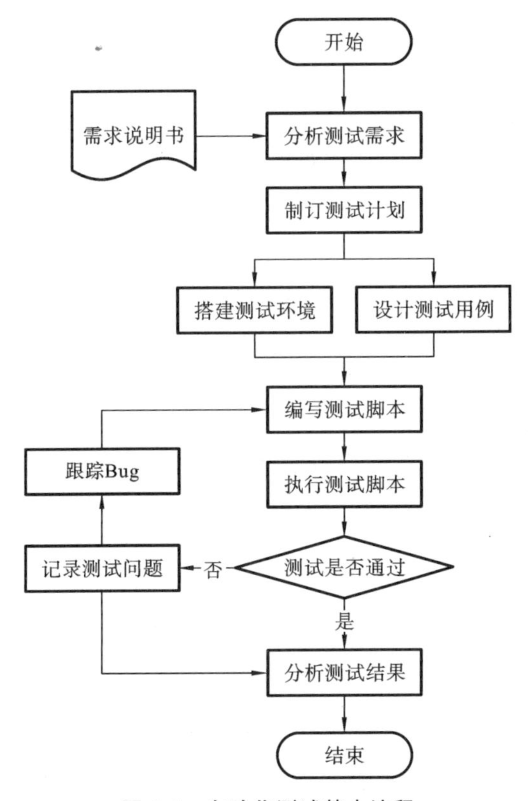

图 5-1　自动化测试基本流程

1. 分析测试需求

测试需求其实就是测试目标，也可以看作是自动化测试的功能点。自动化测试是做不到 100%覆盖率的，只有尽可能提高测试覆盖率。一条测试需求需要设计多个自动化测试用例，通过测试需求分析判定软件自动化测试要做到什么程度。一般情况下，自动化测试优先考虑实现正向的测试用例后再去实现反向测试用例，而且反向测试用例大多都是需要通过分析筛选出来的。因此，确定测试覆盖率以及自动化测试粒度、筛选测试用例等工作都是分析测试需求的重点工作。

2. 制订测试计划

自动化测试之前，需要制订测试计划，明确测试对象、测试目的、测试的项目内容、测试的方法。此外，要合理分配好测试人员以及测试所需要的硬件、数据等资源。制订测试计划后可使用测试管理工具监管测试进度。

目前市场上主流的软件测试管理工具有：TestCenter（泽众软件出品）、TestDirector（MI 公司 TD，8.0 后改成 QC）、TestManager（IBM）、QADirector（Compuware）、TestLink（开源组织）、QATraq（开源组织）、oKit（统御至诚）。

测试管理包含的内容有：测试框架、测试计划与组织、测试过程管理、测试分析与缺陷管理。

3. 设计测试用例

在设计测试用例时，要考虑到软件的真实使用环境。例如，对于性能测试、安全测试，需要设计场景模拟真实环境以确保测试真实有效。

4. 搭建测试环境

自动化测试的脚本编写一般是通过具有录制功能的页面控件记录人工操作的步骤，然后对这些操作步骤进行编辑、添加操作或对象，得到可以批量执行的测试脚本。

5. 编写并执行测试脚本

公共测试框架确立后，可进入脚本编写的阶段，根据自动化测试计划和测试用例编写自动化测试脚本。编写测试脚本要求测试人员掌握基本编程知识，并且需要和开发人员沟通交流，以便了解软件内部结构从而编写出有效的测试脚本。测试脚本编写完成之后需要对测试脚本进行反复测试，确保测试脚本的正确性。

6. 分析测试结果、记录测试问题

建议测试人员每天抽出一定时间，对自动化测试结果进行分析，以便更早发现缺陷。如果软件缺陷真实存在，则要记录问题并提交给开发人员修复，如果不是系统缺陷，就检查自动化测试脚本或者测试环境。

7. 跟踪测试 Bug

测试发现的 Bug 要记录到缺陷管理工具中去，以便定期跟踪处理。开发人员修复后，需要对问题执行回归测试，如果问题的修改方案与客户达成一致，但与原来的需求有偏离，那么在回归测试前，还需要对脚本进行必要的修改和调试。

5.3.3 自动化功能测试的优缺点

自动化功能测试只是众多测试中的一种，并不比人工测试更高级、更先进。与人工测试相比，自动化功能测试有一定的优势和劣势，具体如下。

1. 优势

(1) 自动化功能测试具有一致性和重复性的特点，而且测试更客观，提高了软件测试的准确度、精确度、可信任度。

(2) 自动化功能测试可以将任务自动化，能够解放人力去做更重要的工作。

(3) 自动化功能测试只需要部署好相应的场景，如高度复杂使用场景、海量数据交互、动态响应请求等，测试就可以在无人值守的状态下自动进行，并对测试结果进行分析反馈；手工测试很难实现复杂的测试。

(4) 自动化功能测试可以模拟复杂的测试场景完成人工无法完成的测试，如负载测试、压力测试等。

(5) 软件版本更新迭代后需要进行回归测试，自动化功能测试有助于创建持续集成环境，使用新构建的测试环境快速进行自动化功能测试。

2. 劣势

(1) 相对手工测试，自动化功能测试对测试团队的技术有更高的要求。

(2) 自动化功能测试无法完全替代人工测试找到 Bug，也不能实现 100%覆盖。

(3) 自动化功能测试脚本的开发需要花费较大的时间成本，错误的测试用例会导致资源的浪费和时间投入。

(4) 产品的快速迭代。自动化功能测试脚本将不断迭代,时间成本很高。

(5) 自动化功能测试能提高测试效率,却不能保证测试的有效性。即使设计的测试用例覆盖率比较高,也不能保证被测试的软件质量会更优。

了解了自动化功能测试的优势和劣势,接下来通过表5-1比较自动化功能测试和人工测试的适用情况。

表5-1　自动化测试和人工测试适合情况对比

适合自动化测试	适合人工测试
● 明确的、特定的测试任务 ● 软件包含验证测试(build verification test,BVT) ● 回归测试、压力测试、性能测试 ● 相对稳定且界面改动比较少的功能测试 ● 人工容易出错的测试工作 ● 在多个平台环境上运行相同的用例、大量组合性测试或其他重复性测试任务 ● 周期长的软件产品开发项目 ● 被测试软件具有很好的可测试性 ● 能确保多个测试运行的构建策略 ● 拥有运行测试所需的软硬件资源 ● 拥有编程能力较强的测试人员	● 一次性项目或周期很短的项目的功能测试 ● 需求不确定或需求变化比较快的测试 ● 适用性测试或验收测试 ● 产品的功能设计或界面设计还不成熟 ● 没有适当的测试过程 ● 测试内容和测试方法不清晰 ● 团队缺乏有编程能力的测试人才 ● 缺乏软硬件资源的测试

5.3.4　自动化功能测试常见技术

自动化功能测试技术有很多种,这里介绍3种常见的技术,具体如下。

1. 录制与回放测试

录制是指使用自动化测试工具对桌面应用程序或者是Web页面的某一项功能进行测试并记录操作过程。录制过程中程序数据和脚本混合,每一个测试过程都会生成单独的测试脚本。无论是简单的界面还是复杂的界面,进行多次测试就需要多次录制。

录制过程会生成对应的脚本。回放可以查看录制过程中存在的错误和不足,如图片刷新缓慢、URL地址无法打开等。

2. 脚本测试

测试脚本是测试计算机程序执行的指令集合。脚本可以使用录制过程中生成的脚本,这些脚本一般由JavaScript、Python、Perl等语言生成。测试脚本主要有以下几种。

(1) 线性脚本。

线性脚本是指通过手动执行测试用例得到的脚本,包括基本的鼠标点击事件、页面选择、数据输入等操作。线性脚本可以完整地进行回放。

(2) 结构化脚本。

结构化脚本在测试过程中具有逻辑顺序以及函数调用功能,如顺序执行、分支语句执行、循环等。结构化脚本可以灵活地测试各种复杂功能。

(3) 共享脚本。

在测试中,一个脚本可以调用其他脚本进行测试,这些被调用的脚本就是共享脚本。共享脚本可以使脚本被多个测试用例共享。

3. 数据驱动测试

数据驱动指的是从数据文件中读取输入数据并将数据以参数的形式输入脚本测试,不同的测试用例使用不同类型的数据文件。数据驱动模式实现了数据和脚本分离,相对于录制与回放测试技术,数据驱动测试提高了脚本利用率和可维护性,但是对于界面变化较大的情景不适合数据驱动测试。数据驱动测试主要包括以下几种。

(1) 关键字驱动测试。

关键字驱动是对数据驱动的改进,它将数据域与脚本分离、界面元素与内部对象分离、测试过程与实现细节分离。关键字驱动的测试逻辑为按照关键字进行分解得到数据文件,常用的关键字主要包括被操作的对象、操作和值。

(2) 行为驱动测试。

行为驱动测试指的是根据不同的测试场景设计不同的测试用例,需要开发人员、测试人员、产品业务分析人员等协作完成。行为驱动测试是基于当前项目的业务需求、数据处理、中间层进行的协作测试,它注重的是测试软件的内部运作变化,从而解决单元测试中的细节问题。

5.3.5 自动化功能测试工具 Selenium

1. Selenium 的介绍与安装

Selenium 是当前针对 Web 系统的最受欢迎的开源免费的自动化测试工具,它提供了一系列函数支持 Web 自动化测试。这些函数非常灵活,它们能够通过多种方式定位 UI 元素,并将预期结果和实际表现进行比较。Selenium 主要有以下特点。

(1) 开源、免费。

(2) 支持多平台:Windows、Mac、Linux。

(3) 支持多语言:Java、Python、C#、PHP、Ruby 等。

(4) API 使用简单,开发语言驱动灵活。

(5) 支持分布式测试用例执行。

目前,Selenium 经历了 3 个版本:Selenium 1、Selenium 2 和 Selenium 3。Selenium 是由多个工具组成的,每个工具都有其特点和应用场景,下面介绍几个核心的工具。

(1) Selenium IDE(集成开发环境)。

Selenium IDE 是一个 Firefox 插件,提供简单的脚本录制、编辑和回放功能,并可以把录制的操作以多种语言(如 Java、Python 等)形式导出到一个可重用的脚本中以供后续使用。

(2) Selenium Grid。

Selenium Grid 用于对测试脚本做分布式处理,允许一个中心节点管理多个不同浏览器的并行测试,目前已经集成到 Selenium Server 中。

(3) Selenium Remote Control。

Selenium Remote Control 支持多种平台和浏览器,可以使用多种语言编写测试用例,

Selenium 为这些语言提供了不同的 API 和开发库，便于自动编译环境集成，从而构建高效的自动化测试框架。不过在 3.0 版本中已经被移除，由 Selenium WebDriver 替换。

（4）Selenium WebDriver。

Selenium Webdriver 是通过各种浏览器的驱动（web driver）来驱动操作浏览器，成功后会返回一个 WebDriver 实例对象，通过其方法可以控制浏览器，通过元素定位如果 driver 找到该元素的话，则返回一个该元素的 WebElement 对象，然后再调用其方法，就可以对它进行操作了，如输入内容、单击按钮等。

Selenium IDE 的具体安装步骤如下。

（1）首先启动 Chrome，单击左上角的三个点展开，菜单选择更多工具→拓展管理，如图 5-2 所示。

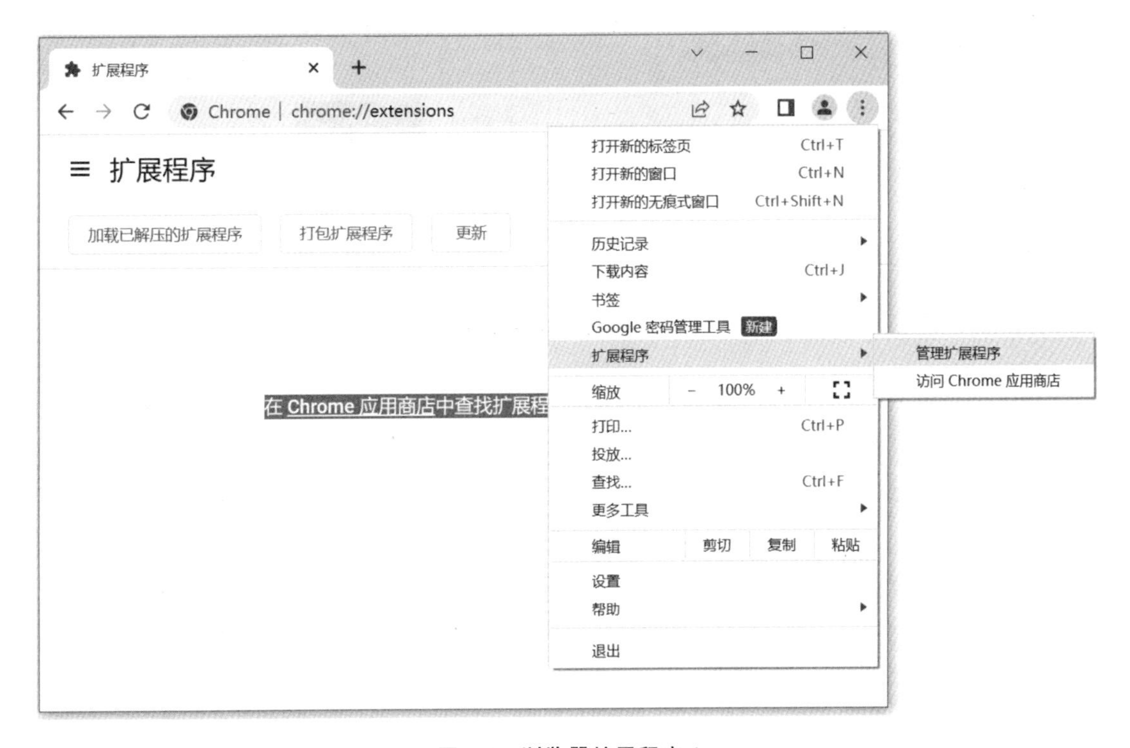

图 5-2　浏览器扩展程序 1

（2）先勾选左上角的开发者模式，将对应的 selenium-ide. crx 文件拖至浏览器页面。本书中采用的 crx 文件，读者可从 http://www. 20-80. cn/Testing_book/file/filelist. html 下载。Chrome 的附加组件通知会弹出允许和禁止的选项。用户需要选择允许安装选项，如图 5-3 所示。

（3）快速访问菜单栏会出现一个拼图的图标，点开后 Selenium IDE 在弹框中说明 Selenium IDE 此时就可以使用了。也可单击右侧的图钉固定按钮将 Selenium IDE 固定在快速访问菜单栏，如图 5-4 所示。

2. 功能测试用例

功能测试用例如表 5-2～表 5-5 所示。

图 5-3 浏览器扩展程序 2

图 5-4 浏览器扩展程序 3

表 5-2　功能测试用例 1

编号	测试用例	测试描述	预期结果
FT_001	登录	考生在登录操作时需保证考生信息的安全性。考生使用“用户名＋密码”方式登录系统。用户名为考生报名号，登录密码由“字母＋数字”方式进行组合；考生忘记密码时，联系当地招办来重置密码	通过
测试记录（相关截图） 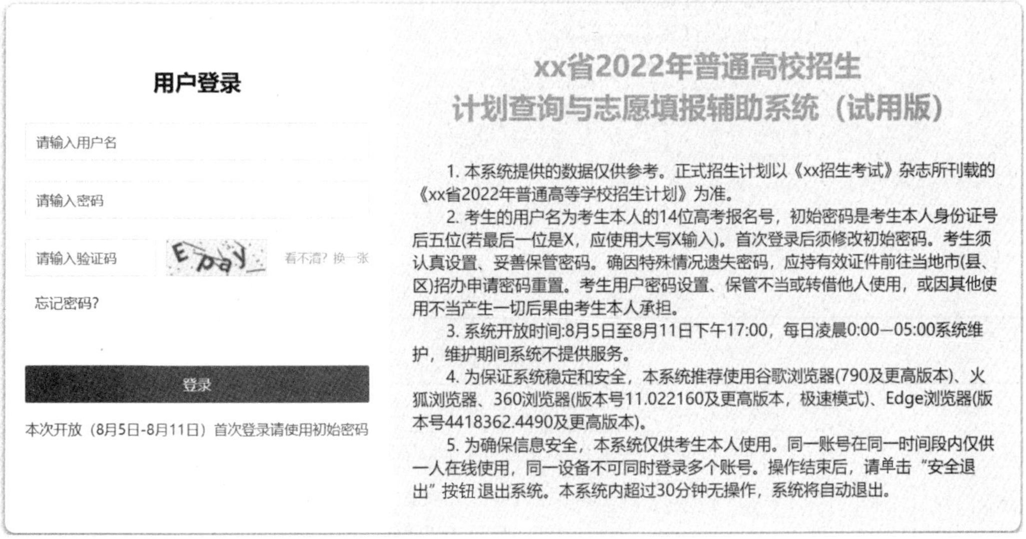			

用户登录

请输入用户名

请输入密码

请输入验证码　EpaY_　看不清？换一张

忘记密码？

登录

本次开放（8月5日-8月11日）首次登录请使用初始密码

xx省2022年普通高校招生

计划查询与志愿填报辅助系统（试用版）

1. 本系统提供的数据仅供参考。正式招生计划以《xx招生考试》杂志所刊载的《xx省2022年普通高等学校招生计划》为准。

2. 考生的用户名为考生本人的14位高考报名号，初始密码是考生本人身份证号后五位(若最后一位是X，应使用大写X输入)。首次登录后须修改初始密码。考生须认真设置、妥善保管密码。确因特殊情况遗失密码，应持有效证件前往当地市(县、区)招办申请密码重置。考生用户密码设置、保管不当或转借他人使用，或因其他使用不当产生一切后果由考生本人承担。

3. 系统开放时间:8月5日至8月11日下午17:00，每日凌晨0:00—05:00系统维护，维护期间系统不提供服务。

4. 为保证系统稳定和安全，本系统推荐使用谷歌浏览器(790及更高版本)、火狐浏览器、360浏览器(版本号11.022160及更高版本，极速模式)、Edge浏览器(版本号4418362.4490及更高版本)。

5. 为确保信息安全，本系统仅供考生本人使用。同一账号在同一时间段内仅供一人在线使用，同一设备不可同时登录多个账号。操作结束后，请单击“安全退出”按钮退出系统。本系统内超过30分钟无操作，系统将自动退出。

表 5-3　功能测试用例 2

编号	测试用例	测试描述	预期结果
FT_002	招生计划查询	（1）下拉显示：本科提前批、本科普通批、艺术本科 a 批、艺术本科 b 批、体育本科批、高职高专提前批、高职高专普通批、艺术高职高专批、体育高职高专批、高职高专院校分类考试招生；能够正常点击完成切换；切换时清空志愿模块、计划类别、所属省份、院校名称、院校专业组和专业名称搜索条件。 （2）下拉显示：平行志愿、单设志愿。 （3）首选科目：物理，历史二选一，必选。再选科目（须四选二）：化学、生物、地理、政治。 （4）点击查询：出现相应搜索内容，并出现 10 s 的查询等待	通过

续表

测试记录（相关截图）

招生批次：本科普通批　志愿模块：平行志愿

考生首选科目：*（二选一）◉物理 ○历史　考生再选科目：*（四选二）☑化学 ☑生物 ☐政治 ☐地理

院校所在地：湖北　院校：长江大学

计划类别：全部　院校专业组：全部　专业：全部

查询　返回主页

长江大学（公办）（湖北）　首选科目：物理

院校专业组名称	专业名称及备注	计划类别	再选科目及要求	计划数	操作
长江大学第04组	金融学(办学地点：荆州校区)	普通类	不限	81	未关注
	电气类(电气工程及其自动化、自动化;办学地点：荆州校区)	普通类	不限	131	未关注
	电子信息类(电子信息工程、通信工程;办学地点：荆州校区)	普通类	不限	111	未关注
	人工智能(办学地点：荆州校区)	普通类	不限	60	未关注
	计算机类(软件工程(含大数据)、计算机科学与技术、网络工程、物联网工程;办学地点：荆州校区)	普通类	不限	324	未关注
	信息安全(办学地点：荆州校区)	普通类	不限	15	未关注
	数据科学与大数据技术(办学地点：武汉校区)	普通类	不限	80	未关注
	信息管理与信息系统(办学地点：荆州校区)	普通类	不限	38	未关注
	经济学类(经济学、国际经济与贸易、农林经济管理;办学地点：荆州校区)	普通类	不限	58	未关注
	法学类(法学(含律师法务)、社会工作(含司法社工);办学地点：荆州校区)	普通类	不限	42	未关注

表 5-4　功能测试用例 3

编号	测试用例	测试描述	预期结果
FT_003	关注	(1) 根据搜索条件，判断查询内容是否符合条件； (2) 点击未关注，显示已关注，证明关注成功； (3) 点击已关注，显示未关注，证明取消关注成功； (4) 在关注列表查看关注数据	通过

测试记录（相关截图）

招生批次：本科普通批　志愿模块：平行志愿

考生首选科目：*（二选一）◉物理 ○历史　考生再选科目：*（四选二）☑化学 ☑生物 ☐政治 ☐地理

院校所在地：湖北　院校：长江大学

计划类别：全部　院校专业组：全部　专业：全部

查询　返回主页

长江大学（公办）（湖北）　首选科目：物理

院校专业组名称	专业名称及备注	计划类别	再选科目及要求	计划数	操作
长江大学第04组	金融学(办学地点：荆州校区)	普通类	不限	81	已关注
	电气类(电气工程及其自动化、自动化;办学地点：荆州校区)	普通类	不限	131	已关注
	电子信息类(电子信息工程、通信工程;办学地点：荆州校区)	普通类	不限	111	已关注
	人工智能(办学地点：荆州校区)	普通类	不限	60	未关注
	计算机类(软件工程(含大数据)、计算机科学与技术、网络工程、物联网工程;办学地点：荆州校区)	普通类	不限	324	未关注
	信息安全(办学地点：荆州校区)	普通类	不限	15	未关注
	数据科学与大数据技术(办学地点：武汉校区)	普通类	不限	80	未关注
	信息管理与信息系统(办学地点：荆州校区)	普通类	不限	38	未关注
	经济学类(经济学、国际经济与贸易、农林经济管理;办学地点：荆州校区)	普通类	不限	58	未关注
	法学类(法学(含律师法务)、社会工作(含司法社工);办学地点：荆州校区)	普通类	不限	42	未关注
	教育学类(师范类:教育学(师范)、学前教育(师范)、应用心理	普通类	不限	35	未关注

表 5-5　功能测试用例 4

编号	测试用例	测试描述	预期结果
FT_004	往年分数线	有 2021、2020、2019 三个年份选择框，选择一个后下方会出现选择年份对应的录取控制分数线的图片	通过
测试记录（相关截图）			

3. 功能测试脚本开发

1）测试脚本的编写的一般步骤

测试脚本，也就是测试用例的实现过程，一般步骤如下：

（1）录制，将用例中需要测试的具体步骤用 Selenium IDE 录制下来；

（2）脚本增强，修改脚本以满足测试的需要，如添加检查点、断点等；

（3）测试数据添加，如脚本中进行了参数化，将需要测试的数据添加到数据列表中。

2）测试脚本开发（以登录为例）

以登录为例，针对有效用户的测试见表 5-2 中测试编号 FT_001 的测试用例。这个用例实现步骤较简单，输入用户名、密码、验证码，单击“登录”按钮，为此需设计 10 个用户名来验证登录是否成功，所有执行步骤完全相同，可以通过参数化输入数据。相应步骤如下：

（1）打开 Chrome 浏览器，单击右上角“Selenium IDE 插件图标”按钮，新建一个录制项目，如图 5-5 所示。

（2）输入项目名称“Test1”，在 Base URL 输入框中输入将要测试的高考志愿填报辅助系统网站地址 http://localhost:8080/Education/login.html，然后单击“START RECORDING”按钮，如图 5-6 所示。

（3）根据页面提示输入用户名、密码、验证码后，结束脚本录制，工具会自动生成对应的脚本，如图 5-7 所示。

（4）在实际执行过程中可能会碰到这样的情况，运行脚本时，一些随机生成的验证码无法用脚本来输入，这时需要在脚本执行的过程中手动添加这些内容，可以在验证码处设置“暂停 5 秒”命令来等待用户手动输入，如图 5-8、图 5-9 所示。

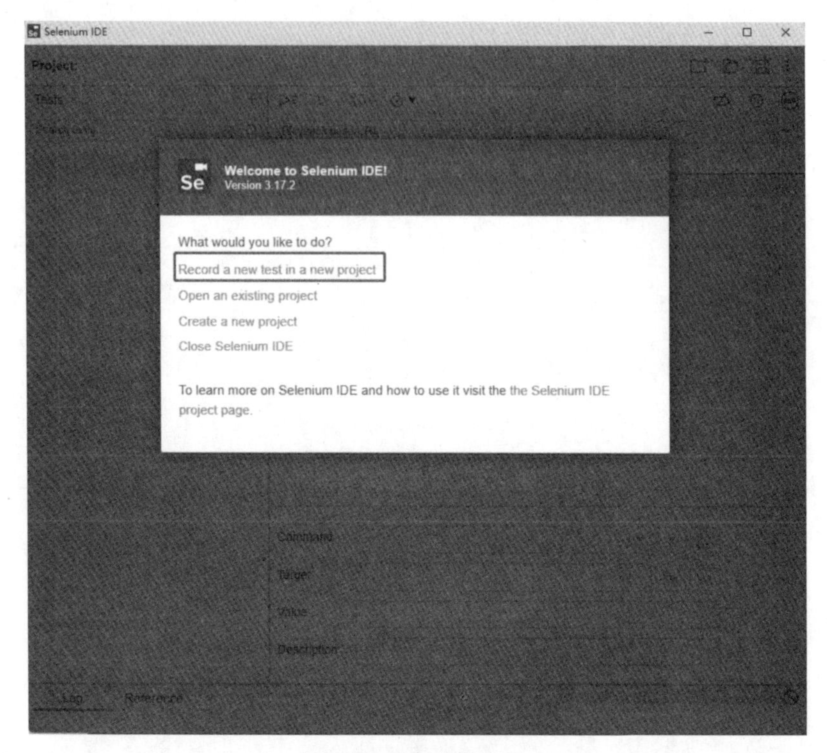

图 5-5　录制新的项目

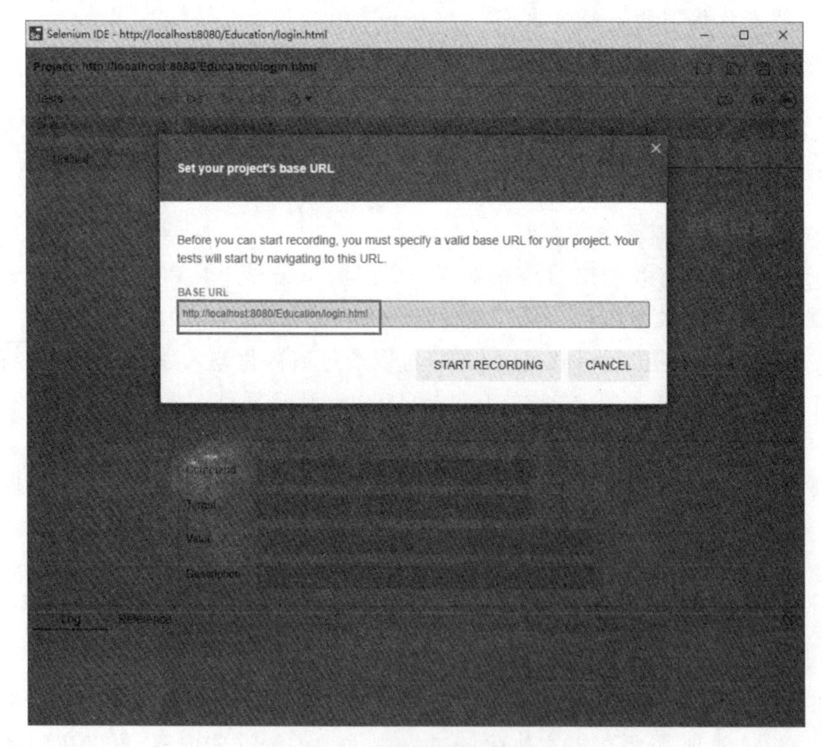

图 5-6　录制项目地址

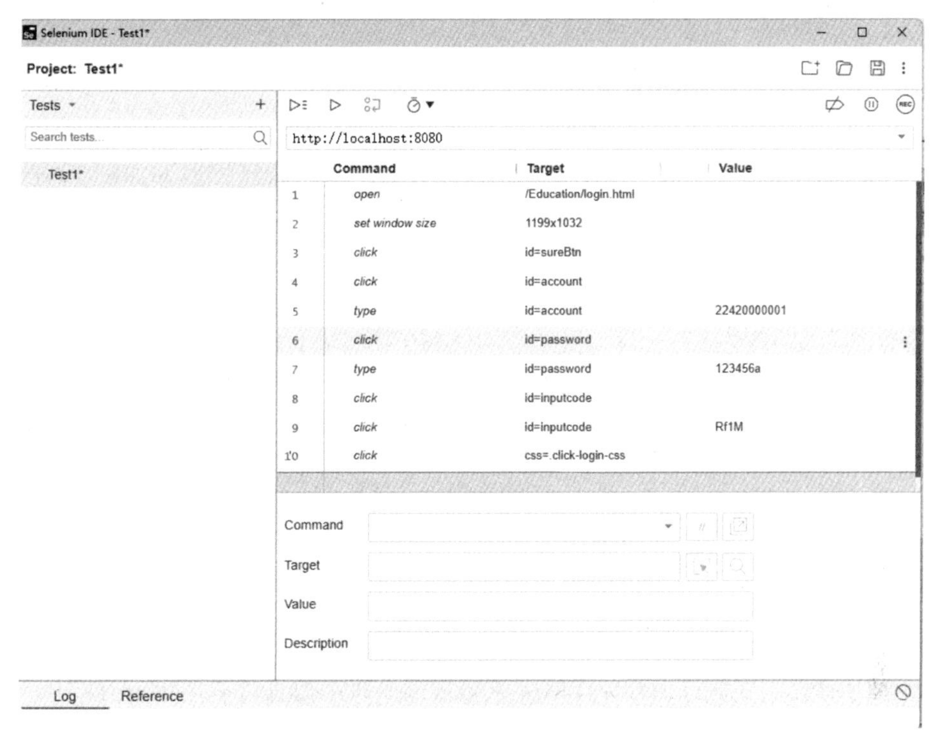

图 5-7　录制脚本 1

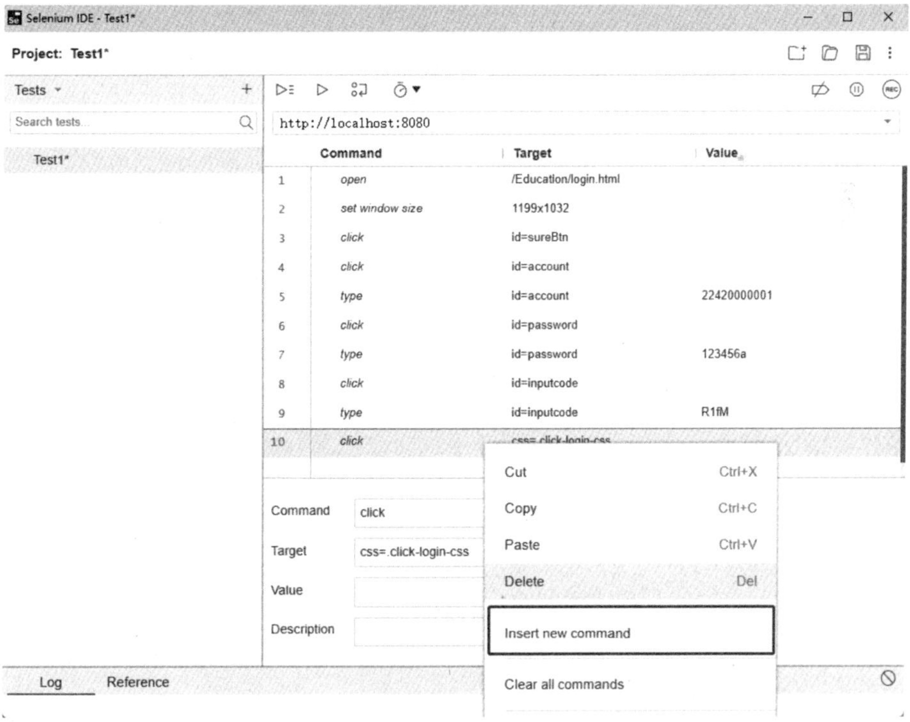

图 5-8　录制脚本 2

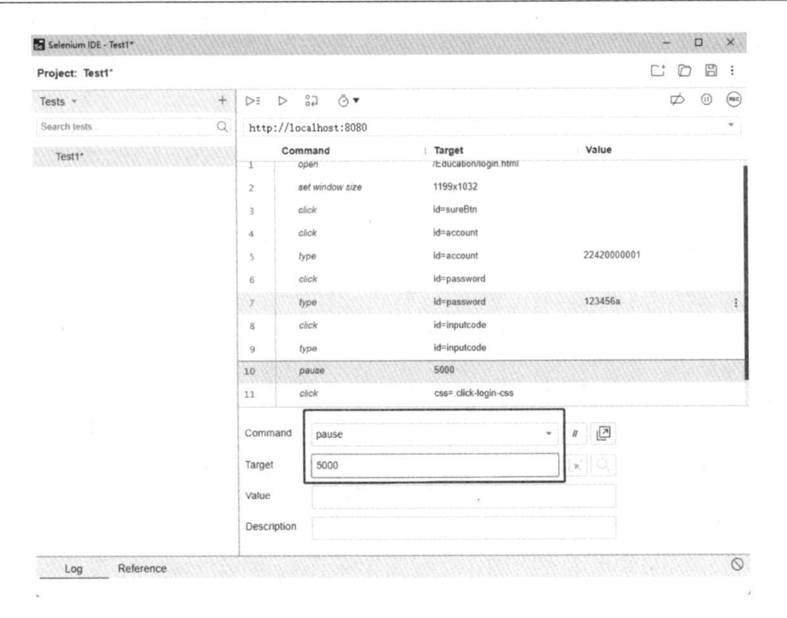

图 5-9　录制脚本 3

(5) 循环操作。在需要循环操作的脚本那一行上面添加三行 command，即"Insert new command"，第一行声明一个变量 index，初始值为 22420000000；第二行 command，添加一个 do，代表循环；第三行 command，让变量 index 自增 1。需要注意，添加了上面循环语句，需要在结尾加入 repeat if，代表循环判断，否则 do 报错。还要将参数 $\{index\}替换之前的用户名。循环添加后的脚本，如图 5-10 所示。

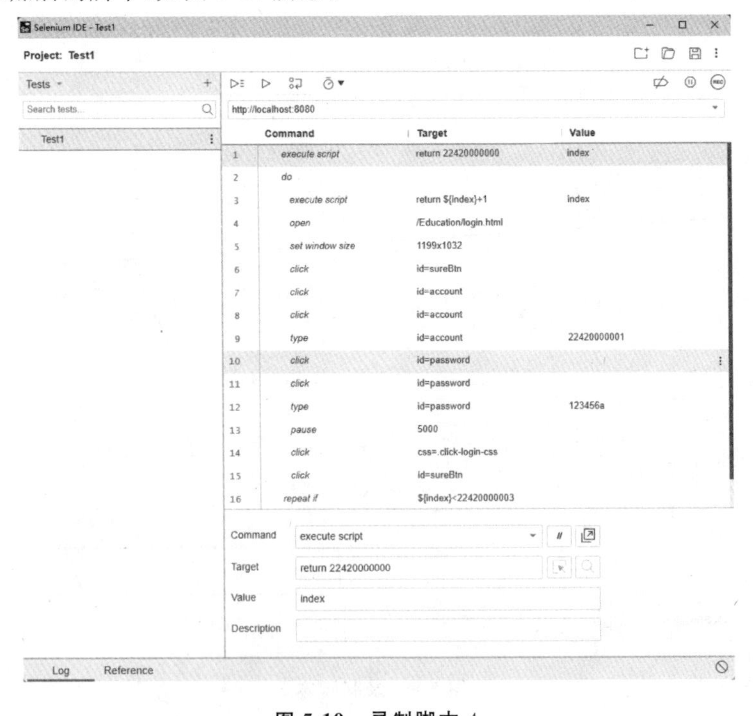

图 5-10　录制脚本 4

3）测试脚本执行

脚本编写完成后，即可执行测试脚本。测试用例脚本的执行过程部分截图如图 5-11 所示。

图 5-11　脚本执行

4）导出测试脚本

测试脚本执行完成后，可以将测试脚本导出，如图 5-12～图 5-14 所示。代码为导出后的 Java 脚本。

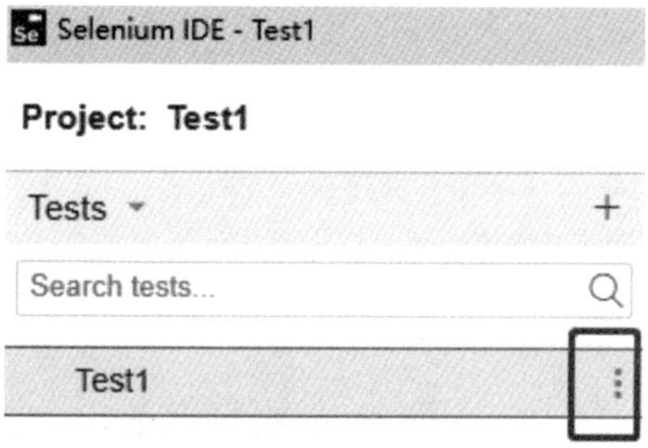

Selenium IDE - Test1
Project: Test1
Tests
Search tests...
Test1

图 5-12　脚本导出 1

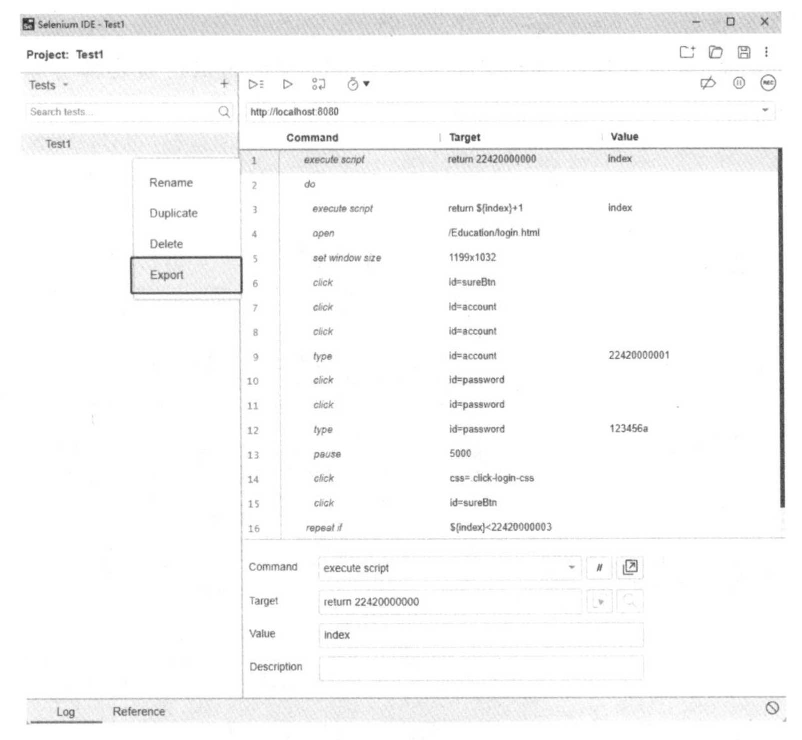

图 5-13　脚本导出 2

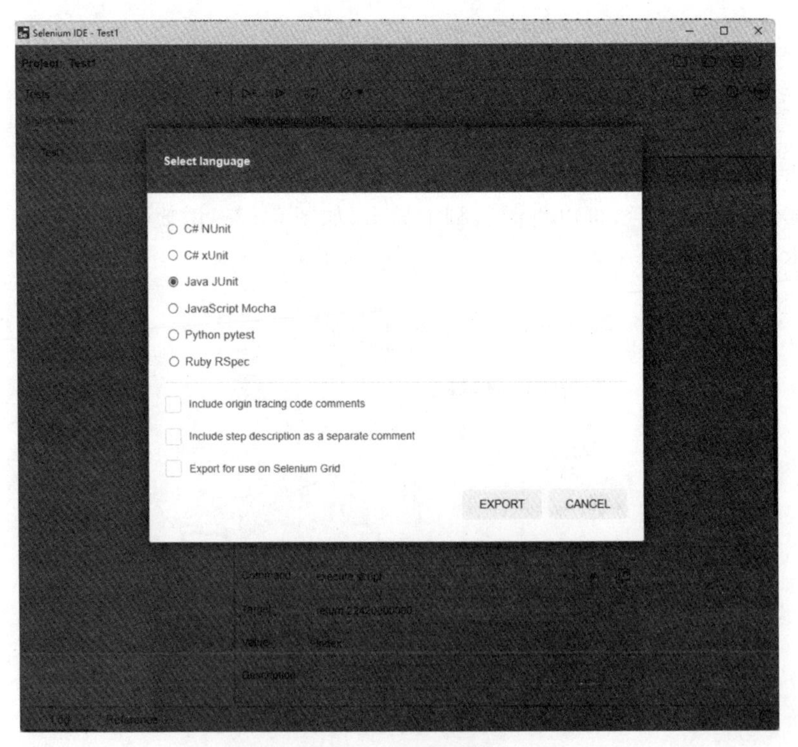

图 5-14　脚本导出 3

```
// Generated by Selenium IDE
import org.JUnit.Test;
import org.JUnit.Before;
import org.JUnit.After;
import static org.JUnit.Assert.* ;
import static org.hamcrest.CoreMatchers.is;
import static org.hamcrest.core.IsNot.not;
import org.openqa.selenium.By;
import org.openqa.selenium.WebDriver;
import org.openqa.selenium.firefox.FirefoxDriver;
import org.openqa.selenium.chrome.ChromeDriver;
import org.openqa.selenium.remote.RemoteWebDriver;
import org.openqa.selenium.remote.DesiredCapabilities;
import org.openqa.selenium.Dimension;
import org.openqa.selenium.WebElement;
import org.openqa.selenium.interactions.Actions;
import org.openqa.selenium.support.ui.ExpectedConditions;
import org.openqa.selenium.support.ui.WebDriverWait;
import org.openqa.selenium.JavascriptExecutor;
import org.openqa.selenium.Alert;
import org.openqa.selenium.Keys;
import java.util.* ;
import java.net.MalformedURLException;
import java.net.URL;

public class UntitledTest {
    private WebDriver driver;
    private Map<String, Object>vars;
    JavascriptExecutor js;

    @ Before
    public void setUp() {
        driver=new FirefoxDriver();
        js= (JavascriptExecutor) driver;
        vars=new HashMap<String, Object>();
    }

    @ After
    public void tearDown() {
        driver.quit();
    }
```

```
    @ Test
    public void untitled() {
        vars.put("index", js.executeScript("return 22420000000"));
        do {
            vars.put("index", js.executeScript("return arguments[0]+1", vars.get("index")));
            driver.get("http://localhost:8080/Education/login.html");
            driver.manage().window().setSize(new Dimension(550, 692));
            driver.findElement(By.id("sureBtn")).click();
            driver.findElement(By.id("account")).click();
            driver.findElement(By.id("account")).sendKeys(vars.get("index").toString());
            driver.findElement(By.id("password")).sendKeys("123456a");
            driver.findElement(By.id("inputcode")).click();
            try {
                Thread.sleep(5000);
            }catch (InterruptedException e) {
                e.printStackTrace();
            }
            driver.findElement(By.cssSelector(".click-login-css")).click();
        }while ((Boolean) js.executeScript("return (arguments[0]<22420000003)",
                                          vars.get("index")));
    }
}
```

针对计划查询的测试见表 5-3 中测试编号 FT_002 的测试用例。相应步骤如下：

（1）由于程序有用户校验机制，所以无法直接打开页面进行查询。选择在登录脚本的基础上修改脚本，打开登录脚本去掉之前写好的循环并在最后一步打上断点，运行脚本，如图 5-15 所示。

图 5-15　运行脚本 1

（2）在断点处暂停脚本，选择断点后的一行单击左上角红色按钮开始录制，招生批次选择本科普通批，志愿模块选择平行志愿，首选物理再选化学、生物，所在地湖北，院校选择长江大学，单击“查询”按钮，如图 5-16 所示。

http://localhost:8080

	Command	Target	Value
3	✓ click	id=sureBtn	
4	✓ click	id=account	
5	✓ click	id=account	
6	✓ type	id=account	22420000001
7	✓ click	id=password	
8	✓ click	id=password	
9	✓ type	id=password	123456a
10	✓ pause	5000	
11	✓ click	css=.click-login-css	
12	click	id=sureBtn	
13	click	css=tr:nth-child(2) .c-2dadff-css	
14	click	name=radio	
15	click	css=.checkbox:nth-child(2)	
16	click	name=secondarySubject	
17	click	css=.checkbox:nth-child(3) > input	
18	click	css=.panel-css:nth-child(1) .select-foucs-css	
19	click	id=13	
20	click	id=474	
21	click	css=.searchButton	

图 5-16　运行脚本 2

图 5-16 中第 12 行是公告弹窗的确定按钮，要注意的地方是系统公告弹窗只有在首次登录时才生效，所以第二次执行脚本是在这个地方会报错，重复使用同一个账号进行计划查询时删掉这一行。

```
// Generated by Selenium IDE
import org.JUnit.Test;
import org.JUnit.Before;
import org.JUnit.After;
import static org.JUnit.Assert.* ;
import static org.hamcrest.CoreMatchers.is;
import static org.hamcrest.core.IsNot.not;
import org.openqa.selenium.By;
import org.openqa.selenium.WebDriver;
import org.openqa.selenium.firefox.FirefoxDriver;
import org.openqa.selenium.chrome.ChromeDriver;
import org.openqa.selenium.remote.RemoteWebDriver;
import org.openqa.selenium.remote.DesiredCapabilities;
import org.openqa.selenium.Dimension;
import org.openqa.selenium.WebElement;
import org.openqa.selenium.interactions.Actions;
import org.openqa.selenium.support.ui.ExpectedConditions;
import org.openqa.selenium.support.ui.WebDriverWait;
import org.openqa.selenium.JavascriptExecutor;
import org.openqa.selenium.Alert;
import org.openqa.selenium.Keys;
```

```
import java.util.* ;
import java.net.MalformedURLException;
import java.net.URL;

public class Test1Test {
    private WebDriver driver;private Map< String,Object> vars;
    JavascriptExecutor js;

    @ Before
    public void setUp() {
        driver= new ChromeDriver();
        js= (JavascriptExecutor) driver;
        vars= new HashMap< String, Object> ();
    }

    @ After
    public void tearDown() {
        driver.quit();
    }

    @ Test
    public void test1() {
        driver.get("http://localhost:8080/Education/login.html");
        driver.manage().window().setSize(new Dimension(1199, 1032));
        driver.findElement(By.id("sureBtn")).click();
        driver.findElement(By.id("account")).click();
        driver.findElement(By.id("account")).click();
        driver.findElement(By.id("account")).sendKeys("22420000001");
        driver.findElement(By.id("password")).click();
        driver.findElement(By.id("password")).click();
        driver.findElement(By.id("password")).sendKeys("123456a");
    try {
        Thread.sleep(5000);
    }catch (InterruptedException e) {
        e.printStackTrace();
    }

    driver.findElement(By.cssSelector(".click-login-css")).click();
    driver.findElement(By.cssSelector("tr:nth-child(2) .c-2dadff-css")).click();
    driver.findElement(By.name("radio")).click();
    driver.findElement(By.cssSelector(".checkbox:nth-child(2)")).click();
```

```
    driver.findElement(By.name("secondarySubject")).click();
    driver.findElement(By.cssSelector(".checkbox:nth-child(3)>input")).click();
    driver.findElement(By.cssSelector(".panel-css:nth-child(1) .select-foucs-css")).
click();
    driver.findElement(By.id("13")).click();
    driver.findElement(By.id("474")).click();
    driver.findElement(By.cssSelector(".searchButton")).click();

    {
      WebElement element=driver.findElement(By.cssSelector(".searchButton"));
      Actions builder=new Actions(driver);
      builder.moveToElement(element).perform();
    }

    {
      WebElement element=driver.findElement(By.tagName("body"));
      Actions builder=new Actions(driver);
      builder.moveToElement(element, 0, 0).perform();
    }
  }
}
```

针对关注的测试见表 5-4 中测试编号 FT_003 的测试用例。相应步骤如下：

(1) 基于计划查询测试脚本修改，在查询出结果后录制脚本，根据测试用例在列表的操作栏点击未关注/已关注，如图 5-17 所示。

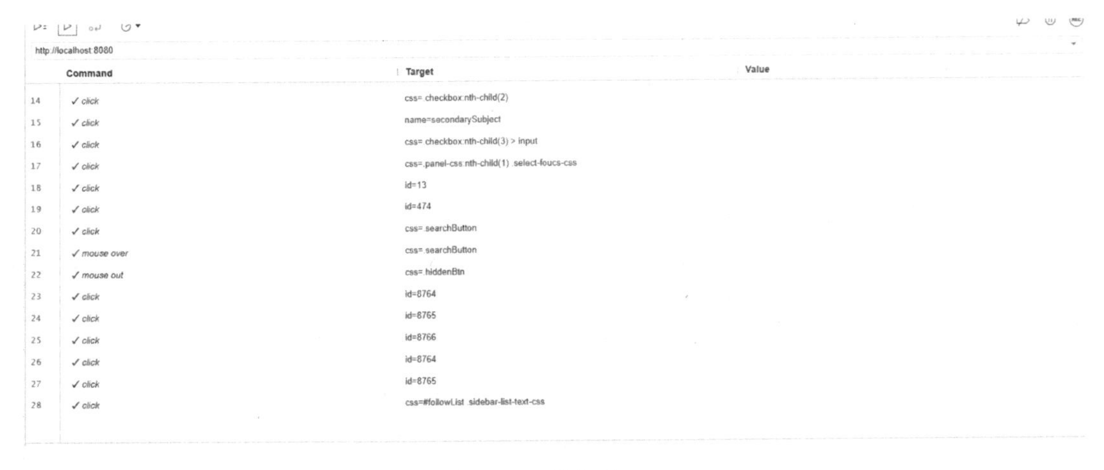

图 5-17　运行脚本 3

```
// Generated by Selenium IDE
import org.JUnit.Test;
import org.JUnit.Before;
import org.JUnit.After;
import static org.JUnit.Assert.* ;
import static org.hamcrest.CoreMatchers.is;
import static org.hamcrest.core.IsNot.not;
import org.openqa.selenium.By;
import org.openqa.selenium.WebDriver;
import org.openqa.selenium.firefox.FirefoxDriver;
import org.openqa.selenium.chrome.ChromeDriver;
import org.openqa.selenium.remote.RemoteWebDriver;
import org.openqa.selenium.remote.DesiredCapabilities;
import org.openqa.selenium.Dimension;
import org.openqa.selenium.WebElement;
import org.openqa.selenium.interactions.Actions;
import org.openqa.selenium.support.ui.ExpectedConditions;
import org.openqa.selenium.support.ui.WebDriverWait;
import org.openqa.selenium.JavascriptExecutor;
import org.openqa.selenium.Alert;
import org.openqa.selenium.Keys;
import java.util.* ;
import java.net.MalformedURLException;
import java.net.URL;

public class Test1Test {
    private WebDriver driver;private Map<String,Object>vars;
    JavascriptExecutor js;

    @ Before
    public void setUp() {
        driver=new ChromeDriver();
        js= (JavascriptExecutor) driver;
        vars=new HashMap<String, Object>();
    }

    @ After
    public void tearDown() {
        driver.quit();
    }
```

```
    @ Test
    public void test1() {
        driver.get("http://localhost:8080/Education/login.html");
        driver.manage().window().setSize(new Dimension(1199, 1032));
        driver.findElement(By.id("sureBtn")).click();
        driver.findElement(By.id("account")).click();
        driver.findElement(By.id("account")).click();
        driver.findElement(By.id("account")).sendKeys("22420000001");
        driver.findElement(By.id("password")).click();
        driver.findElement(By.id("password")).click();
        driver.findElement(By.id("password")).sendKeys("123456a");
    try {
        Thread.sleep(5000);
    }catch (InterruptedException e) {
        e.printStackTrace();
    }
    driver.findElement(By.cssSelector(".click-login-css")).click();
    driver.findElement(By.cssSelector("tr:nth-child(2) .c-2dadff-css")).click();
    driver.findElement(By.name("radio")).click();
    driver.findElement(By.cssSelector(".checkbox:nth-child(2)")).click();
    driver.findElement(By.name("secondarySubject")).click();
    driver.findElement(By.cssSelector(".checkbox:nth-child(3)>input")).click();
    driver.findElement(By.cssSelector(".panel-css:nth-child(1) .select-foucs-css")).
click();
    driver.findElement(By.id("13")).click();
    driver.findElement(By.id("474")).click();
    driver.findElement(By.cssSelector(".searchButton")).click();

    {
      WebElement element=driver.findElement(By.cssSelector(".searchButton"));
      Actions builder=new Actions(driver);
      builder.moveToElement(element).perform();
    }
    {
      WebElement element=driver.findElement(By.tagName("body"));
      Actions builder=new Actions(driver);
      builder.moveToElement(element, 0, 0).perform();
    }

    driver.findElement(By.id("8764")).click();
    driver.findElement(By.id("8765")).click();
```

```
    driver.findElement(By.id("8766")).click();
    driver.findElement(By.id("8764")).click();
    driver.findElement(By.id("8765")).click();
    driver.findElement(By.cssSelector("# followList .sidebar-list-text-css")).click();
  }
}
```

针对关注的测试见表 5-5 中测试编号 FT_004 的测试用例。相应步骤如下：

(1) 根据登录脚本进行修改，去掉脚本首尾的循环条件并保留循环体，如图 5-18 所示。

http://localhost:8080

	Command	Target	Value
1	✓ open	/Education/login.html	
2	✓ set window size	1199x1032	
3	✓ click	id=sureBtn	
4	✓ click	id=account	
5	✓ click	id=account	
6	✓ type	id=account	22420000001
7	✓ click	id=password	
8	✓ click	id=password	
9	✓ type	id=password	123456a
10	✓ pause	5000	
11	✓ click	css=.click-login-css	

图 5-18 运行脚本 4

(2) 根据测试用例录制脚本，选择左侧菜单的往年录取控制分数线，分别单击顶部 2019、2020、2021 三个 tab，如图 5-19 所示。

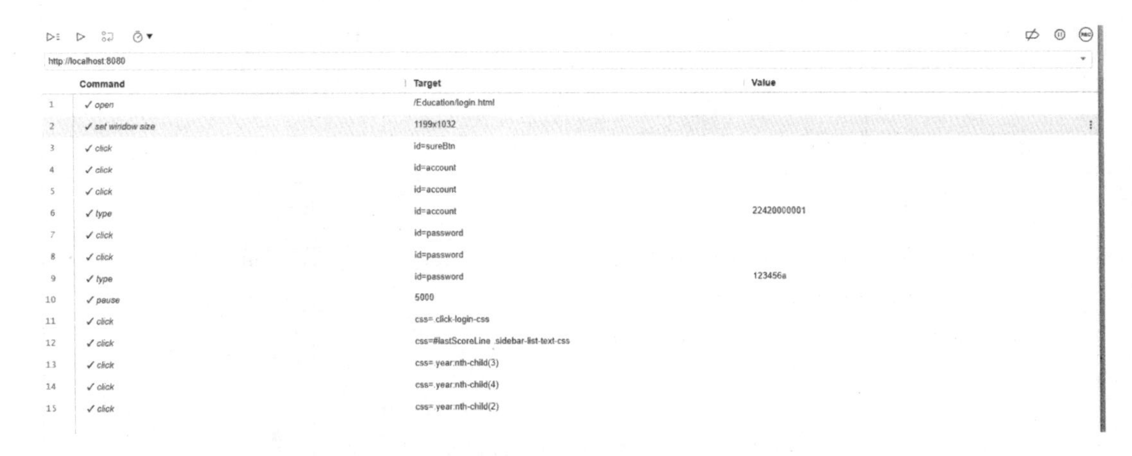

http://localhost:8080

	Command	Target	Value
1	✓ open	/Education/login.html	
2	✓ set window size	1199x1032	
3	✓ click	id=sureBtn	
4	✓ click	id=account	
5	✓ click	id=account	
6	✓ type	id=account	22420000001
7	✓ click	id=password	
8	✓ click	id=password	
9	✓ type	id=password	123456a
10	✓ pause	5000	
11	✓ click	css=.click-login-css	
12	✓ click	css=#lastScoreLine .sidebar-list-text-css	
13	✓ click	css=.year:nth-child(3)	
14	✓ click	css=.year:nth-child(4)	
15	✓ click	css=.year:nth-child(2)	

图 5-19 运行脚本 5

```
// Generated by Selenium IDE
import org.JUnit.Test;
import org.JUnit.Before;
import org.JUnit.After;
```

```
import static org.JUnit.Assert.* ;
import static org.hamcrest.CoreMatchers.is;
import static org.hamcrest.core.IsNot.not;
import org.openqa.selenium.By;
import org.openqa.selenium.WebDriver;
import org.openqa.selenium.firefox.FirefoxDriver;
import org.openqa.selenium.chrome.ChromeDriver;
import org.openqa.selenium.remote.RemoteWebDriver;
import org.openqa.selenium.remote.DesiredCapabilities;
import org.openqa.selenium.Dimension;
import org.openqa.selenium.WebElement;
import org.openqa.selenium.interactions.Actions;
import org.openqa.selenium.support.ui.ExpectedConditions;
import org.openqa.selenium.support.ui.WebDriverWait;
import org.openqa.selenium.JavascriptExecutor;
import org.openqa.selenium.Alert;
import org.openqa.selenium.Keys;
import java.util.* ;
import java.net.MalformedURLException;
import java.net.URL;

public class Test1Test {
    private WebDriver driver;private Map<String,Object>vars;
    JavascriptExecutor js;

    @ Before
    public void setUp() {
        driver=new ChromeDriver();
        js=(JavascriptExecutor) driver;
        vars=new HashMap<String, Object>();
    }

    @ After
    public void tearDown() {
        driver.quit();
    }

    @ Test
    public void test1() {
        driver.get("http://localhost:8080/Education/login.html");
        driver.manage().window().setSize(new Dimension(1199, 1032));
```

```
        driver.findElement(By.id("sureBtn")).click();
        driver.findElement(By.id("account")).click();
        driver.findElement(By.id("account")).click();
        driver.findElement(By.id("account")).sendKeys("22420000001");
        driver.findElement(By.id("password")).click();
        driver.findElement(By.id("password")).click();
        driver.findElement(By.id("password")).sendKeys("123456a");
    try {
        Thread.sleep(5000);
    }catch (InterruptedException e) {
        e.printStackTrace();
    }
    driver.findElement(By.cssSelector(".click-login-css")).click();
    driver.findElement(By.cssSelector("# lastScoreLine .sidebar-list-text-css")).click
();
    driver.findElement(By.cssSelector(".year:nth-child(3)")).click();
    driver.findElement(By.cssSelector(".year:nth-child(4)")).click();
    driver.findElement(By.cssSelector(".year:nth-child(2)")).click();
  }
}
```

5.3.6 自动化功能测试工具 UFT

1. UFT 的介绍与安装

UFT 是 Unified Functional Testing 的缩写，最初是 Mercury Interactive 公司开发的一种自动化测试工具，在 2006 年被 HP 收购，其前身是 QTP(Quick Test Prolessional)。QTP 在更新至 11.5 版本时将 HP Quick Test Professional 与 HP Service Test 整合为一个测试工具，并命名为 UFT。UFT 主要应用于：功能测试、回归测试、service testing。使用 UFT，读者可以在网页或者基于客户端 PC 应用程序上自动模拟用户行为，在不同 Windows 操作系统以及不同的浏览器间为不同的用户和数据集测试相同的动作行为。当有计划并且以适当的方式使用 UFT 时，可以节省大量的时间和成本。在众多广泛的自动化测试工具中，UFT 的市场占有率超过了 60%，因此熟练地使用 UFT 工具是很有必要的。

本书采用的是 UFT 12.02 版本，读者可从 http://www.20-80.cn/Testing_book/file/filelist.html 下载。具体安装步骤如下：

(1) 双击 LoadRunner12.02 的安装文件，打开 setup.exe 执行文件后会出现弹窗，如图 5-20 所示。

(2) 选择“Unified Functional Testing 安装”，进入安装向导界面，如图 5-21 所示。

(3) 勾选“我接受许可协议中的条款”，单击“下一步”按钮，如图 5-22 所示。

(4) 选择安装路径，建议安装默认路径，单击“下一步”按钮，如图 5-23 所示。

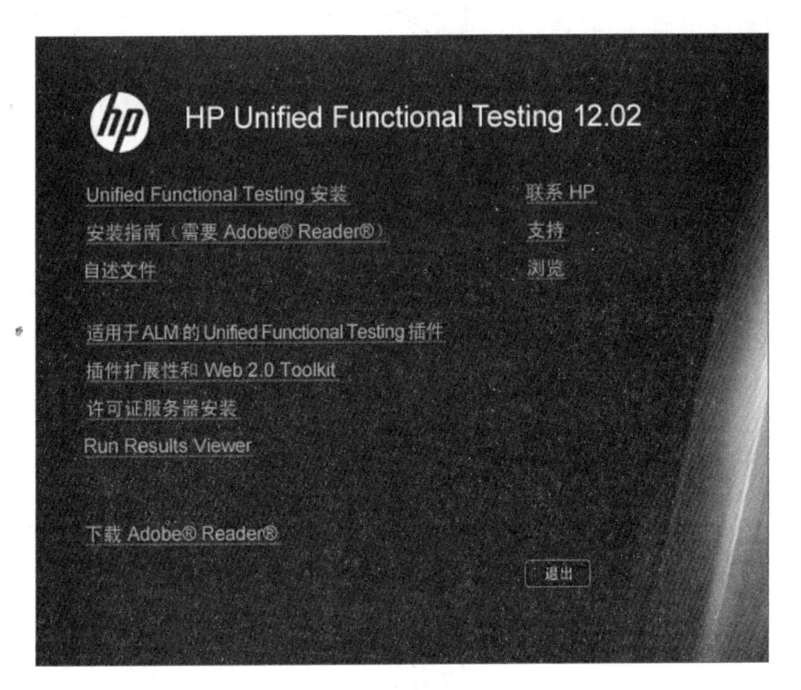

图 5-20　打开 setup.exe 的弹窗

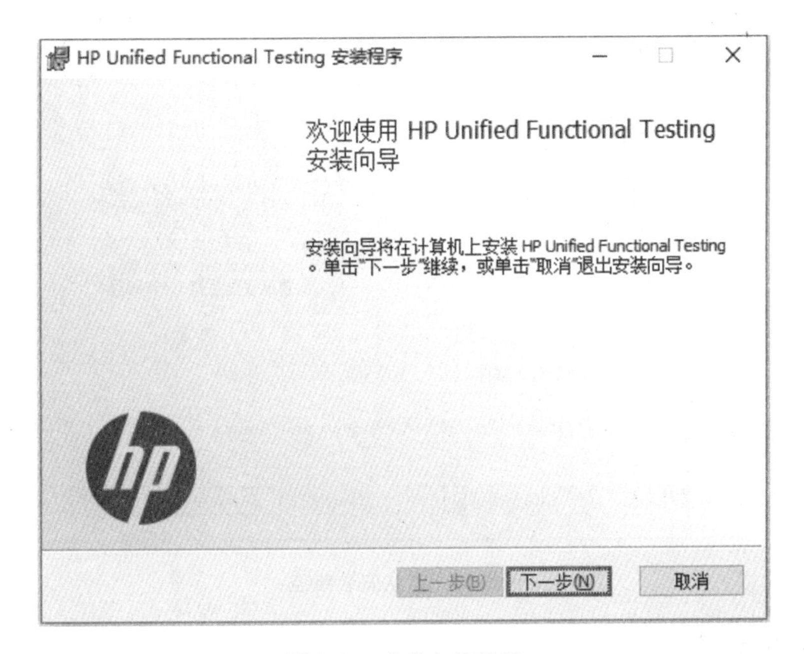

图 5-21　安装向导界面

默认勾选三个设置，单击“安装”按钮，如图 5-24 所示。

耐心等待安装。弹出如图 5-25 所示的界面，单击“完成”按钮即可完成安装。

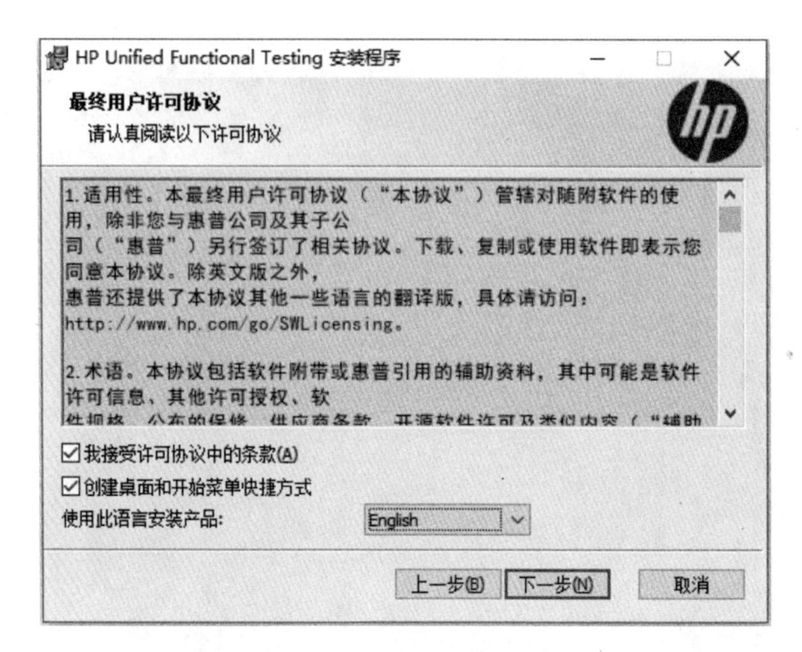

图 5-22　勾选许可协议

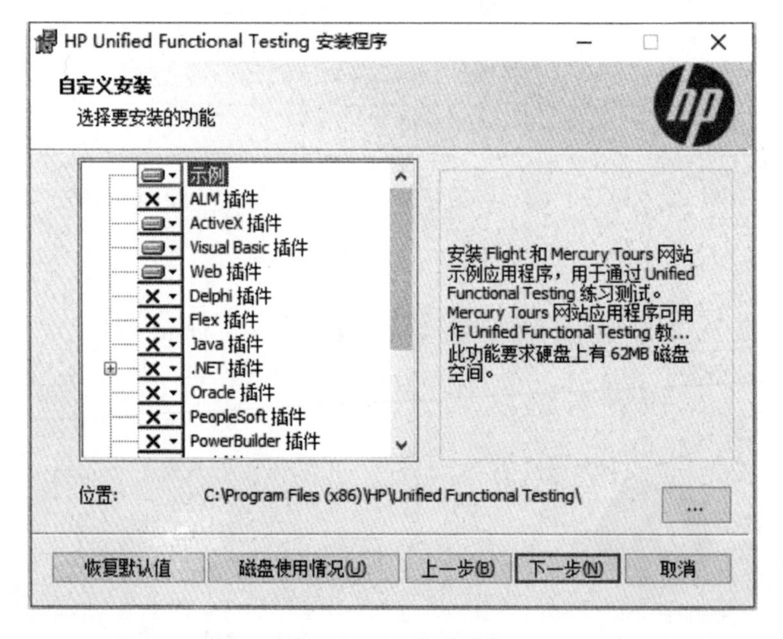

图 5-23　默认安装路径

2. 功能测试用例

功能测试用例如表 5-2～表 5-5 所示。

3. 功能测试脚本开发

测试脚本，也就是测试用例的实现过程，一般步骤如下：

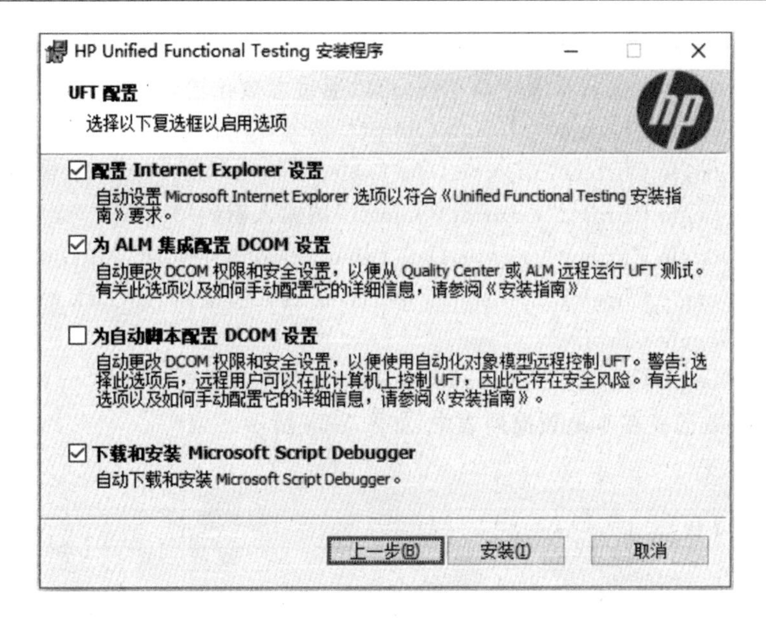

图 5-24　默认勾选三个设置

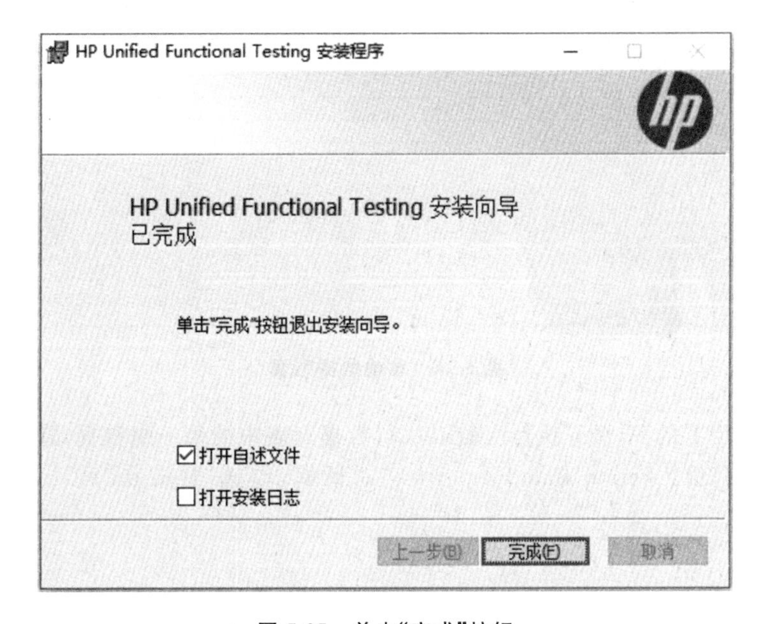

图 5-25　单击"完成"按钮

(1) 录制，将用例中需要测试的具体步骤用 UFT 录制下来；

(2) 脚本增强，修改脚本以满足测试的需要，如添加检查点、断点等；

(3) 测试数据添加，如脚本中进行了参数化，将需要测试的数据添加到数据列表中；

(4) 对象库管理，如果修改脚本时用到了新的对象，则将该对象添加到对象库中便于识别。

1) 测试脚本开发(以登录为例)

以登录为例，针对有效用户的测试见表 5-2 中测试编号 FT_001 的测试用例。这个用例实现步骤较简单，输入用户名、密码、验证码，单击“登录”按钮，为此需设计 10 个用户名来验证登录是否成功，所有执行步骤完全相同，可以通过参数化输入数据。相应脚本如下：

```
Window("Google Chrome"). InsightObject("请输入用户名"). Click
Window("Google Chrome"). Type DataTable("exa_number", dtGlobalSheet)
Window("Google Chrome"). InsightObject("请输入密码"). Click
Window("Google Chrome"). Type DataTable("exa_password", dtGlobalSheet)
Window("Google Chrome"). InsightObject("请输入验证码"). Click
Window("Google Chrome"). Type ""
Window("Google Chrome"). InsightObject("登录"). Click
```

相应的测试数据放在本地数据列表中，如图 5-26 所示。

Data

L8

	exa_number	exa_password	C	D	E	F
1	22420000001	123456a				
2	22420000002	123456a				
3	22420000003	123456a				
4	22420000004	123456a				
5	22420000005	123456a				
6	2242000000666	123456a				
7	22420000007	123456a				
8	22420000008	123456a				
9	22420000009	123456a				
10	22420000010	123456a				
11						
12						
13						
14						
15						
16						
17						

Global Action1

图 5-26　本地数据列表

通过设置 UFT 的 Action 执行次数以执行数据列表中的每一组数据，在当前 Action 上单击鼠标右键，打开“Action Call Properties”对话框，勾选“Run on all rows”，如图 5-27 所示。

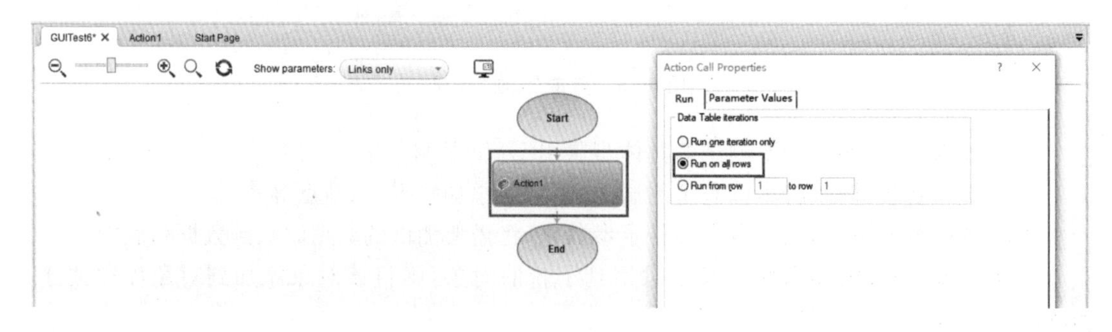

图 5-27　“Action Call Properties”对话框

脚本编写完成后，即可执行测试脚本。测试用例脚本的执行过程部分截图如图 5-28、图 5-29 所示。可以看到，密码错误或验证码不正确时，系统会有提示。

10.50.21.114:8080 显示
您输入的验证码有误，请重新输入！
确定

用户登录
22420000007
••••••
Txnt　看不清？换一张
忘记密码？
登录
本次开放（8月5日-8月11日）首次登录请使用初始密码

xx省2022年普通高校招生
计划查询与志愿填报辅助系统（试用版）

1. 本系统提供的数据仅供参考。正式招生计划以《xx招生考试》杂志所刊载的《xx省2022年普通高等学校招生计划》为准。
2. 考生的用户名为考生本人的14位高考报名号，初始密码是考生本人身份证号后五位(若最后一位是X，应使用大写X输入)。首次登录后须修改初始密码。考生须认真设置、妥善保管密码。确因特殊情况遗失密码，应持有效证件前往当地市(县、区)招办申请密码重置。考生用户密码设置、保管不当或转借他人使用，或因其他使用不当产生一切后果由考生本人承担。
3. 系统开放时间:8月5日至8月11日下午17:00，每日凌晨0:00—05:00系统维护，维护期间系统不提供服务。
4. 为保证系统稳定和安全，本系统推荐使用谷歌浏览器(790及更高版本)、火狐浏览器、360浏览器(版本号11.022160及更高版本，极速模式)、Edge浏览器(版本号4418362.4490及更高版本)。
5. 为确保信息安全，本系统仅供考生本人使用。同一账号在同一时间段内仅供一人在线使用，同一设备不可同时登录多个账号。操作结束后，请单击“安全退出”按钮退出系统。本系统内超过30分钟无操作，系统将自动退出。

图 5-28　验证码错误

10.50.21.114:8080 显示
账户或密码错误
确定

用户登录
22420000007
••••••
8xyt　看不清？换一张
忘记密码？
登录
本次开放（8月5日-8月11日）首次登录请使用初始密码

xx省2022年普通高校招生
计划查询与志愿填报辅助系统（试用版）

1. 本系统提供的数据仅供参考。正式招生计划以《xx招生考试》杂志所刊载的《xx省2022年普通高等学校招生计划》为准。
2. 考生的用户名为考生本人的14位高考报名号，初始密码是考生本人身份证号后五位(若最后一位是X，应使用大写X输入)。首次登录后须修改初始密码。考生须认真设置、妥善保管密码。确因特殊情况遗失密码，应持有效证件前往当地市(县、区)招办申请密码重置。考生用户密码设置、保管不当或转借他人使用，或因其他使用不当产生一切后果由考生本人承担。
3. 系统开放时间:8月5日至8月11日下午17:00，每日凌晨0:00—05:00系统维护，维护期间系统不提供服务。
4. 为保证系统稳定和安全，本系统推荐使用谷歌浏览器(790及更高版本)、火狐浏览器、360浏览器(版本号11.022160及更高版本，极速模式)、Edge浏览器(版本号4418362.4490及更高版本)。
5. 为确保信息安全，本系统仅供考生本人使用。同一账号在同一时间段内仅供一人在线使用，同一设备不可同时登录多个账号。操作结束后，请单击“安全退出”按钮退出系统。本系统内超过30分钟无操作，系统将自动退出。

图 5-29　密码错误

在实际执行过程中可能会碰到这样的情况，运行脚本时，一些随机生成的验证码无法用脚本来输入，这时需要在脚本执行的过程中手动添加这些内容，并且手动添加内容时，时间不能过长，否则脚本执行将中断，如图 5-30 所示。

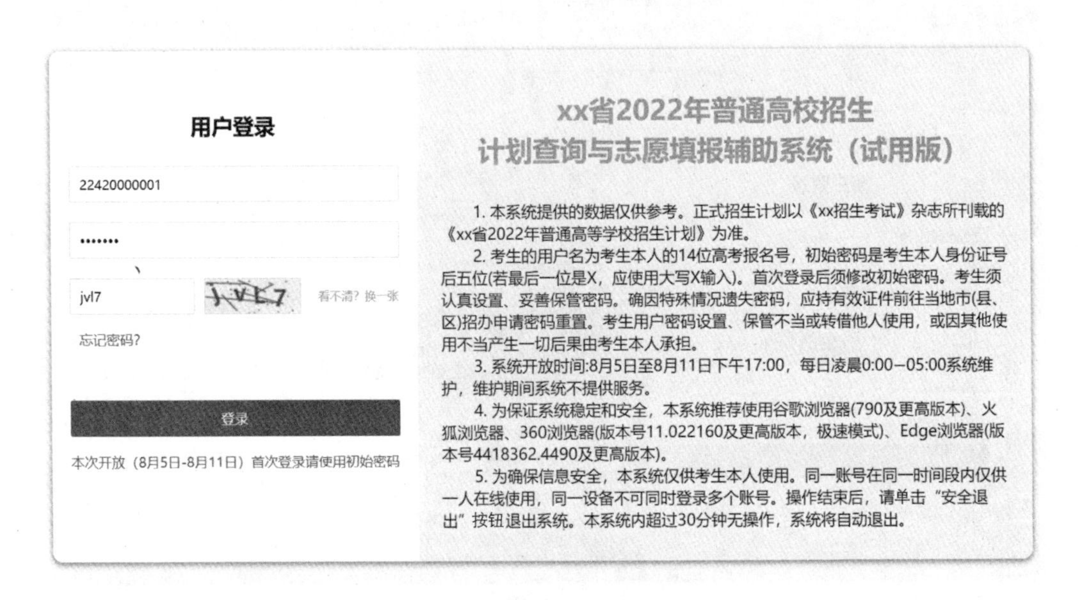

图 5-30　手动输入随机验证码

测试脚本执行完成后，UFT 自动生成测试报告，如图 5-31 所示。图中列表左侧打勾的表示测试通过，未发现缺陷。列表左侧打叉的表示测试未通过。

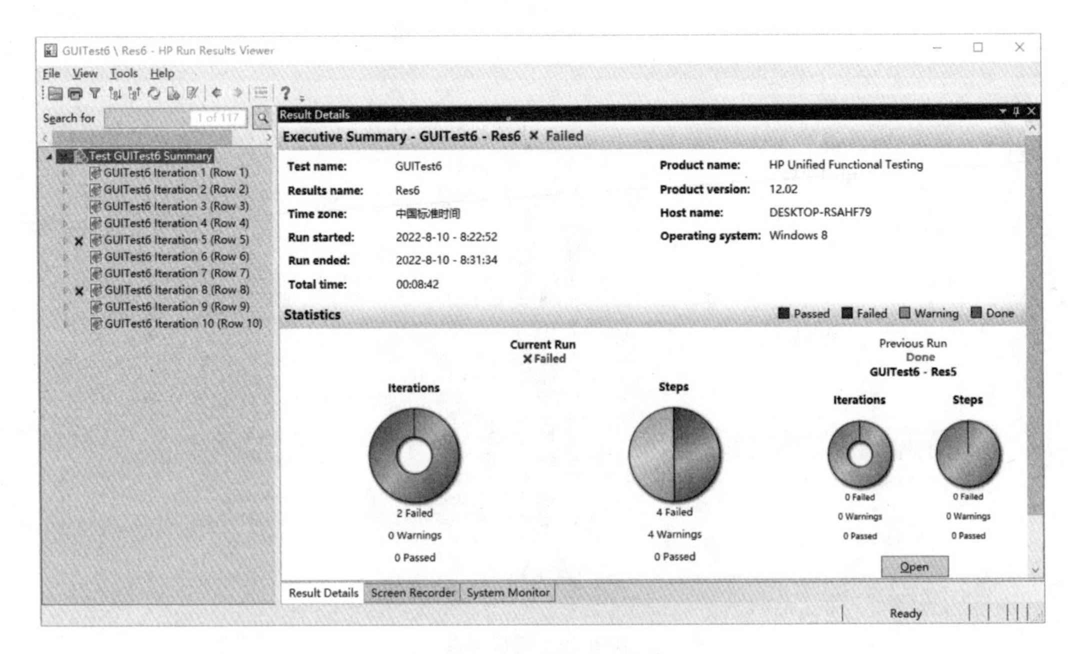

图 5-31　自动化测试报告

2）测试脚本开发（以招生计划查询为例）

以招生计划查询为例，针对计划查询的测试见表5-3中测试编号FT_002的测试用例。这个用例实现步骤较简单，在登录的基础上新增一个action，如图5-32所示。

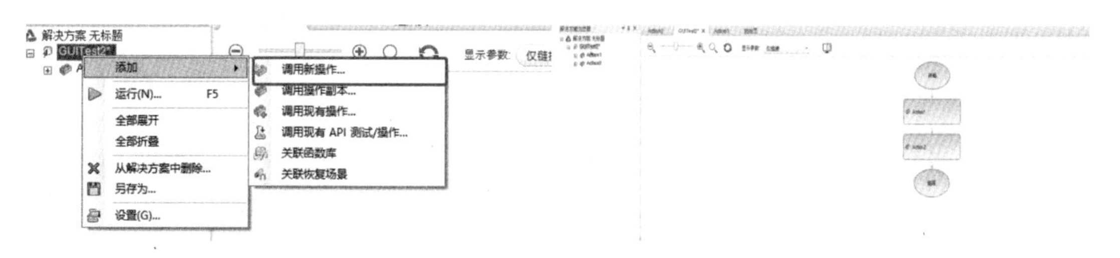

图5-32 新增一个action

选择action2并选择洞察模式开始录制操作，录制脚本如下：

```
Window("Google Chrome").InsightObject("InsightObject_18").Click
Window("Google Chrome").InsightObject("InsightObject_19").Click
Window("Google Chrome").InsightObject("InsightObject_20").Click
Window("Google Chrome").InsightObject("InsightObject_21").Click
Window("Google Chrome").InsightObject("InsightObject_22").Click
Window("Google Chrome").InsightObject("InsightObject_23").Click
Window("Google Chrome").InsightObject("InsightObject_23").Click
Window("Google Chrome").InsightObject("InsightObject_26").Click
Window("Google Chrome").InsightObject("InsightObject_27").Click
Window("Google Chrome").InsightObject("InsightObject_28").Click
Window("Google Chrome").InsightObject("InsightObject_29").Click
```

运行结果如图5-33、图5-34所示。

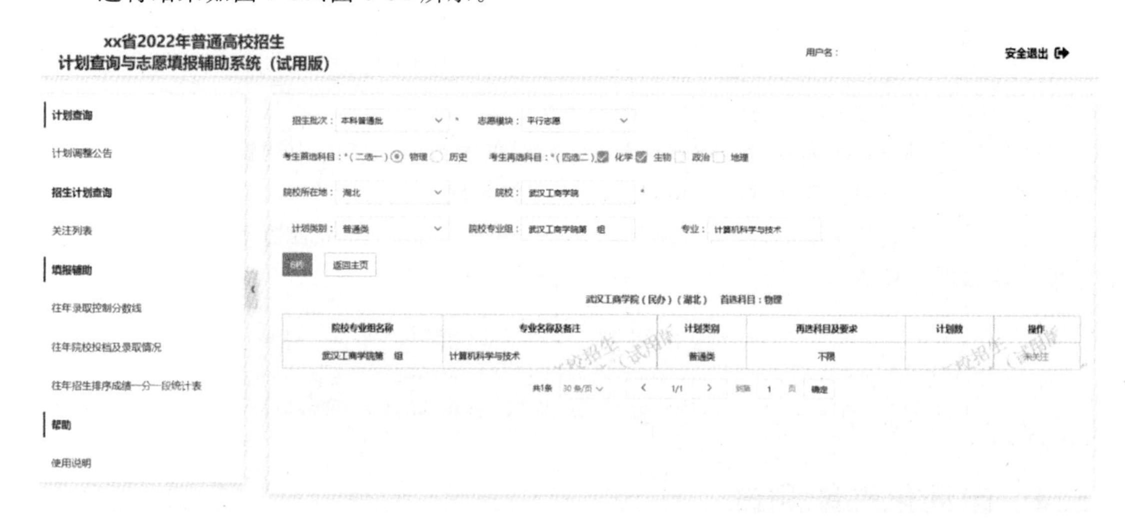

图5-33 运行的结果

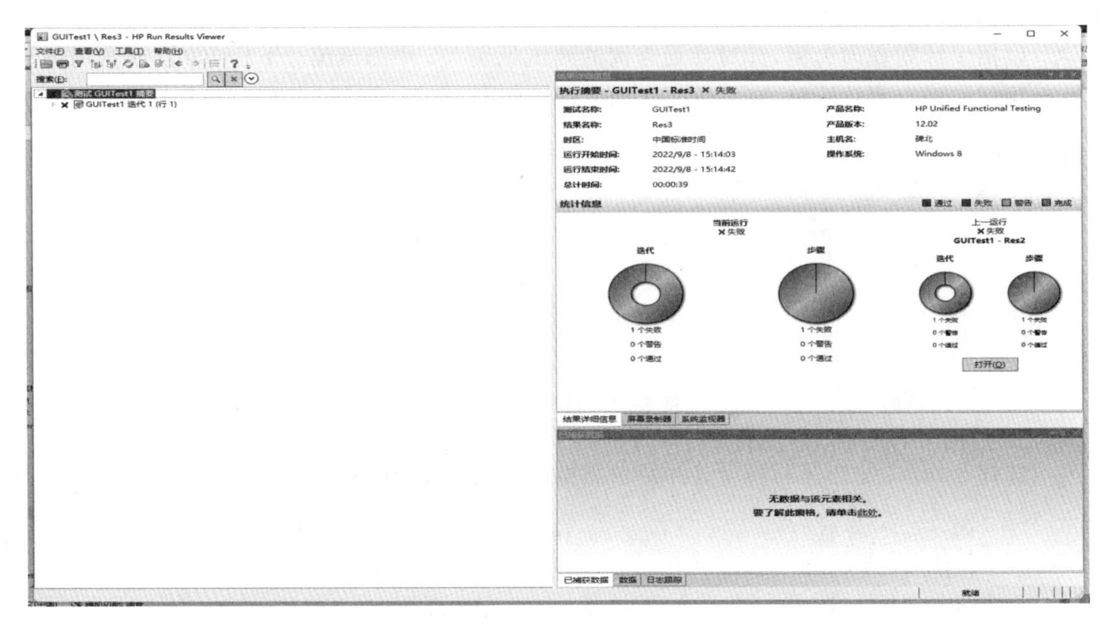

图 5-34　运行的结果统计

3）测试脚本开发（以关注为例）

以关注为例，针对计划查询的测试见表 5-4 中测试编号 FT_003 的测试用例。这个用例实现步骤较简单，在 action2 的基础上新增 action3。

选择洞察模式开始录制，在查询结果的列表页单击“关注”按钮后切换至关注列表页面查看关注数据。脚本如下：

```
Window("Google Chrome").InsightObject("InsightObject").Click
Window("Google Chrome").InsightObject("InsightObject_2").Click
Window("Google Chrome").InsightObject("InsightObject_2").Click
Window("Google Chrome").InsightObject("InsightObject_3").Click
```

4）测试脚本开发（以往年计划分数线为例）

以往年计划分数线为例，针对往年计划分数线的测试见表 5-5 中测试编号 FT_004 的测试用例。这个用例实现步骤较简单，在 action3 的基础上新增 action4。

选择洞察模式开始录制，在查询结果的列表页单击“关注”按钮后切换至关注列表页面查看关注数据。脚本如下：

```
Window("Google Chrome").InsightObject("InsightObject").Click
Window("Google Chrome").InsightObject("InsightObject_2").Click
Window("Google Chrome").InsightObject("InsightObject_3").Click
```

5.4　自动化性能测试

由于软件系统的性能问题而引起严重后果的事件比比皆是，下面列举几个案例。

(1) 2007 年 10 月,北京奥组委实行 2008 年奥运会门票预售,一时间订票官网访问量激增导致系统瘫痪,最终奥运会门票暂停销售 5 天。

(2) 2009 年 11 月 22 日,由于圣诞临近,eBay 网站的商品交易量比去年同期增长 33%,正是由于多出的这 33%使得 eBay 网站不堪重负而崩溃,导致卖家蒙受当日销售额 80%的损失,可谓损失惨重。

(3) 12306 订票网站刚上线那几年饱受诟病,每年春运期间,该网站总会因为抢票高峰到来而崩溃,用户在买票时出现无法登录的现象。2014 年,12306 网站甚至出现了安全问题,用户可以轻易获取陌生人的身份证号码、手机号码等信息。

上述事件都是由于软件系统没有经过性能测试或者性能测试不充分而引发的问题。作为一名测试人员,除了要对软件的基本功能测试之外,还需要对软件性能进行测试,软件性能测试也是非常重要且非常必要的一项测试。

所谓性能测试就是使用性能测试工具模拟正常、峰值及异常负载状态,对系统的各项性能指标进行测试的活动。性能测试能够验证软件系统是否达到了用户期望的性能需求,同时也可以发现系统中可能存在的性能瓶颈及缺陷,从而优化系统的性能。

在进行性能测试时,首先要确定的是性能测试的目的,然后根据性能测试目的制定测试方案。通常情况下,性能测试的目的主要有以下几方面。

(1) 性能验证:也叫缺陷发现,主要通过性能测试的手段来发现系统中存在的并发异常等缺陷,同时对给定环境下产品的并发处理能力及响应时间情况有些了解。日常开展的性能测试基本都属于这一领域。

(2) 性能调优:通过性能测试,发现问题一调优(调整)一测试(验证调优效果)的方法提高系统性能能力,如针对项目上反馈的产品性能问题进行的专项性能测试。

(3) 能力验证:验证系统在给定条件下是否具备预期(适用于项目自身的典型场景、用例)的能力表现,如客户上线前验收测试。

(4) 能力规划:了解系统性能能力的可扩展性和非特定环境下的性能能力。关心的重点是"如何使系统具有我们要求的性能能力"或"在某种可能发生的条件下,系统会有怎样的性能能力"。例如,某项目设备选型测试,验证确认能满足未来 3～5 年业务发展需求的设备配置要求。

性能测试除了为利益相关者提供软件系统的执行效率、稳定性、可靠性等信息之外,更重要的是它揭示了产品上市之前需要做哪些改进以使产品更完善。如果没有性能测试,软件在投入使用之后会出现各种各样的性能问题,甚至引发安全问题,如信息泄露,除了声誉受损、金钱损失之外,还会造成恶劣的社会影响。

5.4.1　自动化性能测试的指标

性能测试不同于功能测试,功能测试只要求软件的功能实现即可,而性能测试是测试软件功能的执行效率是否达到要求。例如,某个软件具备查询功能,功能测试只测试查询功能是否实现,而性能测试却要求查询功能足够准确、快速。但是,对于性能测试来说,多快的查询速度才是足够快,什么样的查询情况才足够准确是很难界定的,因此,需要一些指标来量化这些数据。

性能测试常用的指标包括响应时间、吞吐量、并发用户数、TPS 等，下面分别进行介绍。

1. 响应时间

响应时间(response time)是指系统对用户请求做出响应所需要的时间。这个时间是指用户从软件客户端发出请求到用户接收到返回数据的整个过程所需要的时间，包括各种中间件(如服务器、数据库等)的处理时间，如图 5-35 所示。

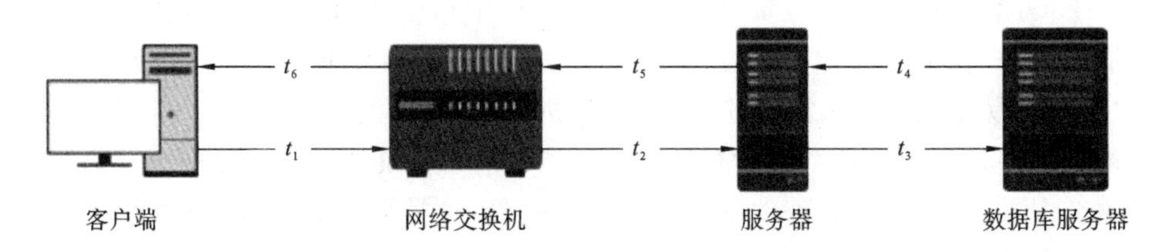

图 5-35 响应时间

在图 5-35 中，系统的响应时间为 $t_1+t_2+t_3+t_4+t_5+t_6$。响应时间越短，表明软件的响应速度越快，性能越好。但是响应时间需要与用户的具体需求相结合，例如，火车订票查询功能响应时间一般为 2 s 左右，而在网站下载电影时，能几分钟完成下载就已经很快了。

系统的响应时间会随着访问量的增加、业务量的增长等变长，一般在性能测试时，除了测试系统的正常响应时间是否达到要求之外，还会测试在一定压力下系统响应时间的变化。

2. 吞吐量

吞吐量(throughput)是指单位时间内系统能够完成的工作量，它衡量的是软件系统服务器的处理能力。吞吐量的度量单位可以是请求数/秒、页面数/秒、访问人数/天、处理业务数/小时等。

吞吐量是软件系统衡量自身负载能力的一个很重要的指标，吞吐量越大，系统单位时间内处理的数据就越多，系统的负载能力就越强。

3. 并发用户数

并发用户数是指同一时间请求和访问的用户数量。例如，对于某一软件，同时有 100 个用户请求登录，则其并发用户数就是 100。并发用户数量越大，对系统的性能影响越大，并发用户数量较大可能会导致系统响应变慢、系统不稳定等。软件系统在设计时必须要考虑并发访问的情况，测试工程师在进行性能测试时也必须进行并发访问的测试。

4. 每秒事务数 TPS(transaction per second)

TPS 是指系统每秒钟能够处理的事务和交易的数量，它是衡量系统处理能力的重要指标。

5. 点击率(hits per second)

点击率是指用户每秒向 Web 服务器提交的 HTTP 请求数，这个指标是 Web 应用特有的一个性能指标，通过点击率可以评估用户产生的负载量，并且可以判断系统是否稳定。点击率只是个参考指标，帮助衡量 Web 服务器的性能。

6. 资源利用率

资源利用率是指软件对系统资源的使用情况，包括 CPU 利用率、内存利用率、磁盘利用率等。资源利用率是分析软件性能瓶颈的重要参数。例如，某一个软件，预期最大访问量为 1 万，但是当达到 6000 访问量时内存利用率就已经达到 80%，限制了访问量的增加，此时就需要考虑软件是否有内存泄漏等缺陷，从而进行优化。

5.4.2　自动化性能测试的种类

系统的性能是一个很大的概念，覆盖面非常广泛，包括执行效率、资源占用、系统稳定性、安全性、兼容性、可靠性、可扩展性等，性能测试就是描述测试对象与性能相关的特征并对其进行评价而实施的一类测试。

性能测试是个统称，它其实包含多种类型，主要有负载测试、压力测试、并发测试、配置测试等，每种测试类型都有其侧重点。下面对这几个主要的性能测试种类分别进行介绍。

1. 负载测试

负载测试是指逐步增加系统负载，测试系统性能的变化，并最终确定在满足系统性能指标的情况下，系统所能承受的最大负载量。负载测试类似于举重运动，通过不断给运动员增加重量，确定运动员身体状况保持正常的情况下所能举起的最大重量。

对于负载测试来说，前提是满足性能指标要求。例如，一个软件系统的响应时间要求不超过 2 s，则在这个前提下，不断增加用户访问量，当访问量超过 1 万人时，系统的响应时间就会变慢，超过 2 s，从而可以确定系统响应时间不超过 2 s 的前提下最大负载量是 1 万人。

2. 压力测试

压力测试也叫强度测试，是指逐步给系统增加压力，测试系统的性能变化，使系统某些资源达到饱和或系统崩溃的边缘，从而确定系统所能承受的最大压力。

压力测试与负载测试是有区别的，负载测试是在保持性能指标要求的前提下测试系统能够承受的最大负载，而压力测试则是使系统性能达到极限的状态。例如，软件系统正常的响应时间为 2 s，负载测试确定访问量超过 1 万时响应时间变慢。压力测试则继续增加用户访问量观察系统的性能变化，当用户增加到 2 万时系统响应时间为 3 s，当用户增加到 3 万时响应时间为 4 s，当用户增加到 4 万时，系统崩溃无法响应。由此确定系统能承受的最大访问量为 4 万。

压力测试可以揭露那些只有在高负载条件下才会出现的 Bug(缺陷)，如同步问题、内存泄漏等。

3. 并发测试

并发测试是指通过模拟用户并发访问，测试多用户并发访问同一个应用、同一个模块或者数据记录时是否存在死锁或其他性能问题。并发测试一般没有标准，只是测试并发时会不会出现意外情况，几乎所有的性能测试都会涉及一些并发测试。例如，多个用户同时访问某一条件数据，多个用户同时在更新数据，那么数据库可能会出现访问错误、写入错误等异常情况。

4. 配置测试

配置测试是指调整软件系统的软硬件环境，测试各种环境对系统性能的影响，从而找到系统各项资源的最优分配原则。配置测试不改变代码，只改变软硬件配置，如安装版本更高的数据库、配置性能更好的 CPU 和内存等，通过更改外部配置来提高软件的性能。

5. 可靠性测试

可靠性测试是指给系统加载一定的业务压力，使其持续运行一段时间（如 7×24 h），测试系统在这种条件下是否能够稳定运行。由于加载有业务压力且运行时间较长，因此可靠性测试通常可以检测出系统是否有内存泄漏等问题。

6. 容量测试

容量测试是指在一定的软硬件及网络环境下，测试系统所能支持的最大用户数、最大存储量等。容量测试通常与数据库、系统资源（如 CPU、内存、磁盘等）有关，用于规划将来需求增长（如用户增长、业务量增加等）时，对数据库和系统资源的优化。

5.4.3 自动化性能测试的流程

性能测试与普通的功能测试目标不同，因此其测试流程与普通的测试流程也不相同，虽然性能测试也遵循测试需求分析→测试计划制订→测试用例设计→测试执行→编写测试报告的基本过程，但在实现细节上，性能测试有单独一套流程，如图 5-36 所示。

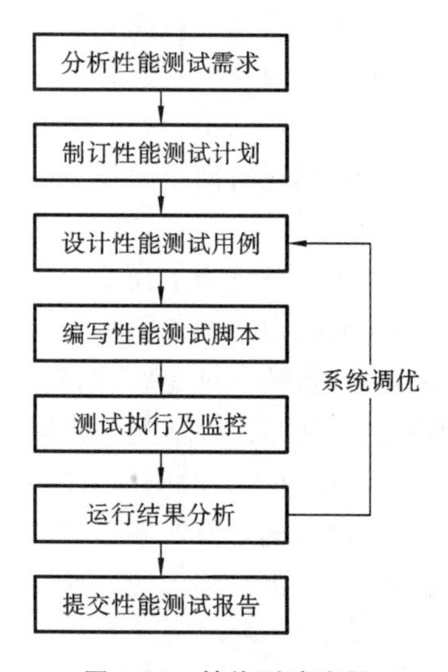

图 5-36 性能测试流程

图 5-36 所示的是性能测试的一般测试流程，下面分步骤介绍性能测试过程的关键点。

1. 分析性能测试需求

性能测试需求分析是整个性能测试工作的基础，若测试需求不明确，则整个测试过程都是没有意义的。在性能测试需求分析阶段，测试人员需要收集有关项目的各种资料并与开发人员进行沟通，对整个项目有一定的了解，针对需要性能测试的部分进行分析，确定测试目标。例如，客户要求软件产品的查询功能响应时间不超过 2 s，则需要明确多少用户量情况下，响应时间不超过 2 s。对于刚上线的产品，用户量不多，但几年之后可能用户量会剧增，那么在性能测试时是否要测试产品的高并发访问，以及高并发访问下的响应时间。对于这些复杂的情况，性能测试人员必须要清楚客户的真实需求，消除不明确因素，做到更专业。

对于性能测试来说，测试需求分析是一个比较复杂的过程，不仅要求测试人员有深厚的理论基础（熟悉专业术语、专业指标等），还要求测试人员具备丰富的实践经验，如熟悉场景模拟、工具使用等。

2. 制订性能测试计划

性能测试计划是性能测试工作中的重中之重，整个性能测试的执行都要按照测试计划进行。在性能测试计划中，核心内容主要包括以下几个方面。

（1）确定测试环境：包括物理环境、生产环境、测试团队可利用的工具和资源等。

（2）确定性能验收标准：确定响应时间、吞吐量和系统资源（CPU、内存等）利用总目标和限制。

（3）设计测试场景：对产品业务、用户使用场景进行分析，设计符合用户使用习惯的场景，整理出一个业务场景表，为编写测试脚本提供依据。

（4）准备测试数据：性能测试是模拟现实的使用场景，如模拟用户高并发，则需要准备用户数量、工作时间、测试时长等数据。

3. 设计性能测试用例

性能测试用例是根据测试场景为测试准备数据，如模拟用户高并发，可以分别设计 100 用户并发数量、1000 用户并发数量等，此外还要考虑用户活跃时间、访问频率、场景交互等各种情况。测试人员可以根据测试计划中的业务场景表设计出足够的测试用例以达到最大的测试覆盖。

4. 编写性能测试脚本

测试用例编写完成之后就可以编写测试脚本了，测试脚本是虚拟用户具体要执行的操作步骤，使用脚本执行性能测试，免去了手动执行测试的麻烦，并且降低了手动执行的错误率。在编写测试脚本时，要注意以下几个事项。

（1）正确选择协议，脚本的协议要与被测软件的协议保持一致，否则脚本不能正确录制与执行。

（2）性能测试工具一般可以自动生成测试脚本，测试人员也可以手动编写测试脚本，而且测试脚本可以使用多种语言编写，如 Java、Python、JavaScript 等，具体可根据工具的支持情况和测试人员熟悉程度选取脚本语言。

（3）编写测试脚本时，要遵循代码编写规范，保证代码的质量。另外，有很多软件在性能测试上有很多类似的工作，因此脚本复用的情况也很多，测试人员最好做好脚本的维护管理工作。

5. 测试执行及监控

在这个阶段，测试人员按照测试计划执行测试用例，并对测试过程进行严密监控，记录各项数据的变化。在性能测试执行过程中，测试人员的关注点主要有以下几个。

（1）性能指标：本次性能测试要测试的性能指标的变化，如响应时间、吞吐量、并发用户数量等。

（2）资源占用与释放情况：性能测试执行时，CPU、内存、磁盘、网络等使用情况。性能测试停止后，各项资源是否能正常释放以供后续业务使用。

（3）警告信息：一般软件系统在出现问题时会发出警告信息，当有警告信息时，测试人员要及时查看。

(4) 日志检查:进行性能测试时要经常分析系统日志,包括操作系统、数据库等日志。在测试过程中,如果遇到与预期结果不符合的情况,测试人员要调整系统配置或修改程序代码来定位问题。

性能测试监控对性能测试结果分析、软件的缺陷分析都起着非常重要的作用。由于性能测试执行过程需要监控的数据复杂多变,它要求测试人员对监控的数据指标有非常清楚的认识,同时还要求测试人员对性能测试工具非常熟悉。作为性能测试人员,应该不断努力,深入学习,不断积累知识经验,才能做得更好。

6. 运行结果分析

性能测试完成之后,测试人员需要收集整理测试数据并对数据进行分析,将测试数据与客户要求的性能指标进行对比,若不满足客户的性能要求,则需要进行性能调优然后重新测试,直到产品性能满足客户需求。

7. 提交性能测试报告

性能测试完成之后需要编写性能测试报告,阐述性能测试的目标、性能测试环境、性能测试用例与脚本使用情况、性能测试结果及性能测试过程中遇到的问题和解决办法等。软件产品不会只进行一次性能测试,因此性能测试报告需要备案保存,作为下次性能测试的参考。

5.4.4 自动化性能测试工具 JMeter

1. JMeter 的介绍与安装

Apache JMeter 是 Apache 组织基于 Java 开发的压力测试工具,用于对软件做压力测试。

JMeter 最初被设计用于 Web 应用测试,但后来扩展到了其他测试领域,可用于测试静态和动态资源,如静态文件、Java 小服务程序、CGI 脚本、Java 对象、数据库和 FTP 服务器等。JMeter 可对服务器、网络或对象模拟巨大的负载,在不同压力类别下测试它们的强度和分析整体性能。另外,JMeter 能够对应用程序做功能/回归测试,通过创建带有断言的脚本来验证程序是否返回了期望结果。为了最大限度的灵活性,JMeter 允许使用正则表达式创建断言。

下面具体介绍 JMeter 的安装与运行。

(1) 从 https://dlcdn.apache.org/jmeter/binaries/下载最新版本的 JMeter,如图 5-37 所示。读者也可从 http://www.20-80.cn/bookResources/Testing_book/下载。

(2) 确认是否安装 JDK,必须使用 Java 8 以上版本,并配置环境变量 JAVA_HOME。读者可参考第 2.1.6 节 JDK 环境配置的内容。

(3) 双击已成功下载的 apache-jmeter-5.5.zip,解压到 C 盘根目录,在 bin 目录下找到 jmeter.bat,双击该文件即可运行 JMeter,如图 5-38 所示。

(4) 安装 JMeter 插件管理器。

① 从网址:https://JMeter-plugins.org/install/Install/中下载 JMeter 插件管理器,读者也可从 http://www.20-80.cn/bookResources/Testing_book/下载。下载页面如图 5-39

图 5-37　JMeter **下载页面**

所示。

② 将下载好的 jar 文件放到解压的 jmeter 目录下的 lib/ext 文件夹中。jar 文件存放路径如图 5-40 所示。

③ 重启 JMeter，可以在选项→Plugins Manager 中打开插件管理器，如图 5-41 所示。

2. 性能测试用例

本系统共有四个测试用例需要进行性能测试，如表 5-6 所示。

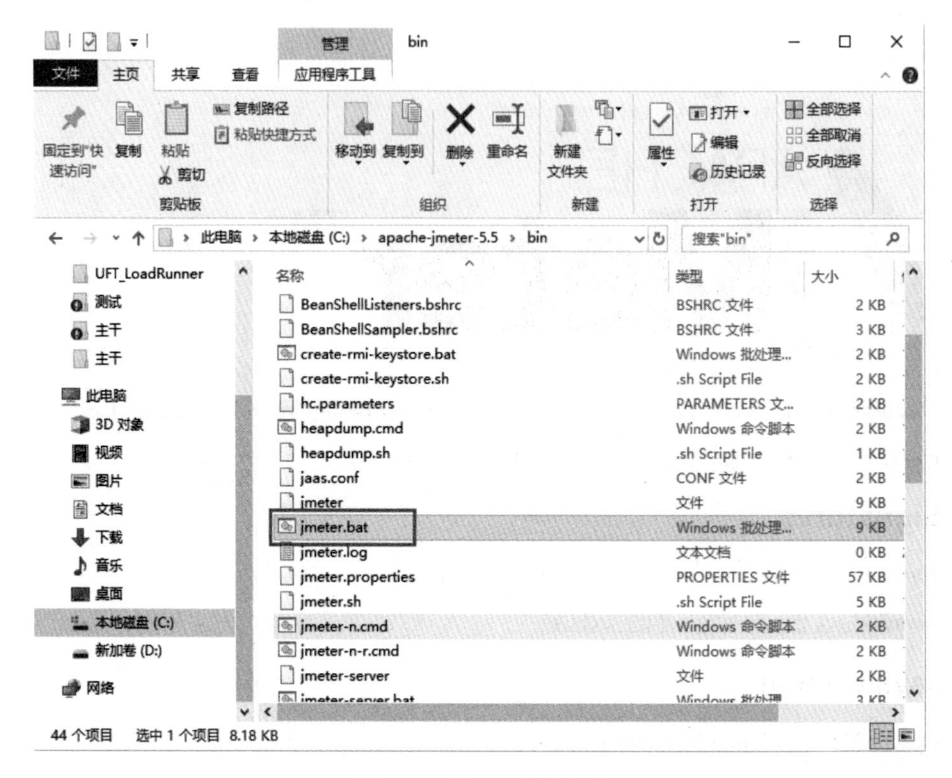

图 5-38　JMeter 执行文件

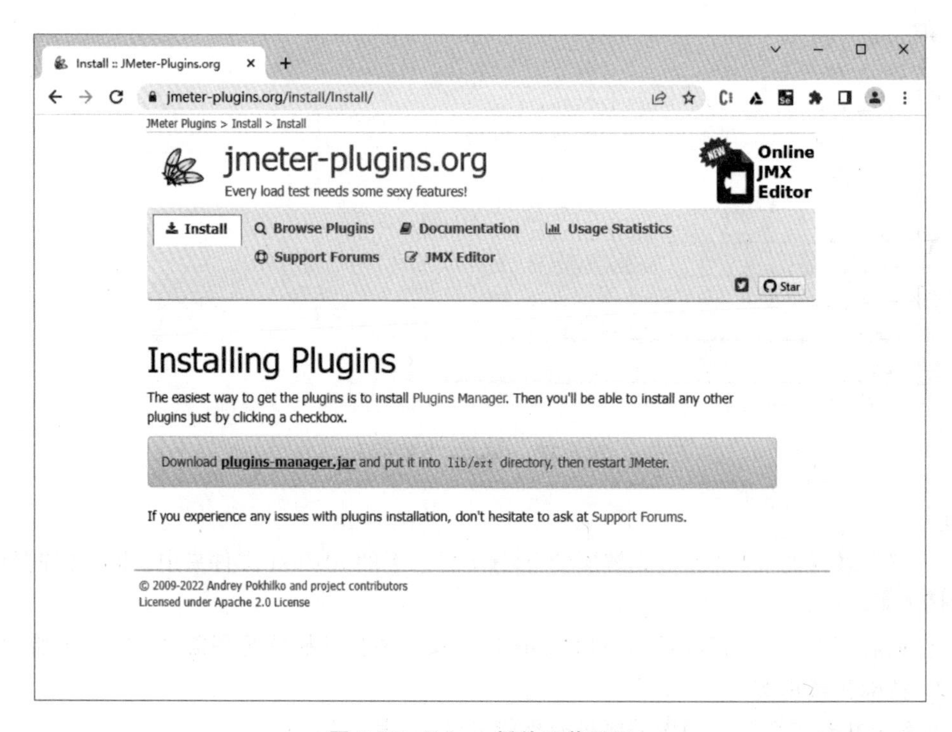

图 5-39　JMeter 插件下载页面

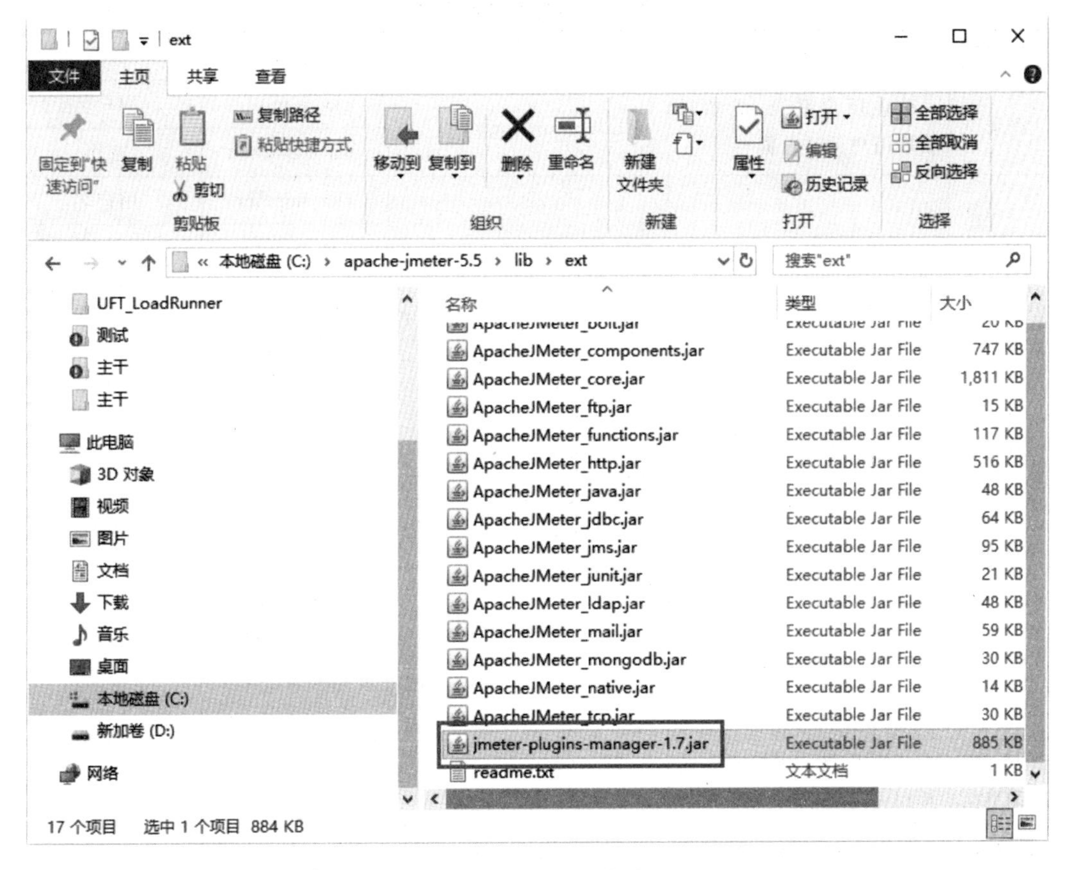

图 5-40　JMeter 插件存放位置

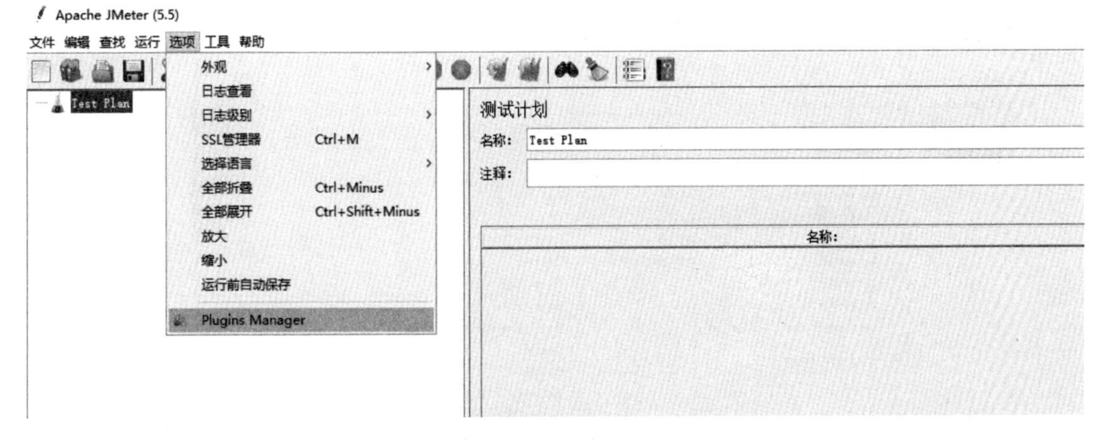

图 5-41　Plugins Manager 中打开插件管理器

表 5-6　性能测试用例表

测试用例	功能	路径	参数	参数意义
登录	验证用户登录，成功时获取用户关注数据	/Education/login	exa_number	用户名
			exa_password	密码
关注	用户关注某个专业和取消关注某个专业	/Education/updateConcern	exa_number	用户名
			add	添加/取消关注(true/false)
			pro_id pro_nameid col_id p_id pros_id claim_id batch_id cate_id exacate_id vol_type pro_code	专业相关信息
获取计划查询页面	获取整个计划查询页面及相关的 JS、CSS 等文件	/Education/planSearch. html	无	
获取文件接口	计划查询时获取数据文件的接口	EducationService/getFileinfo	filename	文件名称

3. 志愿填报辅助系统的性能测试

首先将语言设置为中文，如图 5-42 所示。

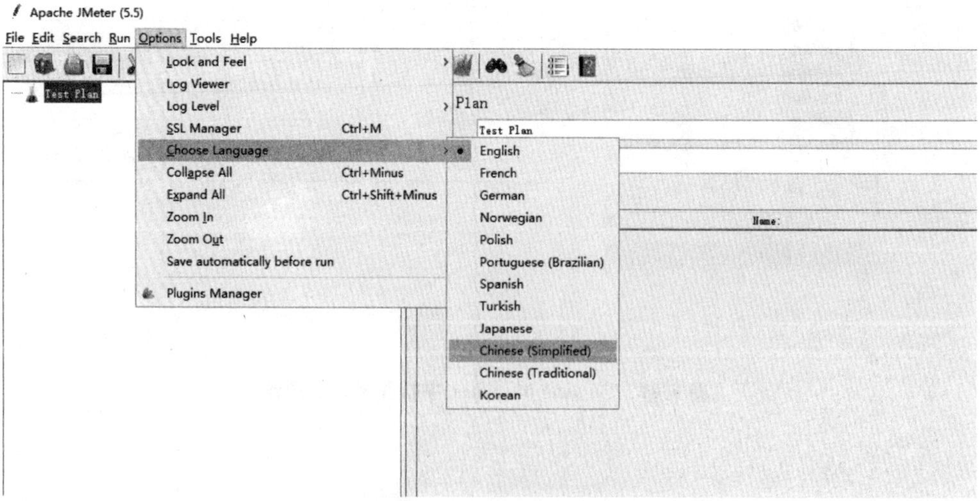

图 5-42　语言设置为中文

1）添加测试计划

当打开 JMeter 时，会看到默认的测试计划，将测试计划的名称改为“志愿填报辅助系统测试”，如图 5-43 所示。

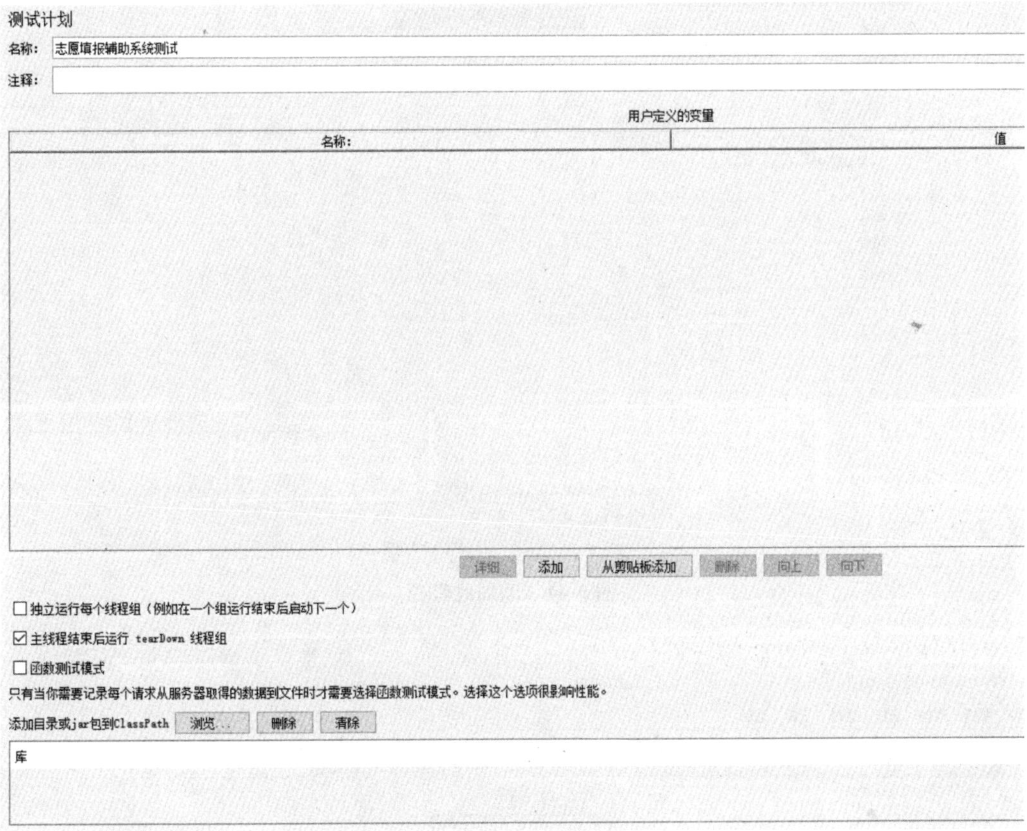

测试计划
名称：志愿填报辅助系统测试
注释：
用户定义的变量

名称：	值

详细　添加　从剪贴板添加　删除　向上　向下
☐独立运行每个线程组（例如在一个组运行结束后启动下一个）
☑主线程结束后运行 tearDown 线程组
☐函数测试模式
只有当你需要记录每个请求从服务器取得的数据到文件时才需要选择函数测试模式。选择这个选项很影响性能。
添加目录或jar包到ClassPath　浏览...　删除　清除
库

图 5-43　测试计划配置界面

单击“保存”按钮，会把当前测试计划保存为文件名是“志愿填报辅助系统测试.jmx”的测试文件。

2）登录接口的压力测试

（1）创建测试线程组。

创建一个登录测试的线程组，在“测试计划”（志愿填报辅助系统测试）上单击右键选择添加→线程（用户）→线程组。这里线程组的名称命名为“登录压测”，如图 5-44、图 5-45 所示。

在线程组中，可以通过设置名称、线程数、Ramp-Up 时间（爬坡时间）、循环次数来控制测试脚本的并发数和执行方式。

线程数：在 JMeter 中一个线程相当于一个虚拟用户。

Ramp-Up 时间（爬坡时间）：单次循环内所有线程在多长时间内全部启动。

循环次数：按照设置的线程数和爬坡时间执行多少次循环。

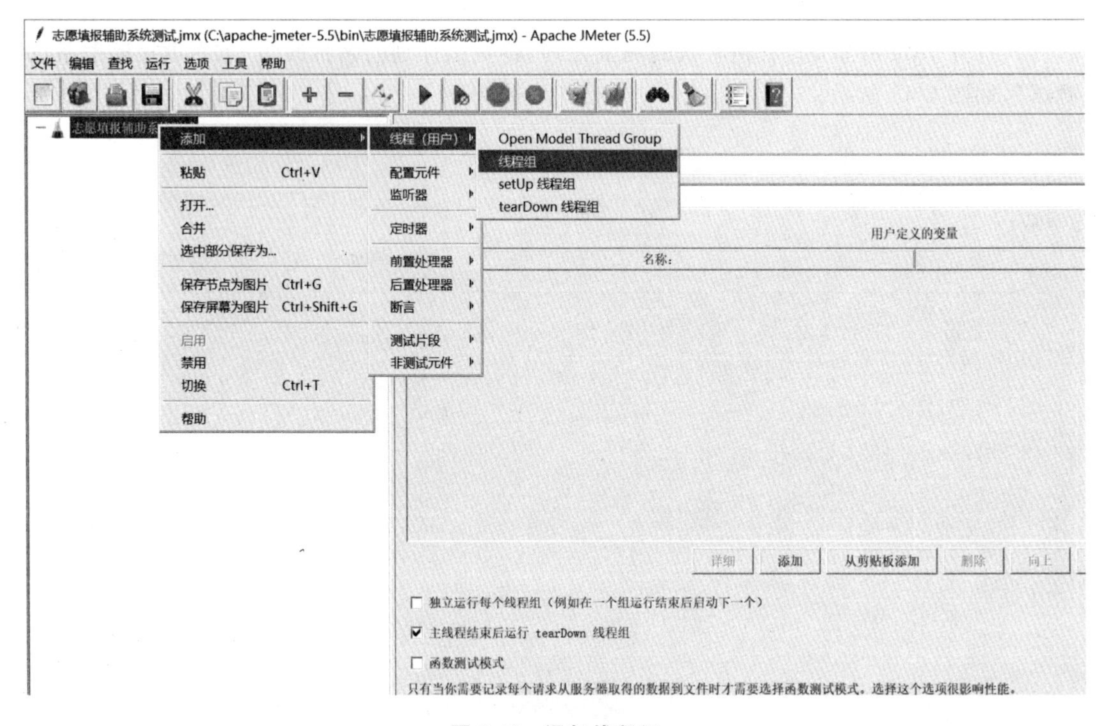

图 5-44　添加线程组

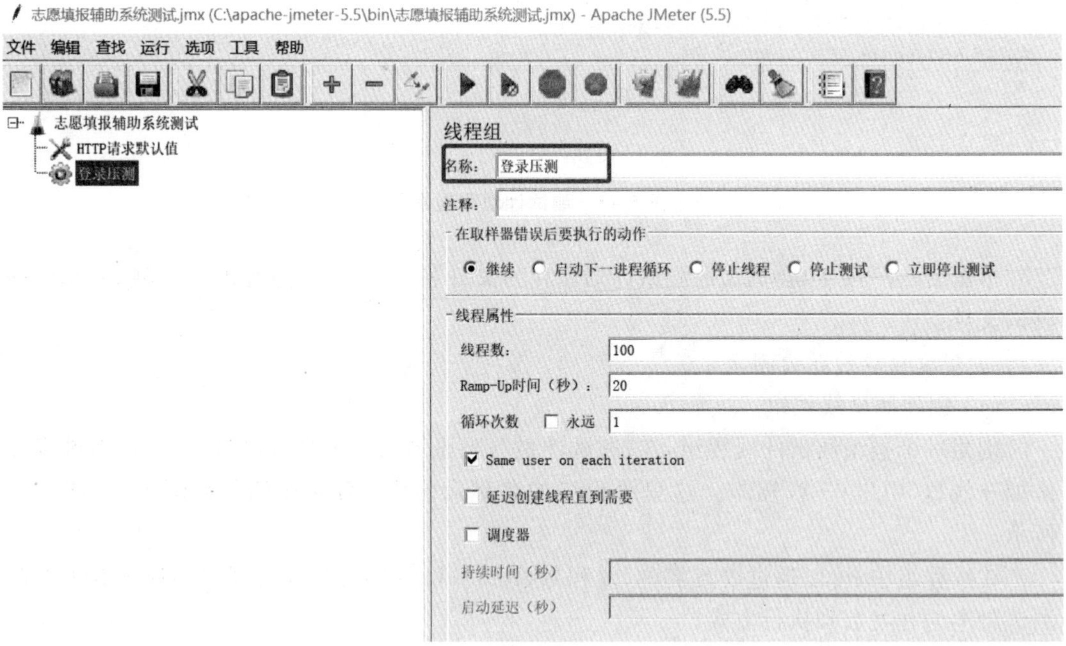

图 5-45　线程组配置界面

举例：设置 60 的线程数，60 的 Ramp-Up 时间，3 次循环。即在 60 s 的时间内，共启动 60 个线程（约 1 s 启动 1 个线程），重复三次。

本次登录接口的压力测试，预期的并发数为 500、800、1000，执行时通过对线程组的调整，来控制并发。注意，JMeter 运行时会启动所有的线程组，如果要对单一线程组进行测试，则需要把其他线程组的线程数设为 0。

（2）配置元件。

在上一步创建的线程组上单击右键，选择添加→配置元件→HTTP 请求默认值，如图 5-46 所示。

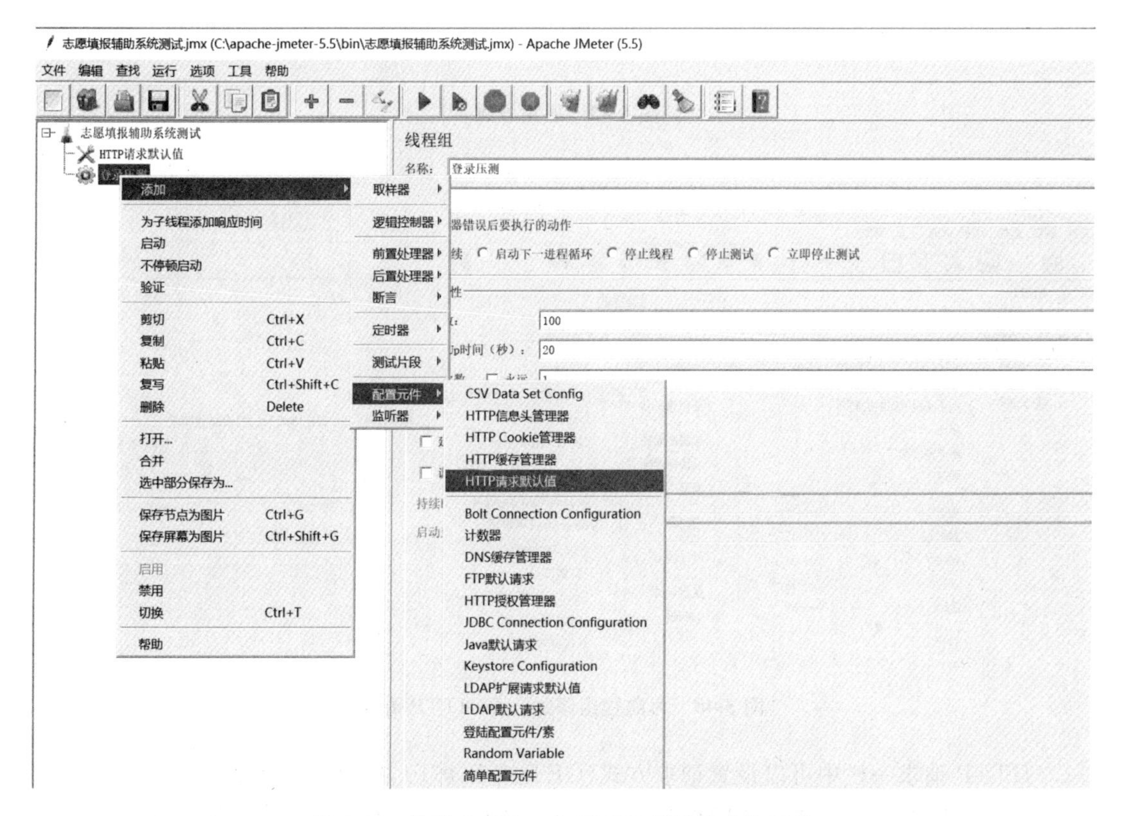

图 5-46　为脚本创建一个 HTTP 默认请求值元件

配置需要进行测试的程序协议、地址和端口，这里测试的协议是 http，IP 地址是 10.50.21.122，端口号是 80，如图 5-47 所示。

（3）构造 HTTP 请求。

在“线程组”（登录压测）单击右键，选择添加→取样器→HTTP 请求，设置需要测试的 API 的请求路径和数据。这里用的是 json，为登录测试的线程组添加一个 HTTP 请求，如图 5-48 所示。

在 HTTP 请求取样器中可以设置一些请求的基本信息和参数。

Web 服务器一栏中可以设置协议、IP 地址、端口号。如果设置了 HTTP 请求默认值，此处可以不填，JMeter 会自动填充为默认值。

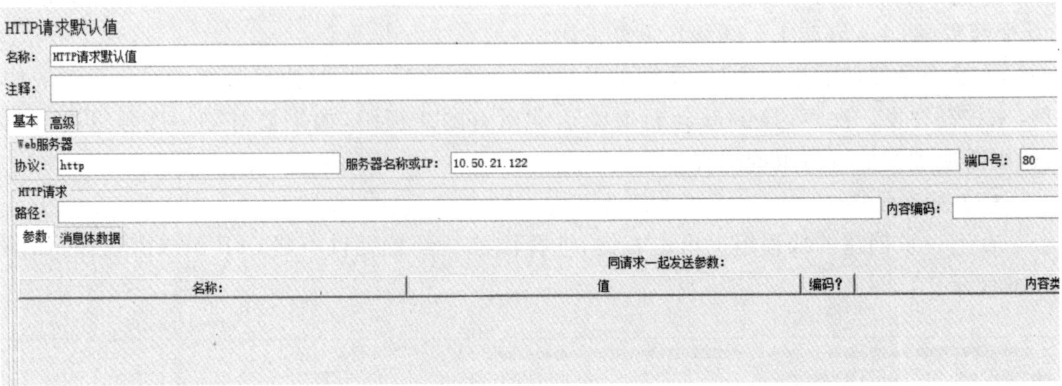

图 5-47　通用设置

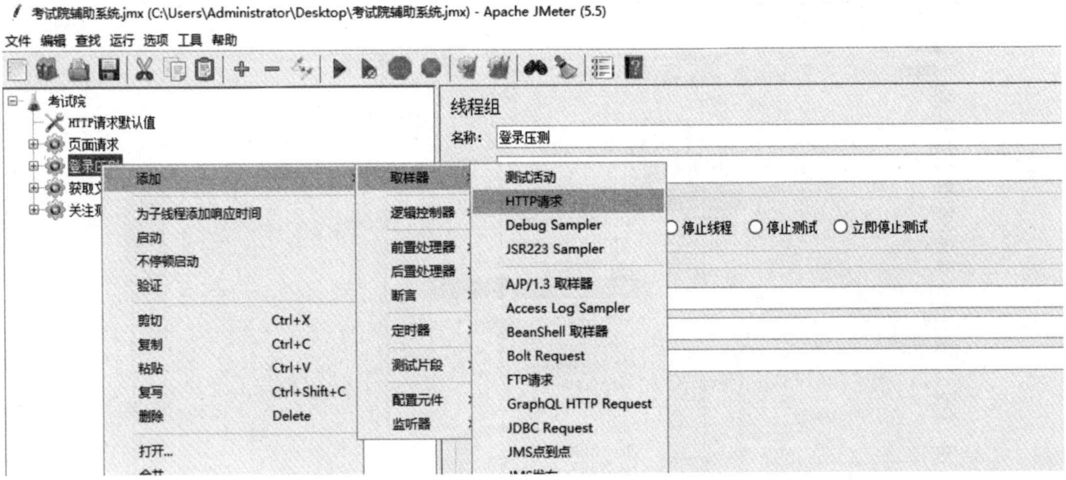

图 5-48　为线程组添加一个 HTTP 请求

HTTP 请求一栏中可以设置请求方式(GET 或 POST)、接口的具体请求路径。

参数一栏中可以以键值对的形式添加要附带的参数。通过下方操作按钮进行添加和删除。

本次登录接口测试,共有 exa_number、exa_password 两个参数,为了模拟真实环境,使用 CSV 数据文件提供参数。因此,将 exa_number 和 exa_password 的值设置为 ${exa_number}、${exa_password},用于接收 CSV 文件中的值,如图 5-49 所示。

(4) 配置 CSV 数据文件。

在上一步创建的"HTTP 请求"(登录请求)上单击右键,选择添加→配置元件→CSV Data Set Config,创建一个 CSV 数据文件设置,如图 5-50 所示。

CSV 文件可以从数据库导出,也可以自行编写,然后根据文件信息对元件进行配置,如图 5-51 所示。

文件名:文件名及路径。

HTTP请求

名称：登录请求

注释：

基本　高级

Web服务器

协议：　服务器名称或IP：　端口号：

HTTP请求

GET　路径：/Education/login　内容编码：

□自动重定向　☑跟随重定向　☑使用 KeepAlive　□对POST使用multipart / form-data　□与浏览器兼容的头

参数　消息体数据　文件上传

同请求一起发送参数：

名称：	值	编码？	内容类型
exa_number	${exa_number}	□	text/plain
exa_password	${exa_password}	□	text/plain

详细　添加　从剪贴板添加　删除　向上　向下

图 5-49　HTTP 请求设置参数

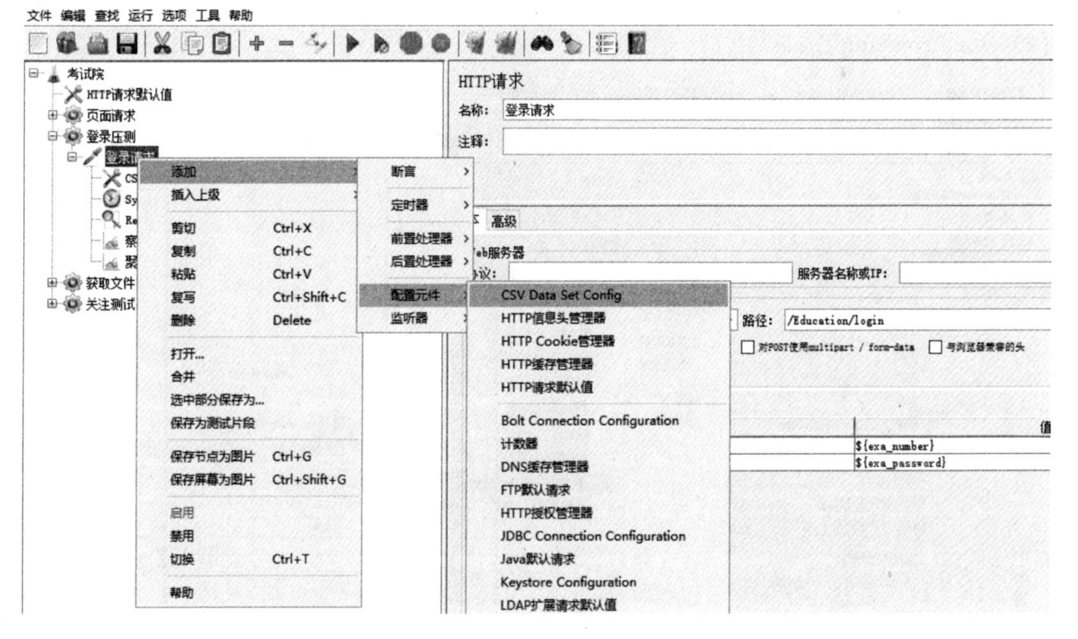

图 5-50　创建 CSV 数据文件设置

图 5-51 CSV 数据文件设置

变量名称:名称与上文 HTTP 请求中设置的接收名称相同,若有多个参数,需要用英文逗号隔开,并且顺序与 CSV 文件中数据的顺序相同。

分隔符:与 CSV 文件保持一致。

线程共享模式:设置数据文件的生效范围。

配置好以后,请求就会按顺序从 CSV 文件中获取参数了。

(5) 设置同步定时器保证并发数。

上文已在线程组里设置好了期望的并发数,但在并发数要求比较大的情况下,测试的机器性能有限,不能在 Ramp-Up 内产生足够的线程,因此这样的设置并不能保证并发数达到预期。

使用同步定时器可以解决上述问题。如图 5-52 所示,为 HTTP 请求添加一个同步定时器(synchronizing timer)。

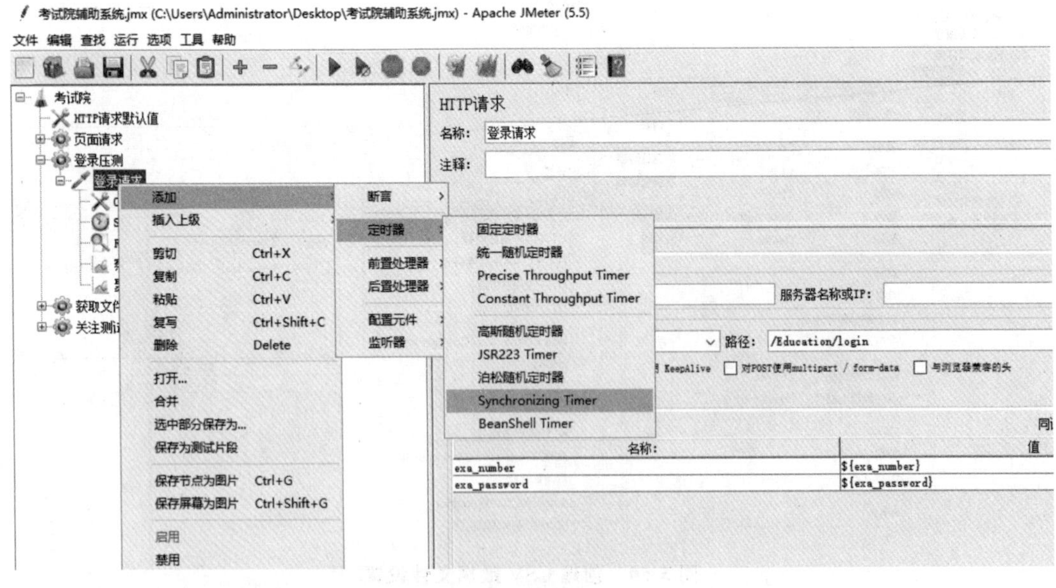

图 5-52 HTTP 请求添加一个同步定时器(synchronizing timer)

同步定时器的原理是:运行时只创建线程,但不发送请求,当创建的线程数达到定时器设置的模拟用户组的数量时,JMeter 会将所有产生的线程同时发送。

模拟用户组的数量:即指定同时释放的线程数量。

超时时间:即超时多少毫秒后,同时释放指定的线程数,如图 5-53 所示。

同步定时器
名称: Synchronizing Timer
注释:
分组
模拟用户组的数量: 1
超时时间以毫秒为单位: 10000

图 5-53　同步定时器

JMeter 还提供了许多其他定时器,可以根据需要使用。

(6) 设置断言。

一般在性能测试的过程中断言使用的频率并不多,主要是因为性能测试中的断言会增加脚本执行时间,但是接口测试中断言是必备的。

断言其实就是功能测试中常说的预期结果和实际结果是否相等。JMeter 提供了很多种断言,这里简单地介绍一下响应断言,如图 5-54 所示。

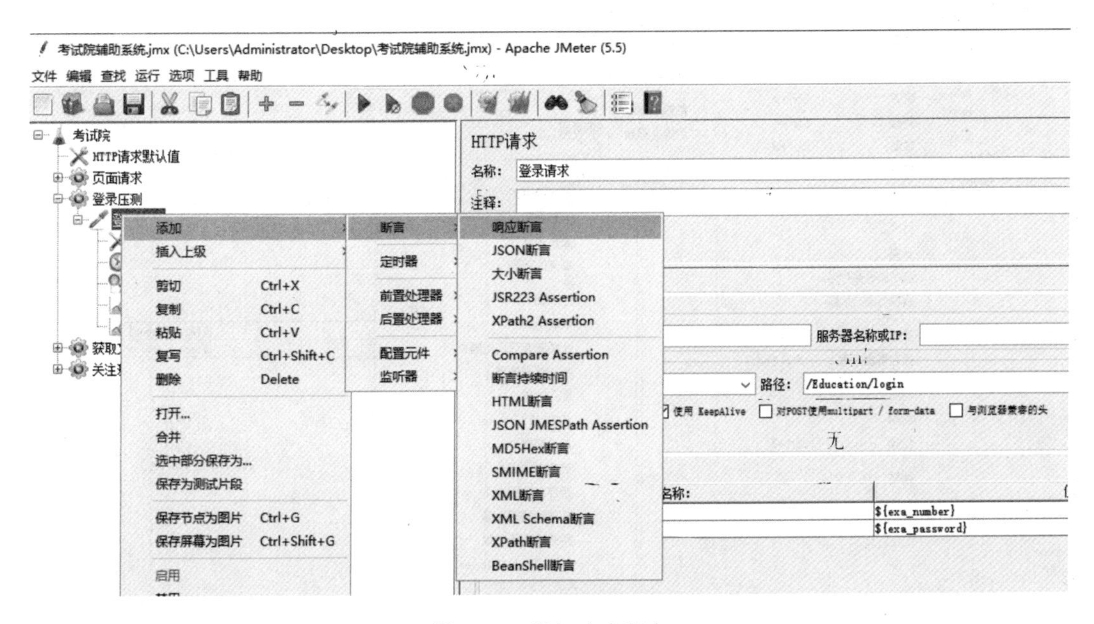

图 5-54　添加响应断言

通过测试字段、匹配规则和测试模式三个值来设置断言,使响应文本中包含 success 的响应视为请求成功,否则请求失败,如图 5-55 所示。

(7) 设置结果监听器。

添加查看结果树和聚合报告,如图 5-56 所示。

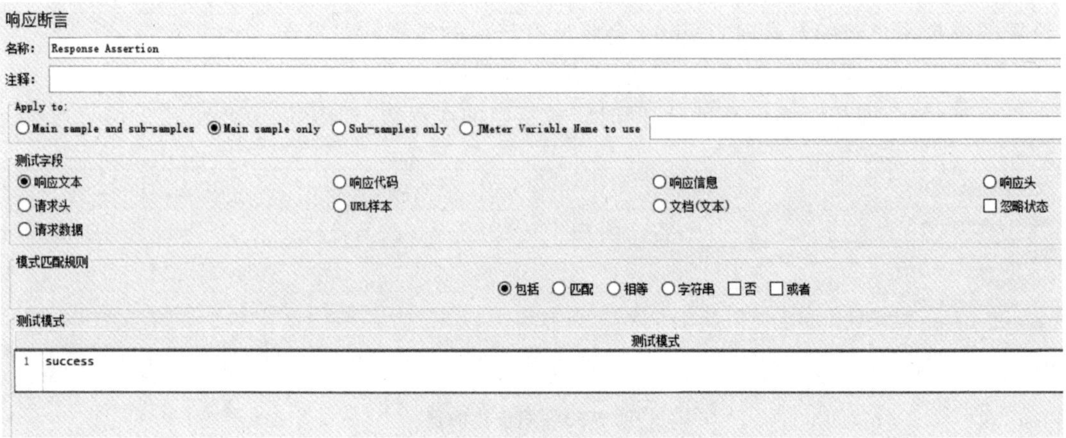

响应断言
名称：Response Assertion
注释：
Apply to:
Main sample and sub-samples　Main sample only　Sub-samples only　JMeter Variable Name to use
测试字段
响应文本　响应代码　响应信息　响应头
请求头　URL样本　文档(文本)　忽略状态
请求数据
模式匹配规则
包括　匹配　相等　字符串　否　或者
测试模式
测试模式
1 success

图 5-55　断言的结果

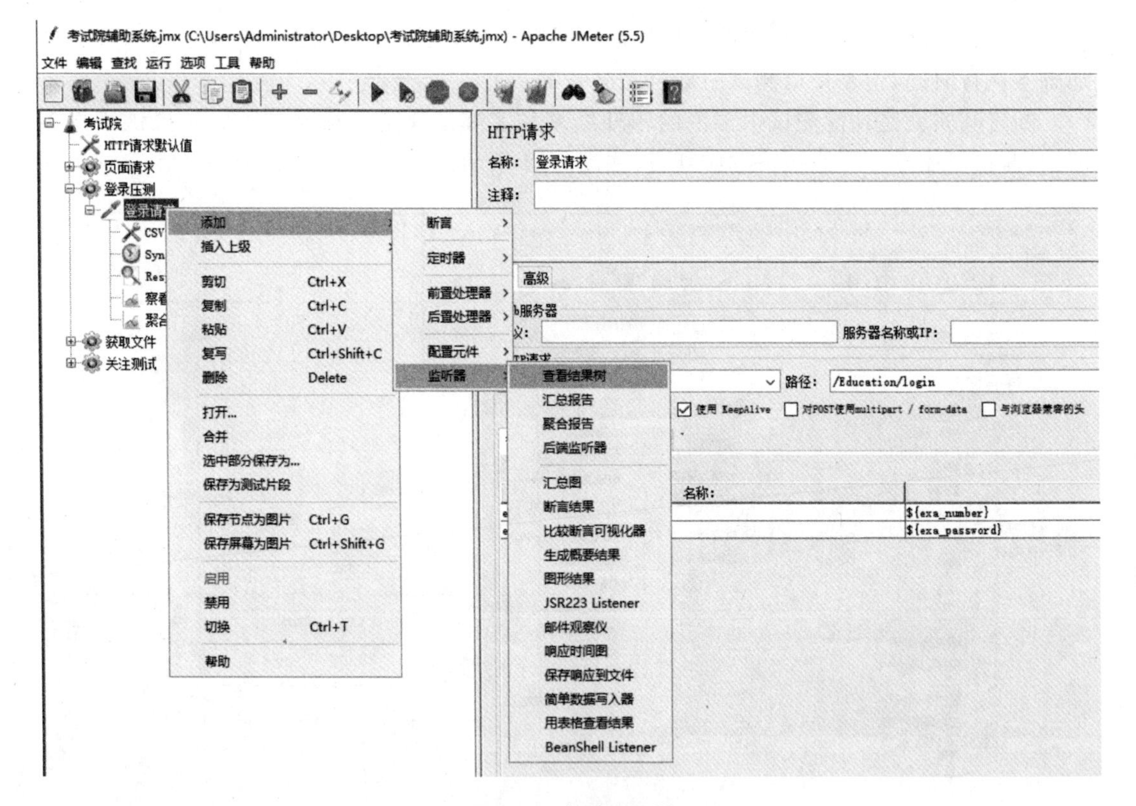

图 5-56　查看结果树

① 查看结果树。

运行脚本时，结果树会显示请求的详细结果，绿色代表请求成功，红色代表请求失败，单击某个请求结果，可以看到详细信息，如发送的请求、接收到的响应数据等，如图5-57所示。

图 5-57　通过结果树查看详细结果

② 聚合报告。

在“HTTP 请求”(登录请求)上单击右键,选择添加→监听器→聚合报告,可以创建聚合报告。相较于查看结果树,聚合报告则是将所有的请求进行统计汇总的工具,是性能测试报告非常重要的依据,如图 5-58 所示。

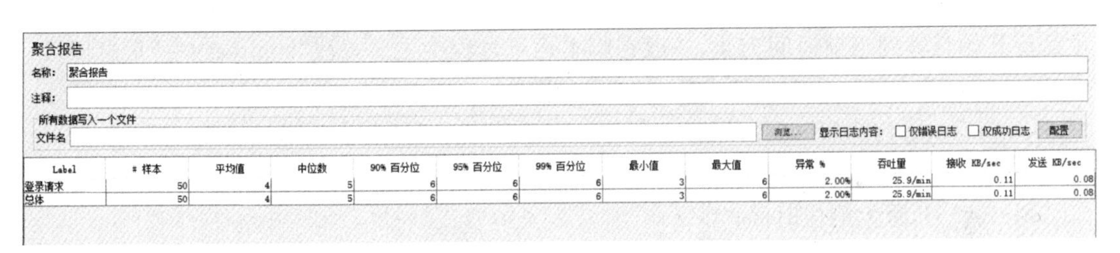

Label	# 样本	平均值	中位数	90% 百分位	95% 百分位	99% 百分位	最小值	最大值	异常 %	吞吐量	接收 KB/sec	发送 KB/sec
登录请求	50	4	5	6	6	6	3	6	2.00%	25.9/min	0.11	0.08
总体	50	4	5	6	6	6	3	6	2.00%	25.9/min	0.11	0.08

图 5-58　聚合报告查看性能

③ 参数解析。

Label:请求名称。

#样本(#samples):总线程数,总线程数=线程数×循环次数。

平均值(average):单个请求的平均响应时间,平均值=总运行时间/发送到服务器的总请求数。

中位数、90%百分位、95%百分位、99%百分位(median、90%line、95%line、99%line)分别代表 50%的请求响应时间、90%的请求响应时间、95%的请求响应时间、99%的请求响应时间,也就是有百分之多少的请求小于这个值。其中,90%百分位是性能测试中比较重要的一个衡量指标。

最小值(min):最小响应时间。

最大值(max):最大响应时间。

异常%(error%):即错误率,错误率=发生错误的请求 / 总请求数(%)。

吞吐量(throughput):表示每秒完成的请求数,吞吐量=总请求数/执行所有请求的总用时。

(8) 执行测试计划。

执行测试计划一般用命令行来执行,如图 5-59 所示。

```
管理员: C:\WINDOWS\system32\cmd.exe

C:\apache-jmeter-5.5\bin>jmeter -n -t 志愿填报辅助系统测试.jmx -l testplan/result/result.txt -e -o testplan/webreport
Creating summariser <summary>
Created the tree successfully using 志愿填报辅助系统测试.jmx
Starting standalone test @ 2023 Feb 16 15:33:37 CST (1676532817179)
Waiting for possible Shutdown/StopTestNow/HeapDump/ThreadDump message on port 4445
summary =    100 in 00:00:01 =   91.0/s Avg:    73 Min:    38 Max:   154 Err:     0 (0.00%)
Tidying up ...    @ 2023 Feb 16 15:33:38 CST (1676532818489)
... end of run

C:\apache-jmeter-5.5\bin>
```

图 5-59 JMeter 执行命令行

这里执行的命令为:

jmeter -n -t 志愿填报辅助系统测试. jmx -l testplan/result/result.txt -e -o testplan/webreport

其中,testplan/result/result. txt 为测试结果文件路径;testplan/webreport 为 Web 报告保存路径。

该测试命令的执行结果如下:

summary=100 in 00:00:01:在 1 秒内产生的总请求数是 100 个,其中的时间段是从脚本运行开始计算到当前时间为止,一般在脚本运行过程中主要关注“summary=”信息即可。

91. 0/s:系统每秒处理的请求数,相当于 TPS。

Avg: 73,平均响应时间,单位 ms;

Min: 38,最小响应时间;

Max: 154,最大响应时间;

Err: 0 (0.00%):错误数/率。

Web 测试报告如图 5-60 所示。

3) 关注接口

(1) 添加线程组。

本次登录接口的压力测试,预期的并发数为 600、900、1200 ,如图 5-61 所示。

(2) 添加 http 请求,如图 5-62 所示。

关注请求的参数比较多,分为三个部分:

① 用户账号(exa_number)。

为了模拟更真实场景,需要根据账号规则随机产生请求的账号。

② 操作类型(add)。

操作类型分为关注和取消关注,此处操作类型固定为关注,即 add-true。

③ 关注的专业信息(pro_id、pro_nameid、col_id 等)。

专业信息为有关联的一组数据,使用 CSV 数据文件来提供最为合适。

在此组件中设置好用户账户和专业信息值的接收变量(如 ${exa_number})。

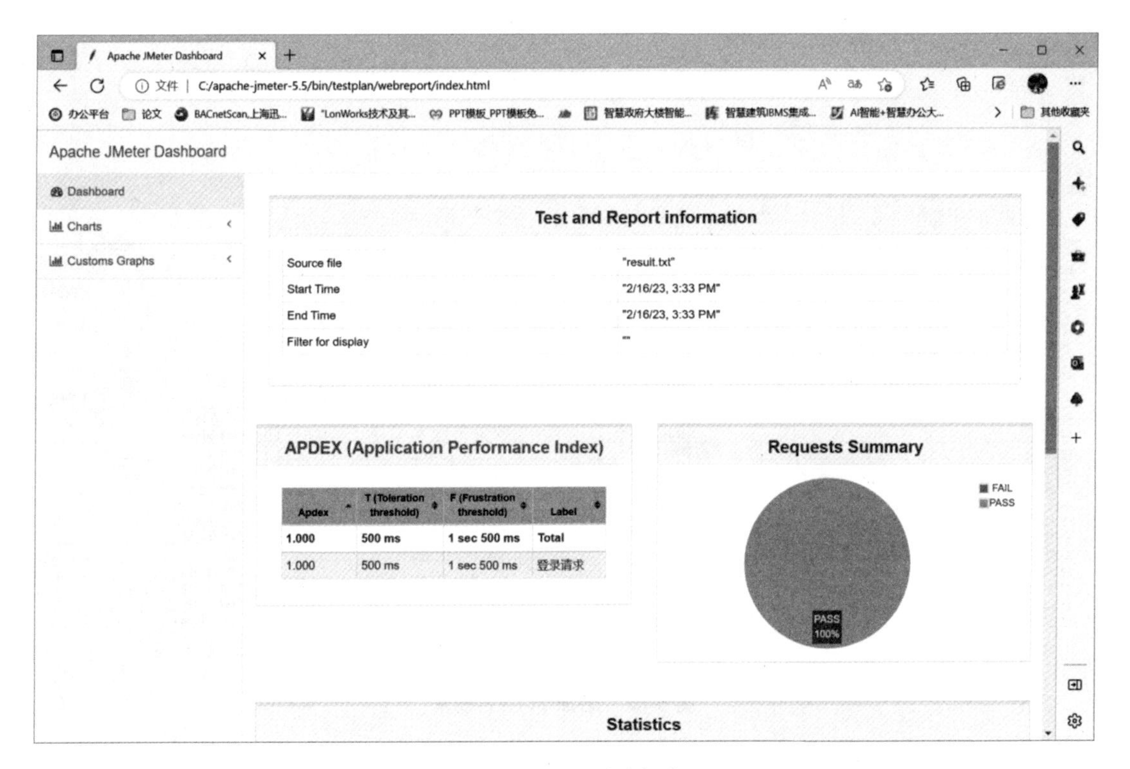

图 5-60　Web 测试报告

线程组
名称：关注测试
注释：
在取样器错误后要执行的动作
◉继续　○启动下一进程循环　○停止线程　○停止测试　○立即停止测试
线程属性
线程数：400
Ramp-Up时间（秒）：10
循环次数　☐永远　1
☑Same user on each iteration
☐延迟创建线程直到需要
☐调度器
持续时间（秒）
启动延迟（秒）

图 5-61　添加线程组

（3）添加 JSR223 预处理程序，随机产生账号，如图 5-63 所示。

JSR223 预处理程序会根据编写好的脚本在每个线程启动前对采集器进行处理，它提供了多种脚本语言，此处选择使用 JavaScript，如图 5-64 所示。

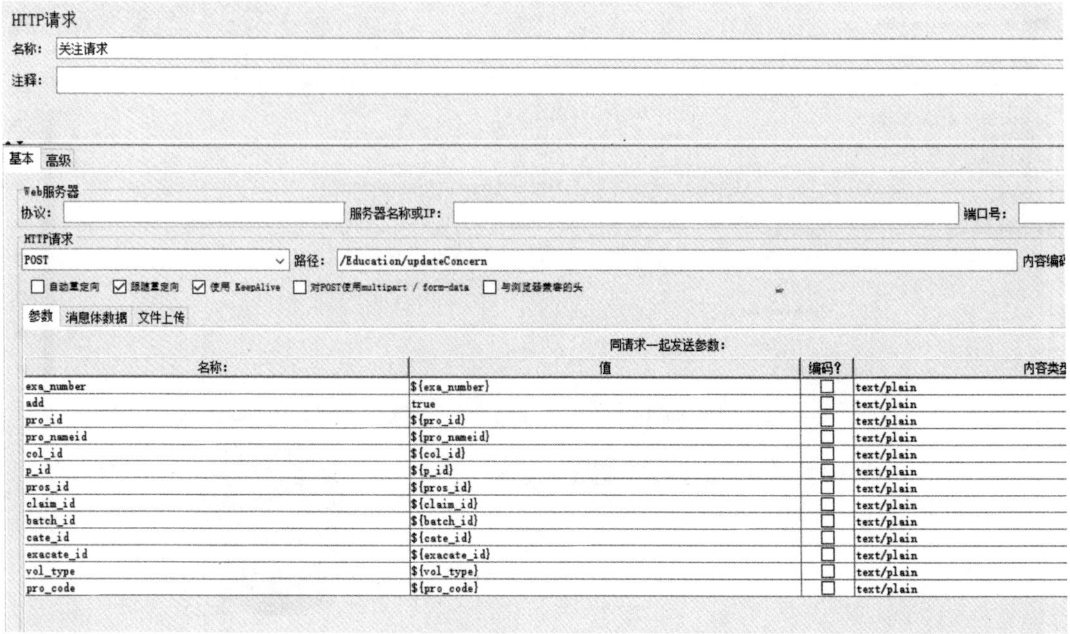

HTTP请求

名称: 关注请求

注释:

基本　高级

Web服务器

协议:　服务器名称或IP:　端口号:

HTTP请求

POST　路径: /Education/updateConcern　内容编码

自动重定向　跟随重定向　使用 KeepAlive　对POST使用multipart / form-data　与浏览器兼容的头

参数　消息体数据　文件上传

同请求一起发送参数:

名称:	值	编码?	内容类型
exa_number	${exa_number}	☐	text/plain
add	true	☐	text/plain
pro_id	${pro_id}	☐	text/plain
pro_nameid	${pro_nameid}	☐	text/plain
col_id	${col_id}	☐	text/plain
p_id	${p_id}	☐	text/plain
pros_id	${pros_id}	☐	text/plain
claim_id	${claim_id}	☐	text/plain
batch_id	${batch_id}	☐	text/plain
cate_id	${cate_id}	☐	text/plain
exacate_id	${exacate_id}	☐	text/plain
vol_type	${vol_type}	☐	text/plain
pro_code	${pro_code}	☐	text/plain

图 5-62　添加 HTTP 请求

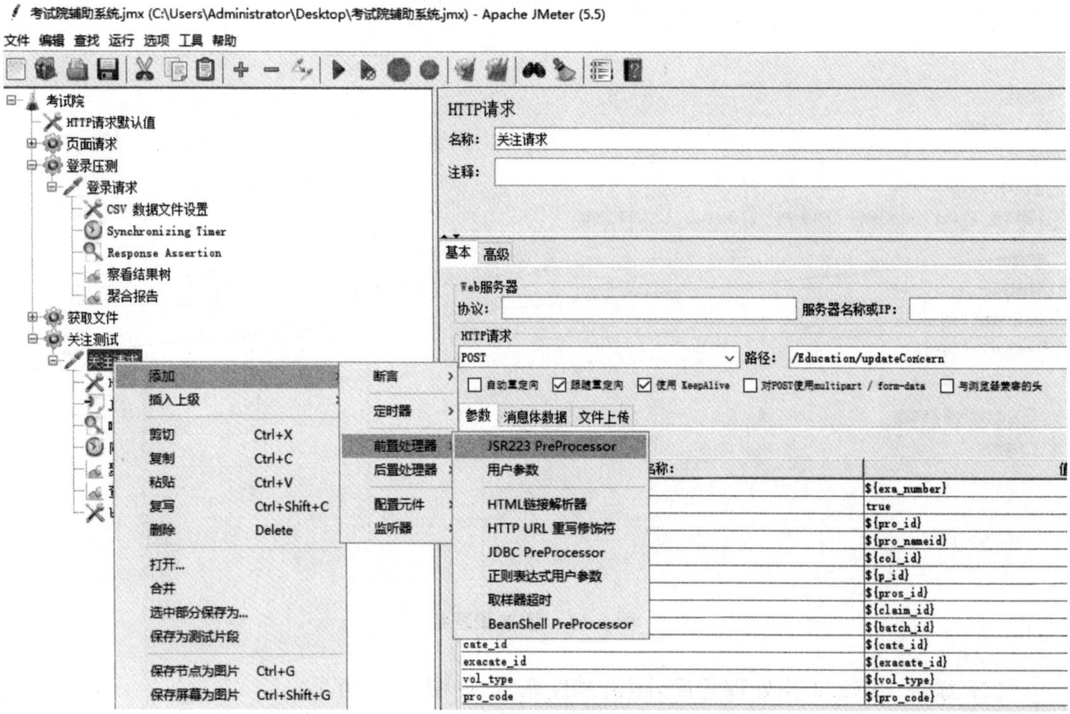

考试院辅助系统.jmx (C:\Users\Administrator\Desktop\考试院辅助系统.jmx) - Apache JMeter (5.5)

文件　编辑　查找　运行　选项　工具　帮助

考试院
- HTTP请求默认值
- 页面请求
- 登录压测
  - 登录请求
    - CSV 数据文件设置
    - Synchronizing Timer
    - Response Assertion
    - 察看结果树
    - 聚合报告
- 获取文件
- 关注测试
  - 关注请求

添加 ›　插入上级 ›　剪切 Ctrl+X　复制 Ctrl+C　粘贴 Ctrl+V　复写 Ctrl+Shift+C　删除 Delete　打开...　合并　选中部分保存为...　保存为测试片段　保存节点为图片 Ctrl+G　保存屏幕为图片 Ctrl+Shift+G

断言 ›　定时器 ›　前置处理器 ›　后置处理器 ›　配置元件 ›　监听器 ›

JSR223 PreProcessor　用户参数　HTML链接解析器　HTTP URL 重写修饰符　JDBC PreProcessor　正则表达式用户参数　取样器超时　BeanShell PreProcessor

HTTP请求

名称: 关注请求

注释:

基本　高级

Web服务器

协议:　服务器名称或IP:

HTTP请求

POST　路径: /Education/updateConcern

自动重定向　跟随重定向　使用 KeepAlive　对POST使用multipart / form-data　与浏览器兼容的头

参数　消息体数据　文件上传

名称:	值
	${exa_number}
	true
	${pro_id}
	${pro_nameid}
	${col_id}
	${p_id}
	${pros_id}
	${claim_id}
	${batch_id}
cate_id	${cate_id}
exacate_id	${exacate_id}
vol_type	${vol_type}
pro_code	${pro_code}

图 5-63　添加 HTTP 请求添加 JSR223 预处理程序

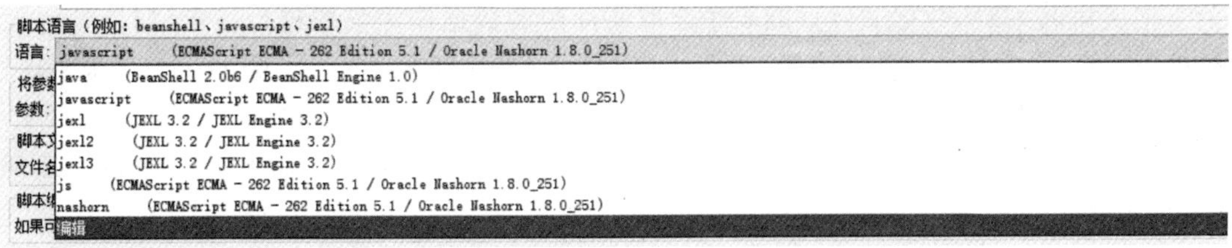

脚本语言（例如：beanshell、javascript、jexl）
语言：javascript　(ECMAScript ECMA - 262 Edition 5.1 / Oracle Nashorn 1.8.0_251)
将参数 java　(BeanShell 2.0b6 / BeanShell Engine 1.0)
参数：javascript　(ECMAScript ECMA - 262 Edition 5.1 / Oracle Nashorn 1.8.0_251)
jexl　(JEXL 3.2 / JEXL Engine 3.2)
脚本文 jexl2　(JEXL 3.2 / JEXL Engine 3.2)
文件名 jexl3　(JEXL 3.2 / JEXL Engine 3.2)
js　(ECMAScript ECMA - 262 Edition 5.1 / Oracle Nashorn 1.8.0_251)
脚本编 nashorn　(ECMAScript ECMA - 262 Edition 5.1 / Oracle Nashorn 1.8.0_251)
如果可 编辑

图 5-64　使用 JavaScript 作为脚本语言

本次测试的账号规则为 22420 加上一个 1～440000 的六位数。根据规则编写出脚本，如图 5-65 所示。JSR223 提供了一个 vars 变量用来使脚本与接收参数的变量之间产生联系，调用 vars. put(key，value)方法，key 为上文设置的接收参数的变量的名称，value 为参数的值，如图 5-65 所示。

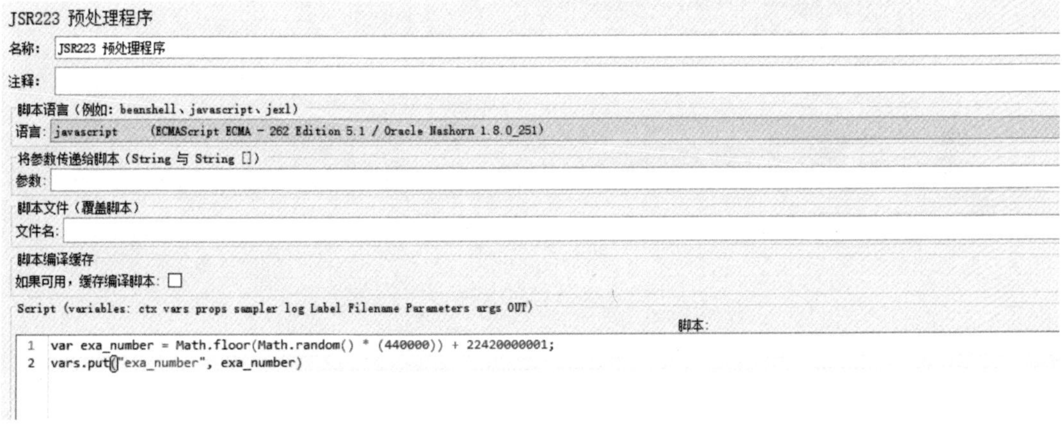

JSR223 预处理程序
名称：JSR223 预处理程序
注释：
脚本语言（例如：beanshell、javascript、jexl）
语言：javascript　(ECMAScript ECMA - 262 Edition 5.1 / Oracle Nashorn 1.8.0_251)
将参数传递给脚本（String 与 String []）
参数：
脚本文件（覆盖脚本）
文件名：
脚本编译缓存
如果可用，缓存编译脚本：☐
Script (variables: ctx vars props sampler log Label Filename Parameters args OUT)
脚本：

```
1  var exa_number = Math.floor(Math.random() * (440000)) + 22420000001;
2  vars.put("exa_number", exa_number)
```

图 5-65　添加 HTTP 请求添加 JSR223 预处理程序

（4）添加 CSV 数据文件。

准备好作为参数的 CSV 文件，按照 CSV 文件的属性和参数顺序进行设置，如图 5-66 所示。

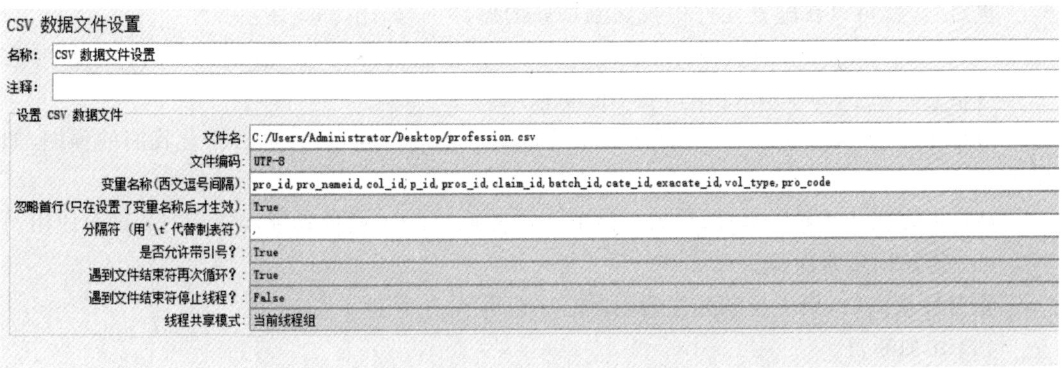

CSV 数据文件设置
名称：CSV 数据文件设置
注释：
设置 CSV 数据文件

文件名：	C:/Users/Administrator/Desktop/profession.csv
文件编码：	UTF-8
变量名称(西文逗号间隔)：	pro_id, pro_nameid, col_id, p_id, pros_id, claim_id, batch_id, cate_id, exacate_id, vol_type, pro_code
忽略首行(只在设置了变量名称后才生效)：	True
分隔符（用'\t'代替制表符）：	,
是否允许带引号？：	True
遇到文件结束符再次循环？：	True
遇到文件结束符停止线程？：	False
线程共享模式：	当前线程组

图 5-66　添加 CSV 数据文件

拓展知识：CSV 数据文件只能顺序读取文件中的数据作为参数进行请求，如果希望随机读取 CSV 中的某一行作为参数，可以通过 JMeter 的插件 Random CSV Data Set 来实现。

如图 5-67 所示，打开插件管理器，选择 Available Plugins，在搜索框输入 random CSV，勾选 Random CSV Data Set 插件，单击“Apply Changes and Restart JMeter”按钮，使选择生效，如图 5-67 所示。

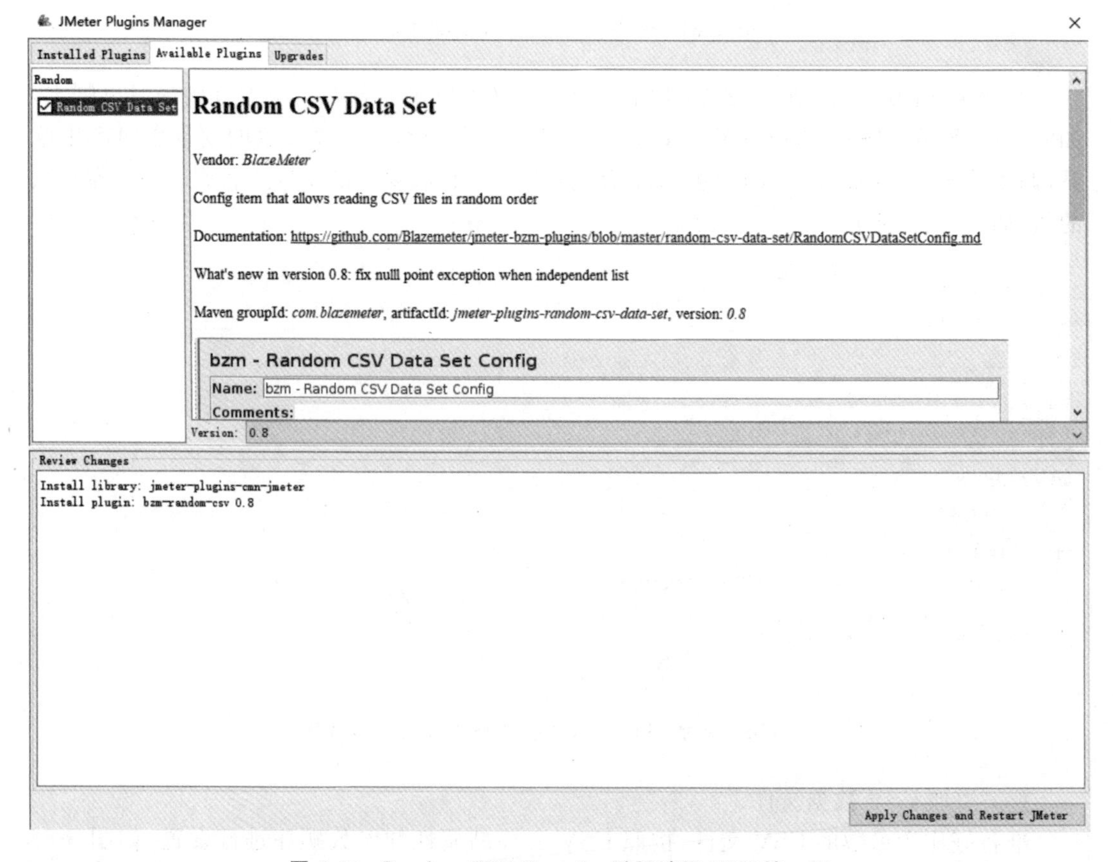

图 5-67 Random CSV Data Set **随机读取** CSV **某一行**

重启后，就可以在配置元件中找到刚加载的插件了，如图 5-68 所示。

Random CSV Data Set Config 的使用与 CSV 数据文件类似，先配置好文件路径、参数名称等信息，勾选 Random Order，表示随机读取。

可以单击“Test CSV Reading”来尝试读取文件中的内容，观察是否符合我们的预期，如图 5-69 所示。

JMeter 提供了大量的插件，只需要用上文安装的 JMeter 插件管理器搜索安装即可使用。

(5) 添加同步定时器。

参考登录接口，用于控制并发数，如图 5-70 所示。

(6) 添加断言。

与登录接口一样，以响应文本包含 success 为成功的标志，如图 5-71 所示。

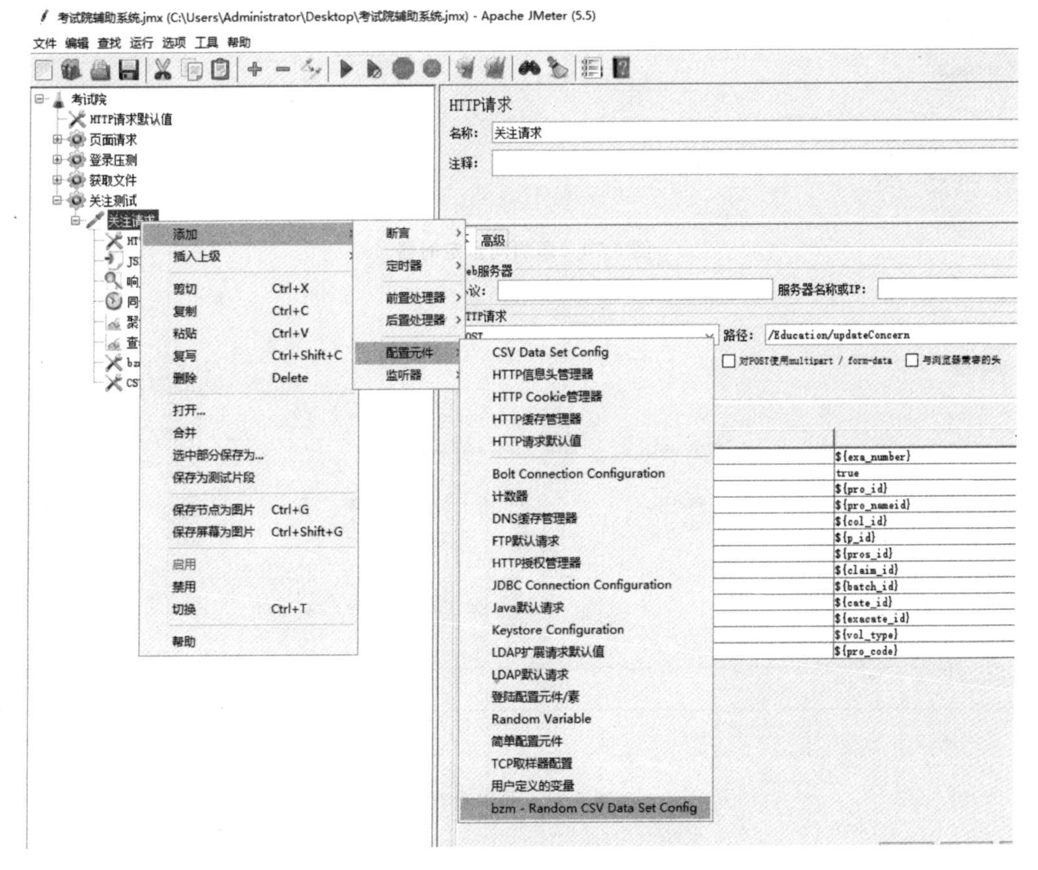

图 5-68　配置元件中找到刚加载的插件

bzm - Random CSV Data Set Config

名称: bzm - Random CSV Data Set Config

注释:

Help on this plugin

Filename: C:\Users\Administrator\Desktop\profession.csv

File encoding: UTF-8

Delimiter (use '\t' for tab): ,

Variable names (comma-delimited): pro_id, pro_nameid, col_id, p_id, pros_id, claim_id, batch_id, cate_id, exacate_id, vol_type, pro_code

Random order: ☑

Rewind on end of list: ☑

First line is CSV header: ☑

Independent list per thread: ☐

Test CSV Reading

```
Reading CSV successfully finished, 20 records found:
${pros_id} = 1913
${pro_code} = 19
${pro_id} = 7762
${pro_nameid} = 1133
${col_id} = 41
${batch_id} = 2
${claim_id} = 18
${cate_id} = 6
${exacate_id} = 0
```

图 5-69　单击“Test CSV Reading”按钮来读取文件中的内容

图 5-70　添加同步定时器

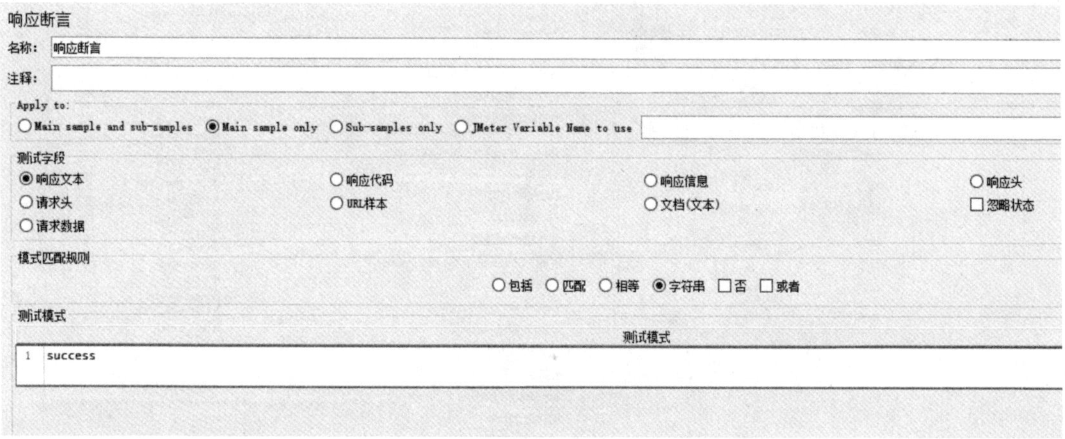

图 5-71　添加断言

(7) 添加聚合报告和查看结果树报告。

与登录接口一样,如图 5-72 所示。

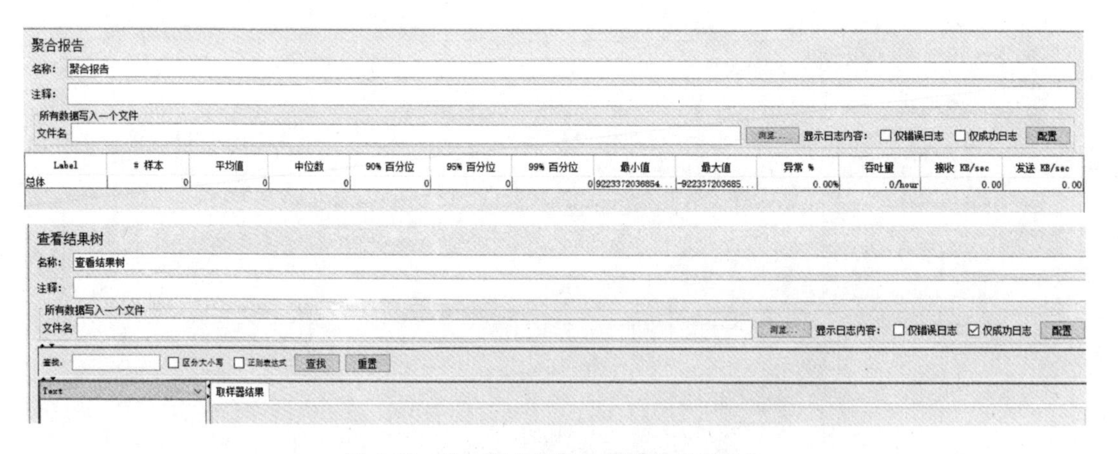

图 5-72　添加聚合报告和查看结果树报告

4) 获取计划查询页面

JMeter 不仅可以测试接口,也可以直接请求页面,获取这个页面相关的所有文件。

(1) 创建页面请求的线程组,如图 5-73 所示。

图 5-73　创建页面请求的线程组

(2) 在线程组下面创建 HTTP 请求,如图 5-74 所示。

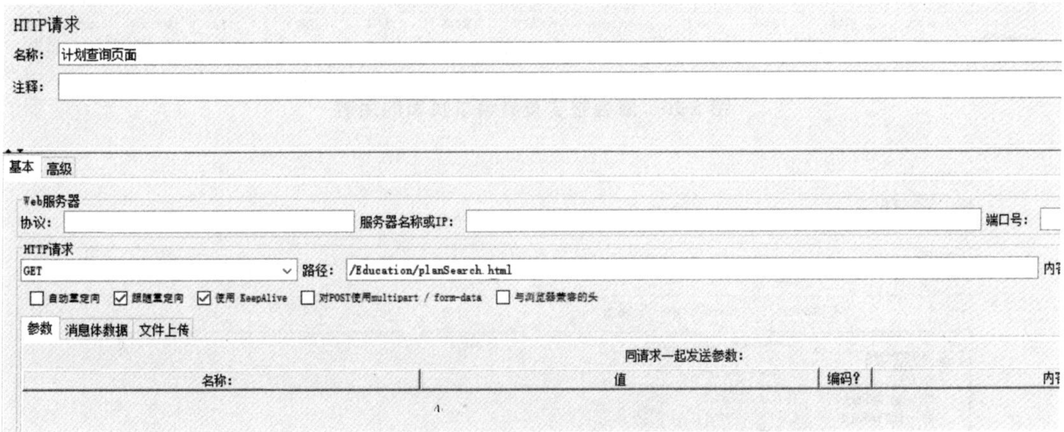

图 5-74　创建 HTTP 请求

将请求的路径设置为计划查询的 HTML 页面,单击"高级"按钮。选中从 HTML 文件获取所有内含的资源,如图 5-75 所示。

(3) 添加聚合报告以及查看结果树。

在聚合报告中,可以看到每次请求页面的用时,如图 5-76 所示。

在查看结果树中,可以明确看到,请求 HTML 的同时,JMeter 还同时请求了它需要的 17 个文件,如图 5-77 所示。

5) 获取文件接口

(1) 添加获取文件的线程组,如图 5-78 所示。

HTTP请求
名称：计划查询页面
注释：
基本 高级
客户端实现
实现：
超时（毫秒）
连接：
响应：
从HTML文件嵌入资源
☑从HTML文件获取所有内含的资源 ☑并行下载. 数量：5
网址必须匹配：
URLs must not match:
源地址
IP/主机名
代理服务器
Scheme: 服务器名称或IP: 端口号: 用户名 密码
其他任务
☐保存响应为MD5哈希

图 5-75　请求的路径设置为计划查询的 HTML 页面

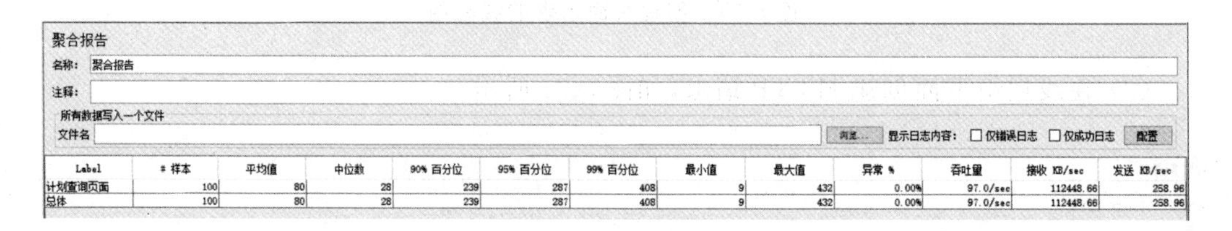

Label	# 样本	平均值	中位数	90% 百分位	95% 百分位	99% 百分位	最小值	最大值	异常 %	吞吐量	接收 KB/sec	发送 KB/sec
计划查询页面	100	80	28	239	287	408	9	432	0.00%	97.0/sec	112448.66	258.96
总体	100	80	28	239	287	408	9	432	0.00%	97.0/sec	112448.66	258.96

图 5-76　聚合报告查看请求页面的用时

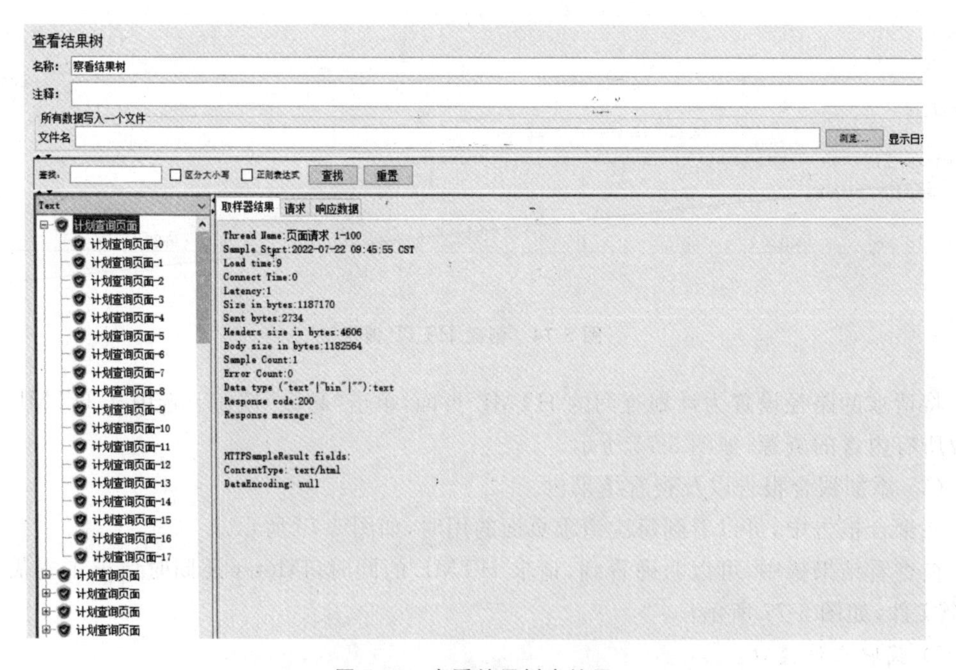

图 5-77　查看结果树中结果

图 5-78　获取文件接口

(2) 添加 HTTP 请求,如图 5-79 所示。

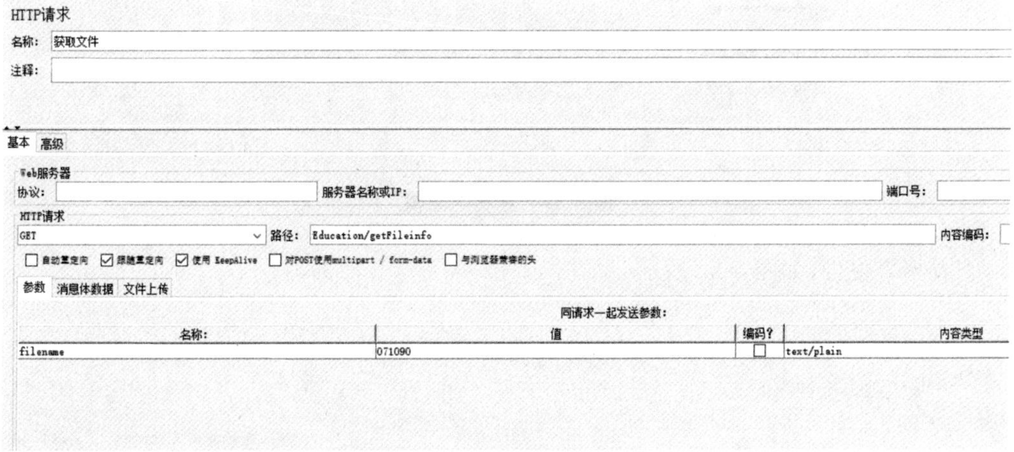

图 5-79　添加 HTTP 请求

获取文件接口只有文件名这一个参数,由于大部分文件大小都为 3～6 KB,因此选取了一个 4 KB 的文件作为样本进行请求。

(3) 添加同步定时器,如图 5-80 所示。

图 5-80　添加同步定时器

(4) 添加查看结果树和聚合报告。

查看结果树,如图 5-81 所示。

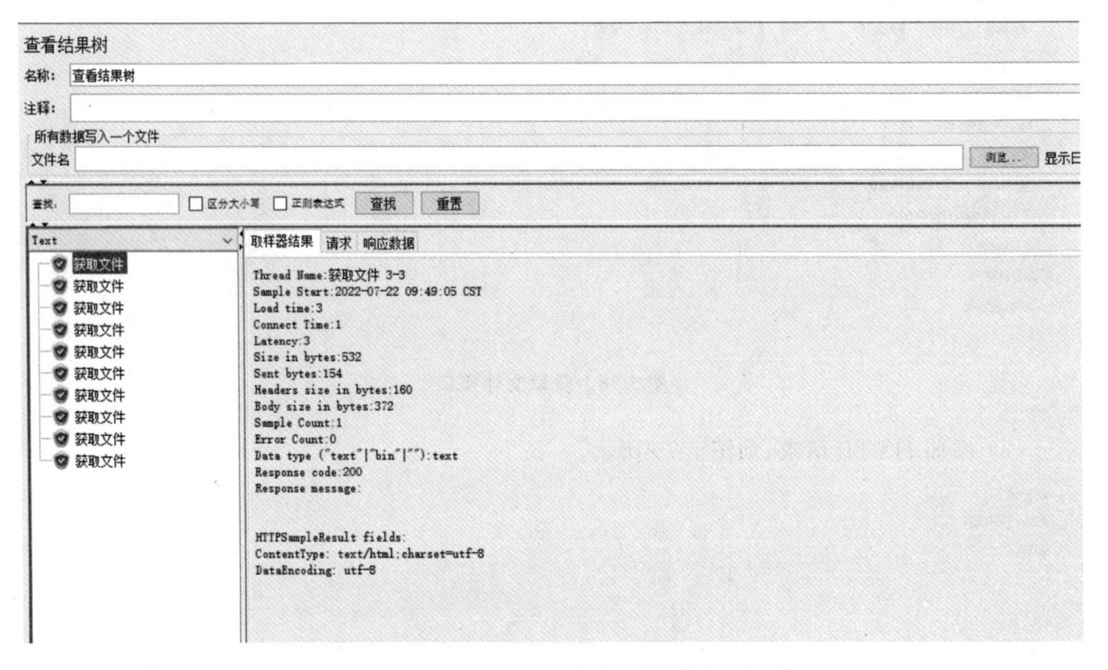

图 5-81　查看结果树

查看聚合报告,如图 5-82 所示。

聚合报告

名称: 聚合报告

注释:

所有数据写入一个文件

文件名　浏览...　显示日志内容: ☐仅错误日志　☐仅成功日志　配置

Label	# 样本	平均值	中位数	90% 百分位	95% 百分位	99% 百分位	最小值	最大值	异常 %	吞吐量	接收 KB/sec	发送 KB/sec
获取文件	10	3	3	4	4	5	2	5	0.00%	1250.0/sec	649.41	187.99
总体	10	3	3	4	4	5	2	5	0.00%	1250.0/sec	649.41	187.99

图 5-82　聚合报告

5.4.5　自动化性能测试工具 LoadRunner

1. LoadRunner 的介绍与安装

LoadRunner 是一种预测系统行为和性能的负载测试工具。通过模拟成千上万用户实施并发负载及实时性能监测的方式来确认和查找问题,LoadRunner 能够对整个企业架构进行测试。企业使用 LoadRunner 能最大限度地缩短测试时间、优化性能和加速应用系统的发布周期。

LoadRunner 可适用于各种体系架构的自动负载测试,能预测系统行为并评估系统性能。

1）LoadRunner 的下载与安装

本书中采用的是 LoadRunner 12.02 版本，读者可从 http://www.20-80.cn/Testing_book/file/filelist.html 下载。

具体安装步骤如下。

首先双击 LoadRunner 12.02 的安装文件，打开 exe 执行文件后会有两种情况：

（1）当缺少 LoadRunner 运行的必备组件时会弹窗，出现如图 5-83 所示的界面，在有网络的情况下单击“确定”按钮即可，系统会自动安装部署必备组件。

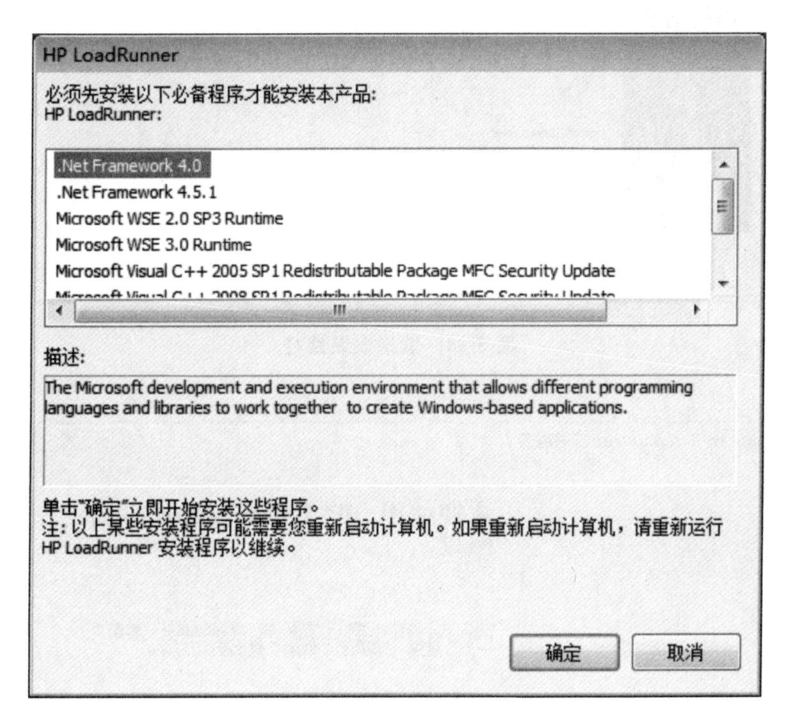

图 5-83　需要安装的程序

（2）等待组件安装完成之后，弹出如图 5-84 所示的文件解压窗口，单击“Install”按钮，进入安装向导界面，单击“下一步”按钮，如图 5-85 所示。

选择安装路径，注意安装路径中不能含有中文字符，建议安装默认路径。选择默认并单击“安装”按钮，如图 5-86 所示。

耐心等待安装。弹出如图 5-87 所示的界面，将“指定 LoadRunner 代理将要使用的证书。”勾选去掉，单击“下一步”按钮。注意：安装时会自动勾选，需要手动取消勾选。

稍等片刻还会有一个弹窗，勾选“安装 Web Controller”，如图 5-88 所示。

LoadRunner 安装完成。弹出如图 5-89 所示的 License 提示界面，注意：LoadRunner 社区版仅支持最大 50 个并发数。

2）LoadRunner 三大组件介绍

（1）虚拟用户脚本生成器。

LoadRunner 使用虚拟用户 Vuser（virtual users）来模拟实际用户对业务系统施加压

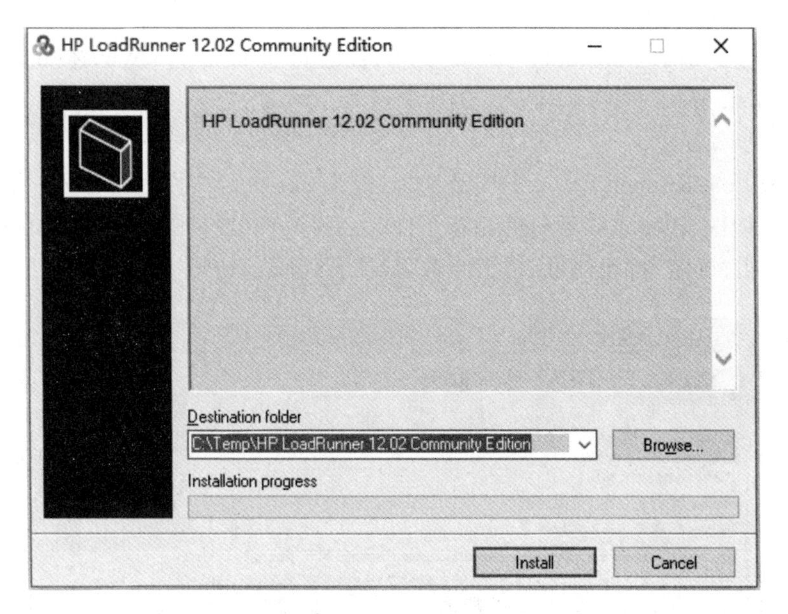

图 5-84　选择安装路径

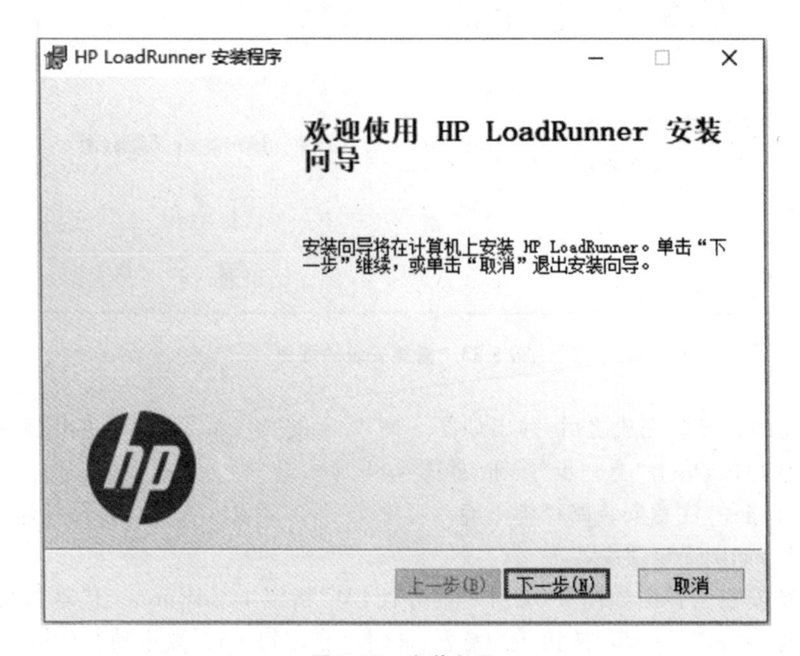

图 5-85　安装向导

力。虚拟用户在一个中央控制器(controller station)的监视下工作。

虚拟用户脚本生成器的作用是录制和调试脚本。测试人员执行的操作通过录制，然后以 Vuser script(虚拟用户脚本)的方式固定下来。一台计算机可以运行多个 Vuser，因此 LoadRunner 又减少了性能测试对硬件的要求。

Vuser 在方案中执行的操作是用 Vuser 脚本描述的。运行场景时，每个 Vuser 去执行

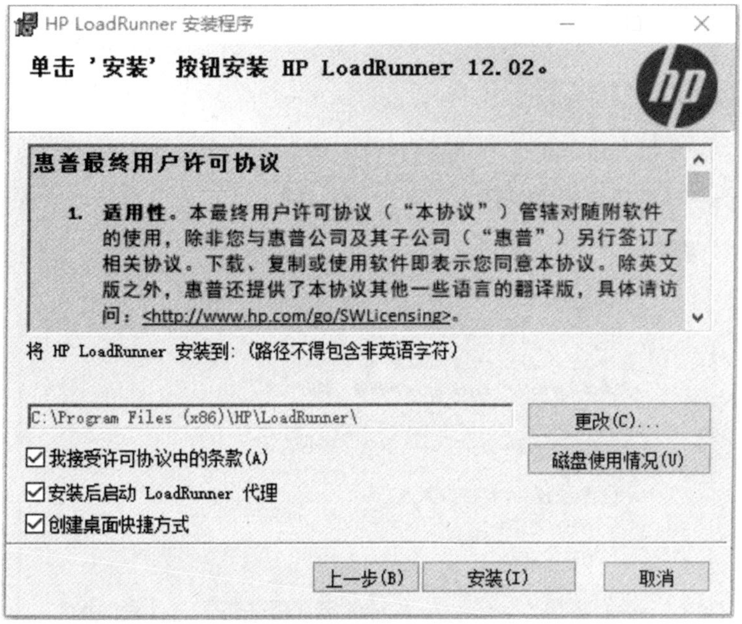

图 5-86　选择默认安装路径

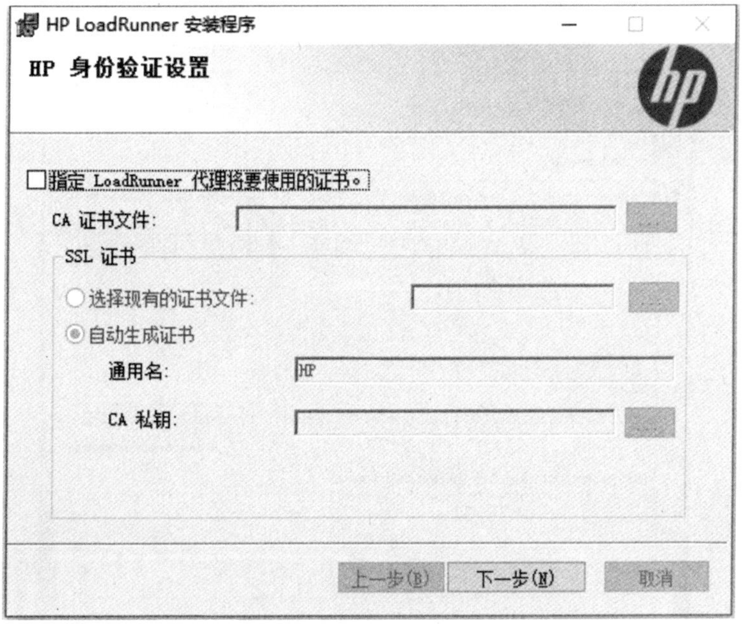

图 5-87　去掉要使用的证书

Vuser 脚本。Vuser 脚本记录了用户的动作，并且包含一系列度量并记录服务器性能的函数，从而方便计算性能指标。这就像一个真实的用户一边做操作，一边拿着秒表记录时间一样。操作图标如图 5-90 所示。

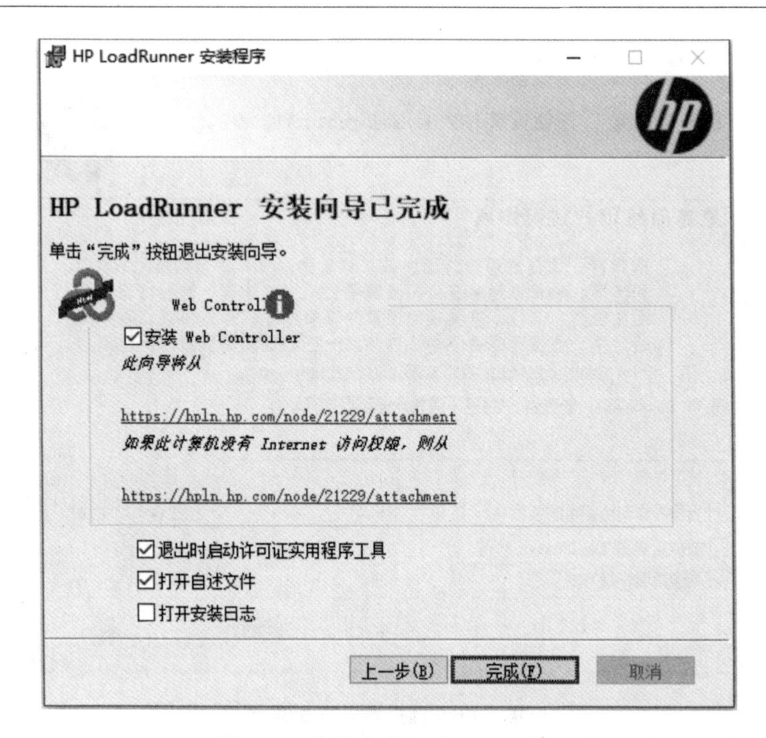

图 5-88　勾选安装 Web Controller

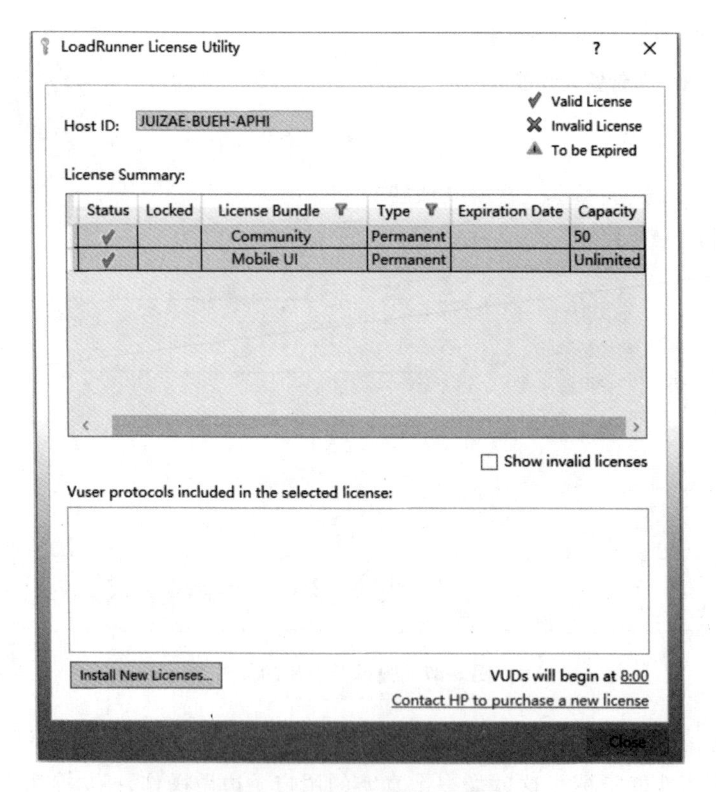

图 5-89　License 提示界面

(2) 性能调度控制台。

性能调度控制台(Controller)用于组织、驱动、管理和监控负载测试,可以设置场景参数、管理虚拟用户。

Controller是运行性能测试的司令部,在实际运行时,Controller将运行任务分派给各个Load generator,同时还联机监测软件系统各个节点的性能,并收集结果数据,提供给LoadRunner的Analysis。操作图标如图5-91所示。

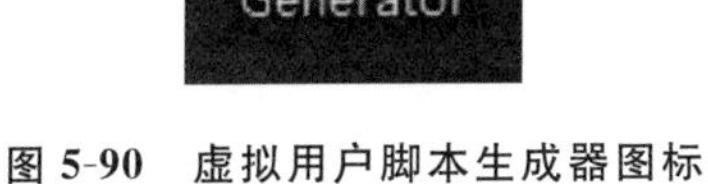
图5-90 虚拟用户脚本生成器图标

图5-91 性能调度控制台图标

(3) 分析器。

分析器有助于测试人员查看、分析和比较性能结果,并生成测试报告。

分析器是对测试结果数据进行分析的组件,保存着大量用来分析性能测试结果的数据图,但并不一定要对每个视图进行分析,可以根据实际情况选择相关的数据视图进行分析,分析结果可以生成一些不同格式的测试报告。操作图标如图5-92所示。

图5-92 分析器图标

2. 性能测试用例

以登录和招生计划查询两个测试用例为例,进行性能测试,如表5-7所示。

表5-7 性能测试用例表

测试用例	功能	路径	参数	参数意义
登录	验证用户登录,成功时获取用户关注数据	/Education/login.html	exa_number	用户名
招生计划查询页面	获取招生计划查询的信息	/Education/planSearch.html	无	

3. 性能测试脚本开发

1) 登录接口

打开Virtual User Generator应用程序,新建一个新的解决方案,如图5-93所示。

单击"录制"按钮,在打开信息框中输入浏览器应用程序的路径,这里使用微软操作自带的Edge浏览器,再输入高考志愿填报辅助系统测试网址"http://localhost:8080/Education/login.html",单击"Start Recording"按钮,如图5-94所示。

在弹出的对话框中点击"Yes"按钮,如图5-95所示。

浏览器会自动打开高考志愿填报辅助系统的网站,并在阅读提示倒计时结束后单击"我

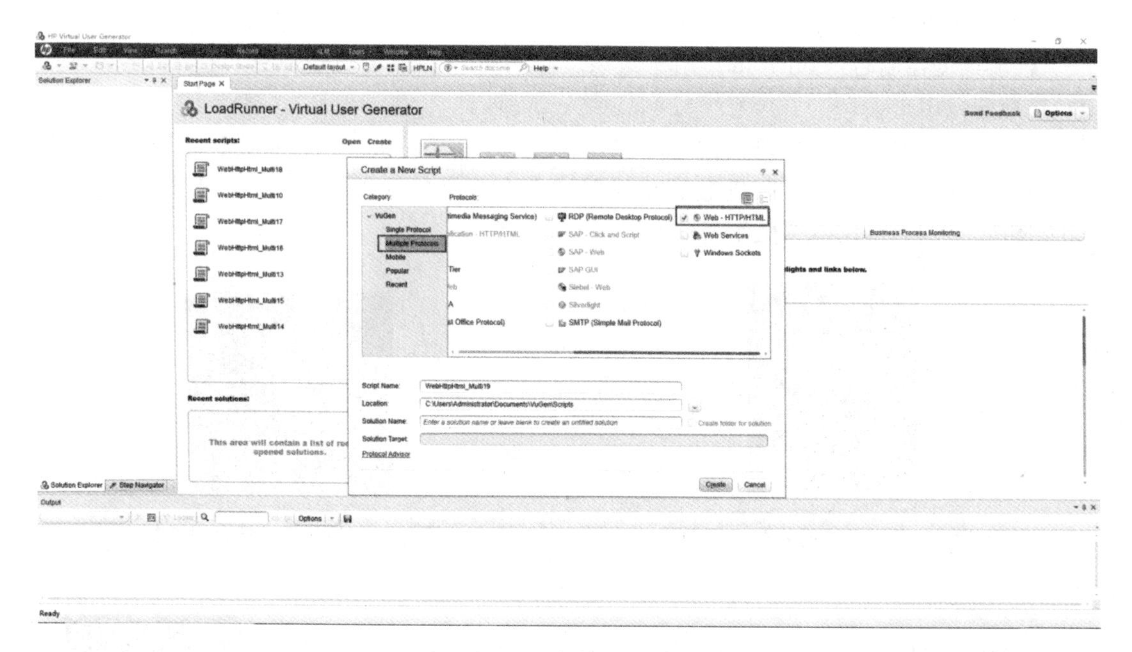

图 5-93　新建解决方案

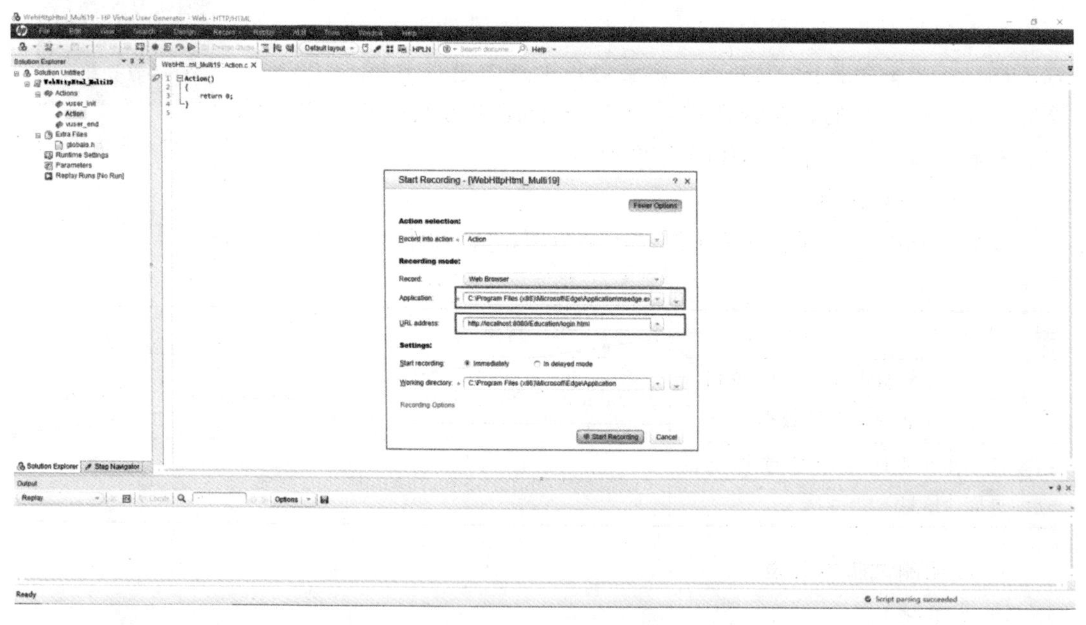

图 5-94　输入录制参数

已阅读并同意"按钮，如图 5-96 所示。

在用户登录框中输入正确的用户名、密码及验证码，单击"登录"按钮，如图 5-97 所示。注：为了方便测试，给出的测试账号、密码统一设置为 123456a。

成功进入系统首页后，单击屏幕右上角的"停止录制"按钮，停止登录脚本的录制，如图 5-98 所示。

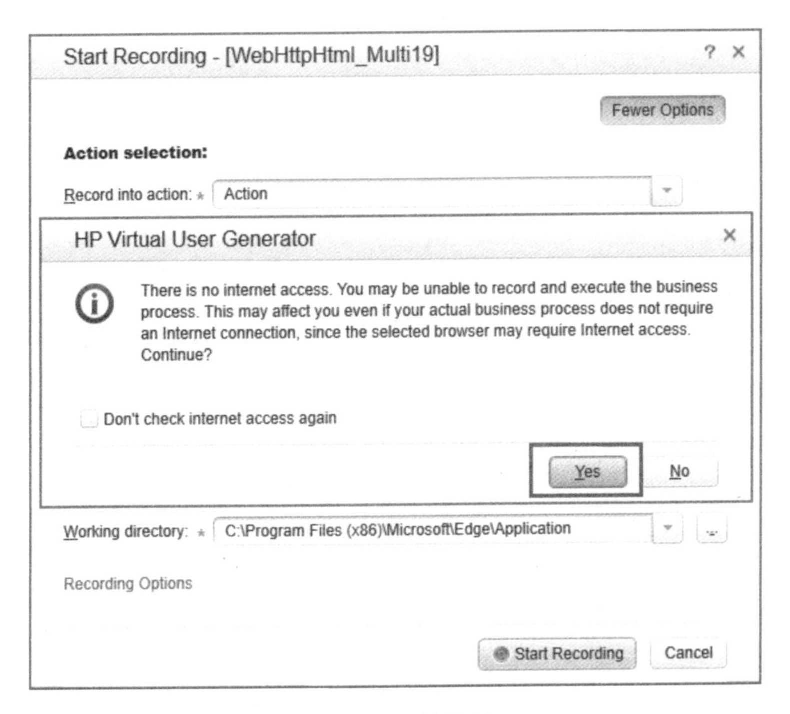

图 5-95　开始录制

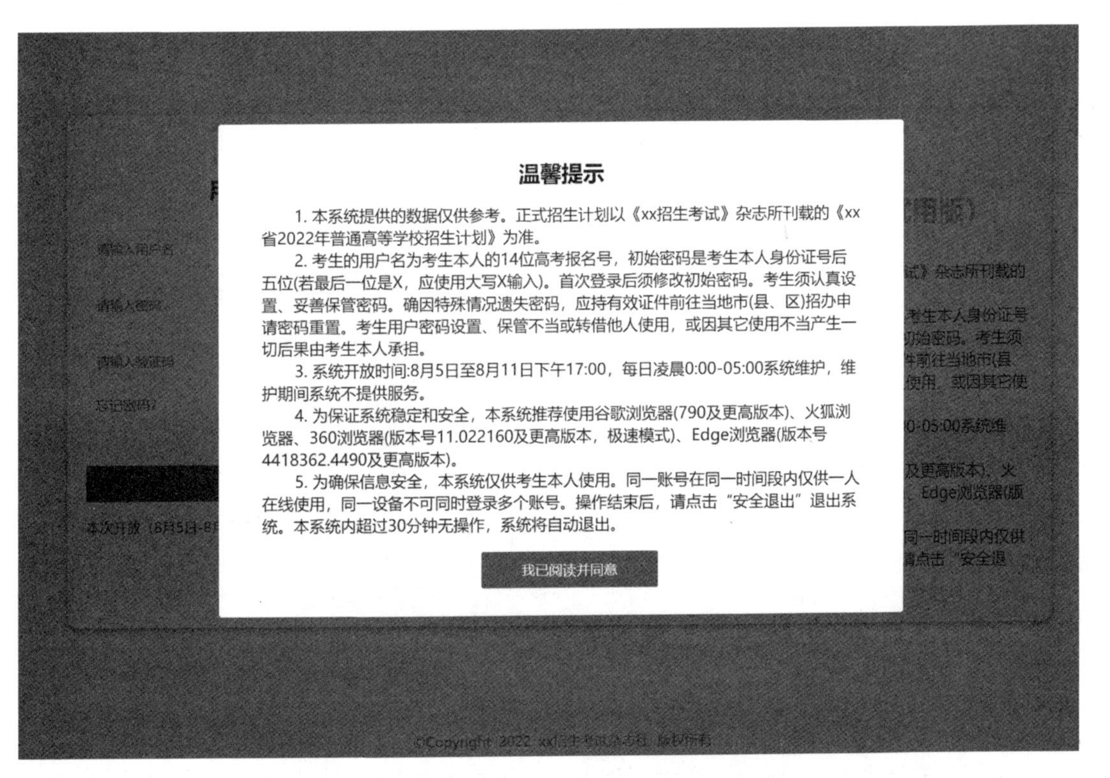

图 5-96　单击已阅读并同意

xx省2022年普通高校招生
计划查询与志愿填报辅助系统（试用版）

1. 本系统提供的数据仅供参考。正式招生计划以《xx招生考试》杂志所刊载的《xx省2022年普通高等学校招生计划》为准。

2. 考生的用户名为考生本人的14位高考报名号，初始密码是考生本人身份证号后五位(若最后一位是X，应使用大写X输入)。首次登录后须修改初始密码。考生须认真设置、妥善保管密码。确因特殊情况遗失密码，应持有效证件前往当地市(县、区)招办申请密码重置。考生用户密码设置、保管不当或转借他人使用，或因其他使用不当产生一切后果由考生本人承担。

3. 系统开放时间:8月5日至8月11日下午17:00，每日凌晨0:00—05:00系统维护，维护期间系统不提供服务。

4. 为保证系统稳定和安全，本系统推荐使用谷歌浏览器(790及更高版本)、火狐浏览器、360浏览器(版本号11.022160及更高版本，极速模式)、Edge浏览器(版本号4418362.4490及更高版本)。

5. 为确保信息安全，本系统仅供考生本人使用。同一账号在同一时间段内仅供一人在线使用，同一设备不可同时登录多个账号。操作结束后，请单击“安全退出”按钮退出系统。本系统内超过30分钟无操作，系统将自动退出。

©Copyright 2022 xx招生考试杂志社 版权所有

图 5-97　输入用户名和密码

首页
localhost:8080/Education/home.html?v=5
Recording... (2)　00:03:11
Action

xx省2022年普通高校招生
计划查询与志愿填报辅助系统（试用版）

用户名：22420000008　安全退出

计划查询
计划调整公告
招生计划查询
关注列表
填报辅助
往年录取控制分数线
往年院校投档及录取情况
往年招生排序成绩一分一段统计表
帮助
使用说明

招生计划查询

批次	说明	操作
本科提前批	包括军队、公安、消防、司法、安全、飞行技术等需体检(或体能测试)、面试和考察(考核)的专业；部分公费师范生、部分航海类专业、小语种、部属师范大学培养的国家优师计划等专业；经教育部同意的其他院校普通类专业。	进入
本科普通批	包括未列入本科提前批的普通类本科专业。	进入
高职高专提前批	包括定向培养军士（原直招士官生）、司法等高职高专普通类专业和经同意的其他院校的普通类高职高专专业。	进入
高职高专普通批	包括未列入高职高专提前批的普通类高职高专专业。	进入
艺术本科A	包括独立设置艺术院校的艺术类本科专业、重点院校的艺术类本科专业、经同意组织校考的一般本科院校的艺术类本科专业。	进入
艺术本科B	包括艺术本科A以外的其他院校的艺术类本科专业。	进入
艺术高职高专批	包括所有招生院校的艺术类高职高专专业。	进入
体育本科批	包括所有招生院校的体育类本科专业。	进入
体育高职高专批	包括所有招生院校的体育类高职高专专业。	进入

图 5-98　登录成功并停止录制

停止录制后，在左侧菜单中，选中“Parameters”并双击打开，如图 5-99 所示。

新建一个参数，命名为“exa_number”，再单击“Edit with Notepad”按钮，如图 5-100 所示。

在打开的记事本中，输入几个测试账号，每个账号占一行，输入完成后保存关闭，如图 5-101 所示。

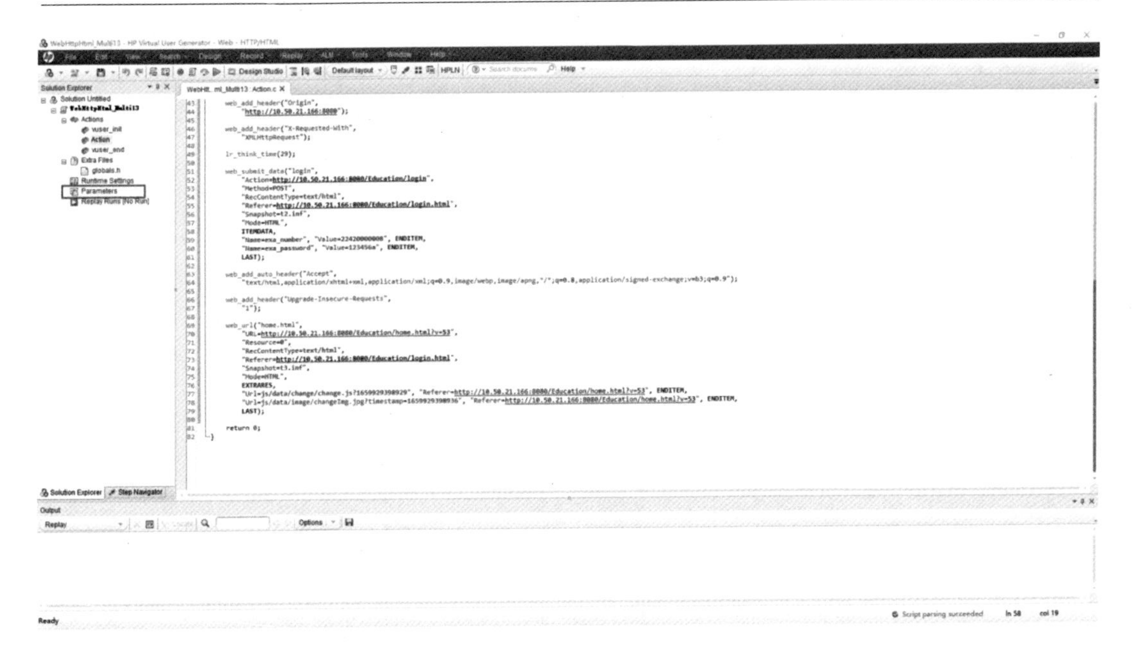

图 5-99　修改脚本参数

Parameter List

exa_number

Parameter type: File

File path: exa_number.dat　Browse...

Add Column...　Add Row...　Delete Column...　Delete Row...

	exa_number
1	22420000008
2	22420000009
3	22420000010
4	22420000011

Edit with Notepad...　Data Wizard...　Simulate Parameter...

Select column

By number: 1

By name:

File format

Column: Comma

First data: 1

Select next row: Sequential

Update value on: Each iteration

When out of values: Continue with last value

Allocate Vuser values in the Controller

Automatically allocate block size

Allocate　values for each Vuser

New　Delete　Close

图 5-100　编辑脚本参数

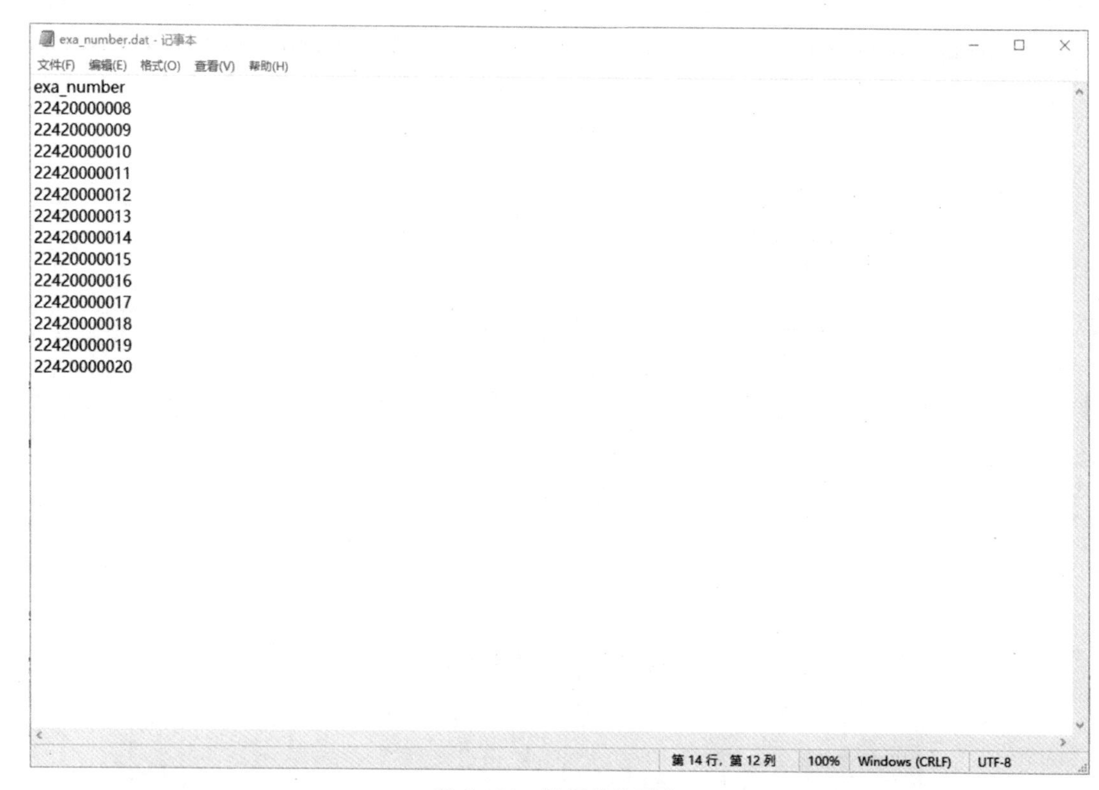

图 5-101　编辑参数列表

找到脚本中输入用户名的那一行代码，选中 value 值，右键替换为刚才新建的参数 exa_number，如图 5-102 所示。

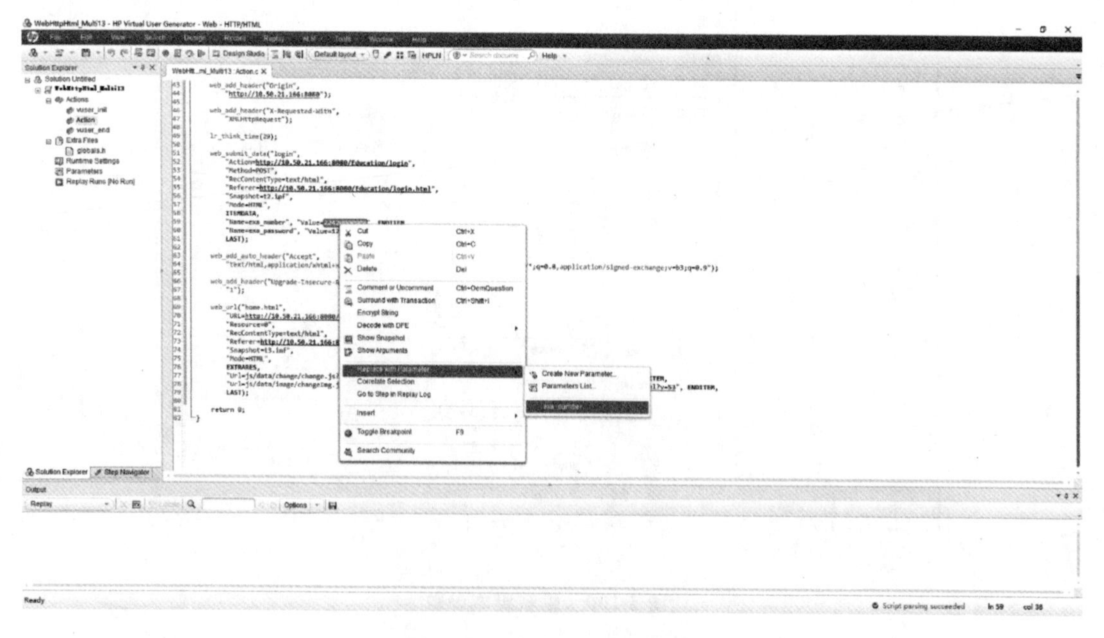

图 5-102　在脚本中替换参数

打开 Controller 应用程序，新建一个新的脚本，单击“Add”按钮，再单击“OK”按钮，如图 5-103 所示。

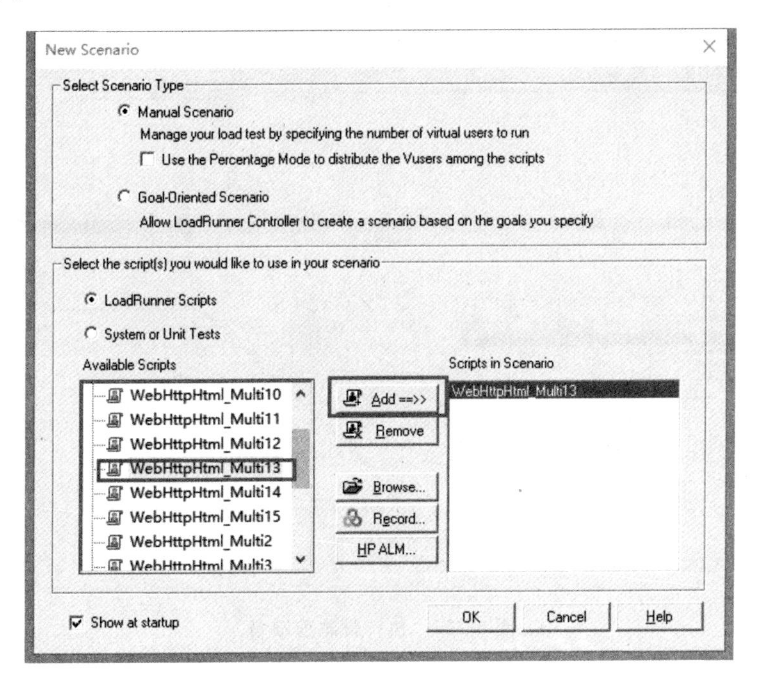

图 5-103　Controller 新建脚本

输入并发量为 55，如图 5-104 所示。

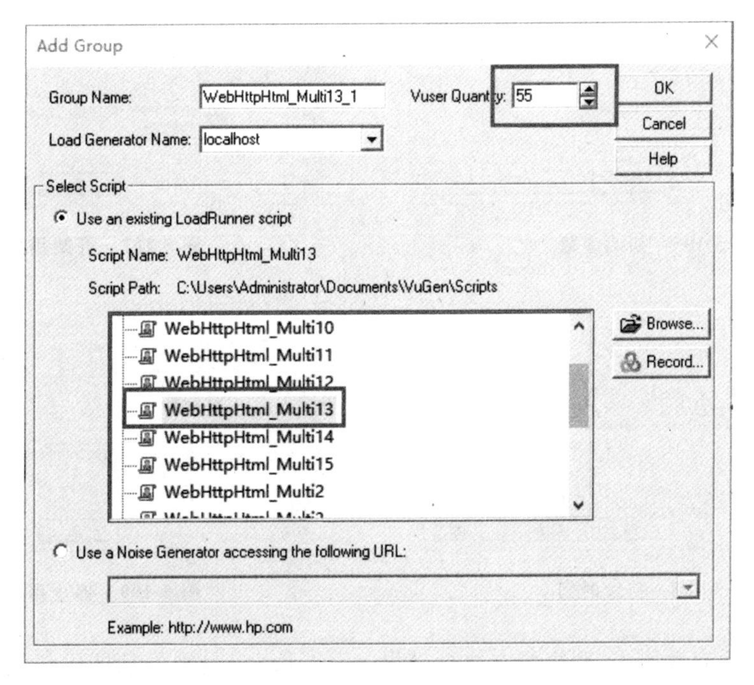

图 5-104　输入并发量

单击“OK”按钮后，效果如图 5-105 所示。

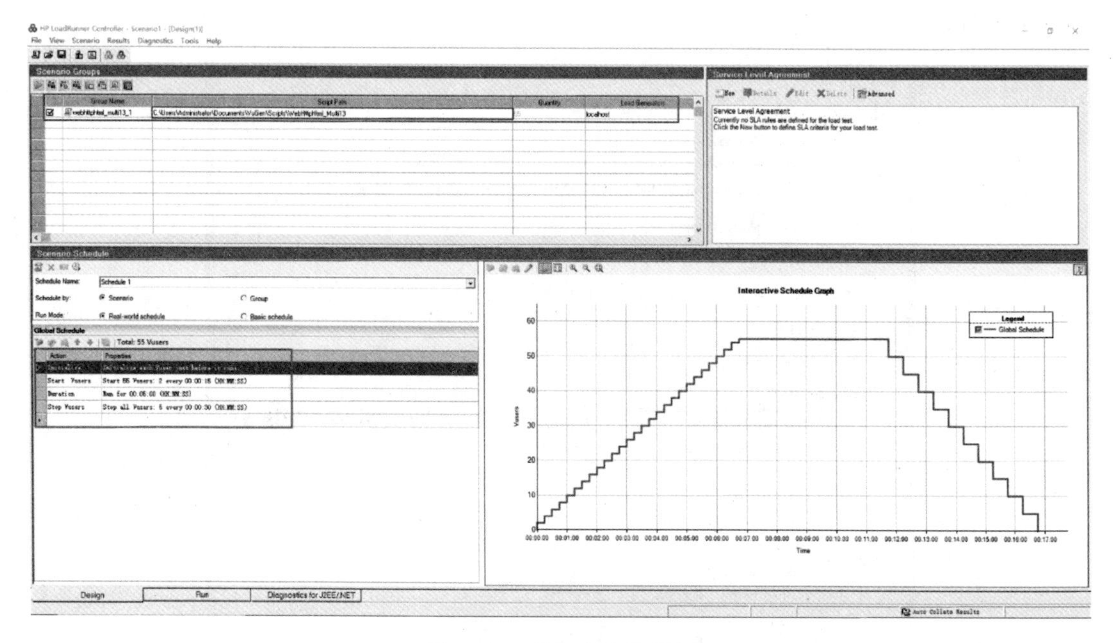

图 5-105　执行脚本前准备

依次设置脚本初始参数，如图 5-106～图 5-109 所示。

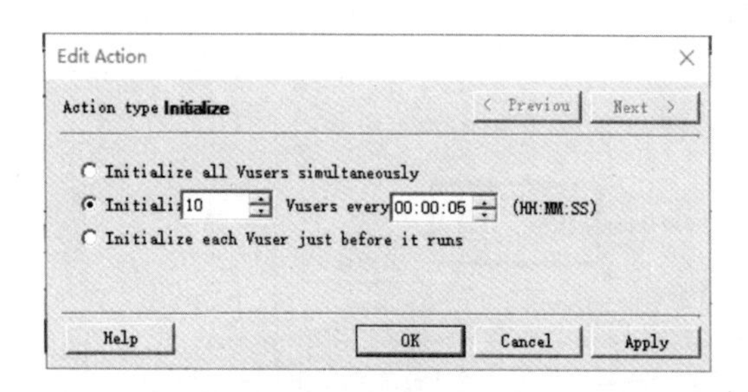

图 5-106　初始参数

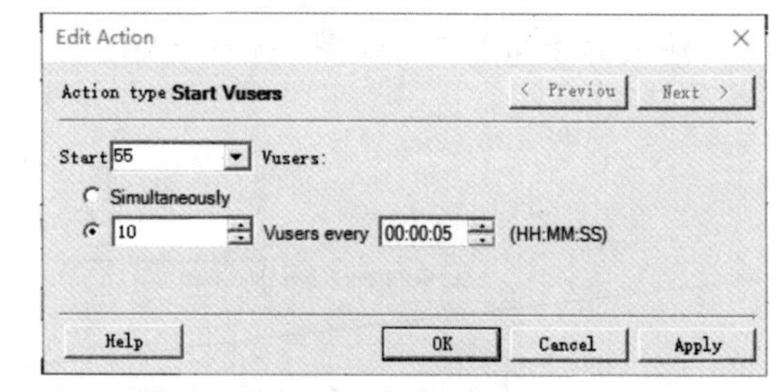

图 5-107　开始用户

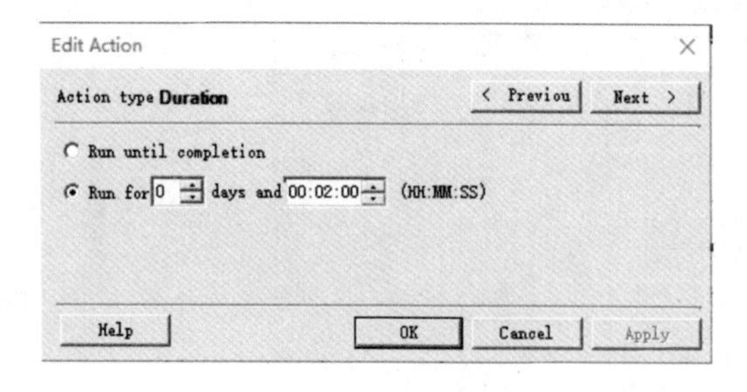

图 5-108　持续时间

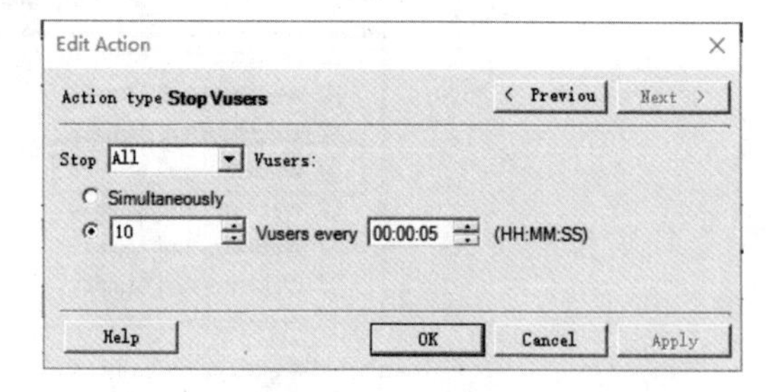

图 5-109　停止用户

设置完成后启动脚本，观察脚本执行过程。5 个 Error 是因为社区版仅支持最大 50 个并发数，如图 5-110 所示。

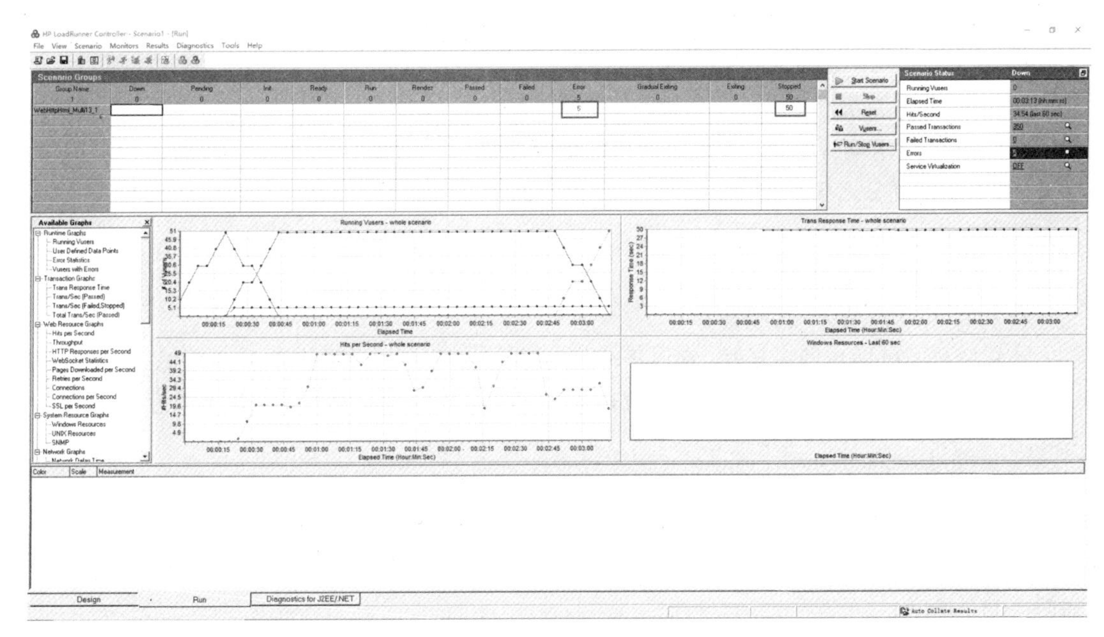

图 5-110　脚本执行过程

脚本执行完成，单击菜单栏“Result—Analyze Results”，查看结果，程序会自动打开分析器，显示脚本执行的结果，如图 5-111 所示。

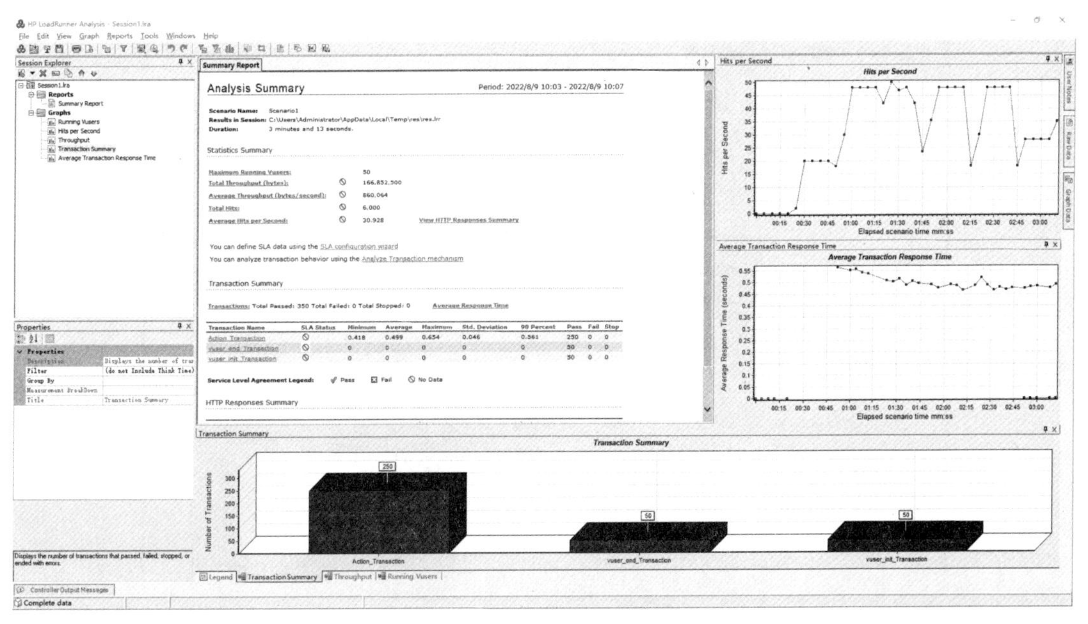

图 5-111　脚本执行结果

参数解析

Label：请求名称。

＃样本（＃samples）：总线程数，总线程数＝线程数×循环次数。

平均值(average):单个请求的平均响应时间,平均值=总运行时间/发送到服务器的总请求数。

中位数、90%百分位、95%百分位、99%百分位(median、90%line、95%line、99%line)分别代表50%的请求响应时间、90%的请求响应时间、95%的请求响应时间、99%的请求响应时间,也就是有百分之多少的请求小于这个值。其中,90%百分位是性能测试中比较重要的一个衡量指标。

最小值(min):最小响应时间。

最大值(max):最大响应时间。

异常%(Error%):即错误率,错误率=发生错误的请求 / 总请求数(%)。

吞吐量(Throughput):表示每秒完成的请求数,吞吐量=总请求数/执行所有请求的总用时。

2)招生计划查询页面

(1)请参考上一小节,录制新的脚本,输入高考志愿填报辅助系统招生计划查询页面测试网址"http://localhost:8080/Education/planSearch.html",单击"Start Recording"按钮,如图5-112所示。

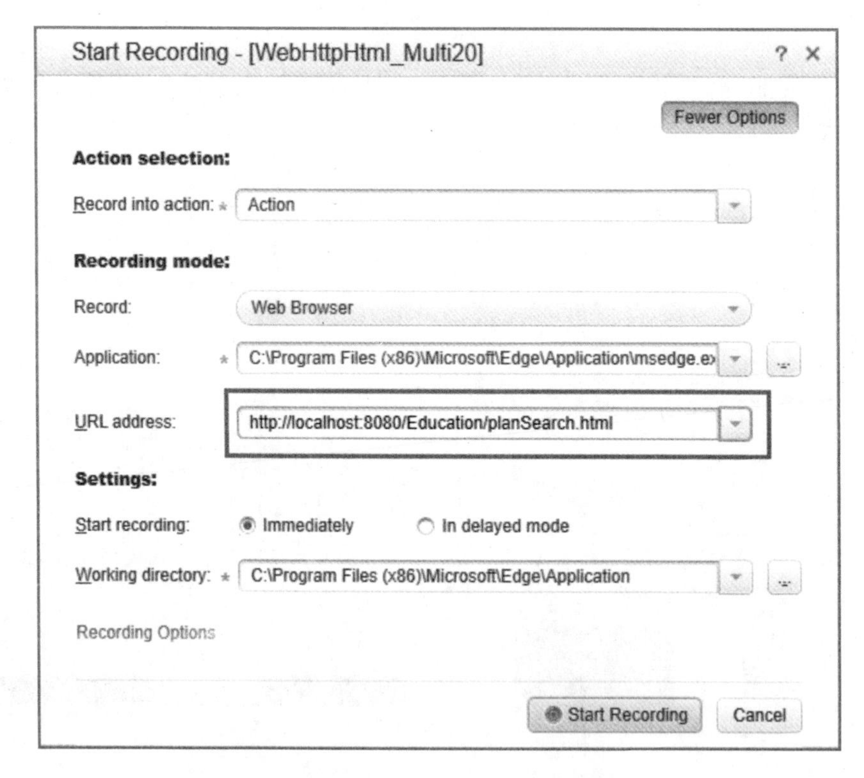

图5-112 准备录制招生计划查询页面

(2)进入页面后,输入查询条件,如图5-113所示。

(3)请参考上一小节,停止录制,打开Controller应用程序,执行脚本,并查看性能测试结果。

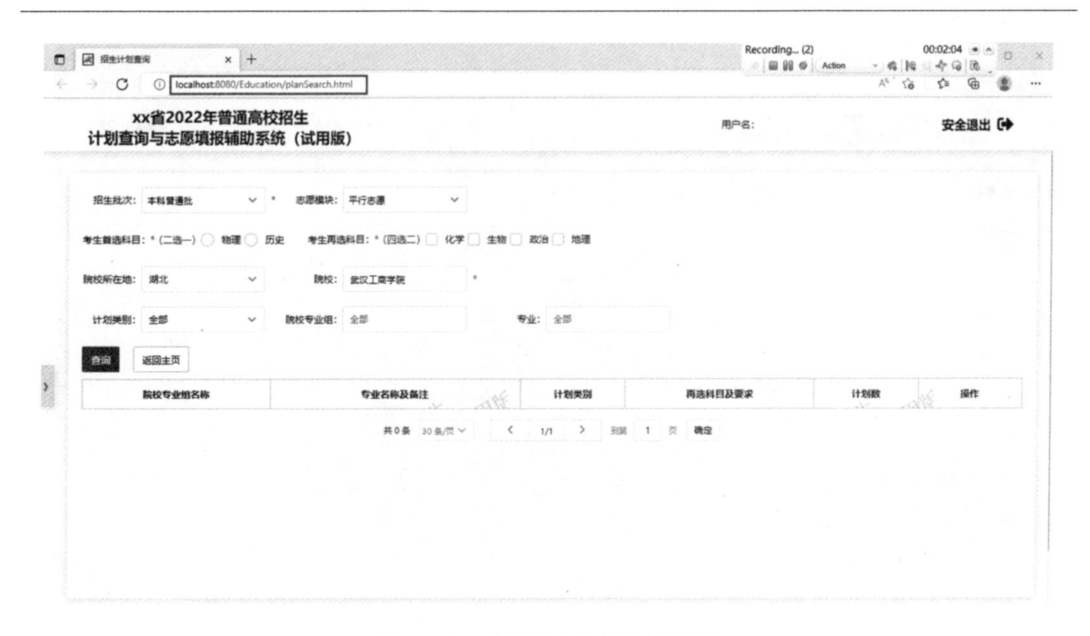

图 5-113　录制招生计划查询页面

3）关注页面

（1）请参考上一小节，录制新的脚本，输入高考志愿填报辅助系统关注页面测试网址“http://localhost:8080/Education/followList.html”，单击“Start Recording”按钮，如图 5-114 所示。

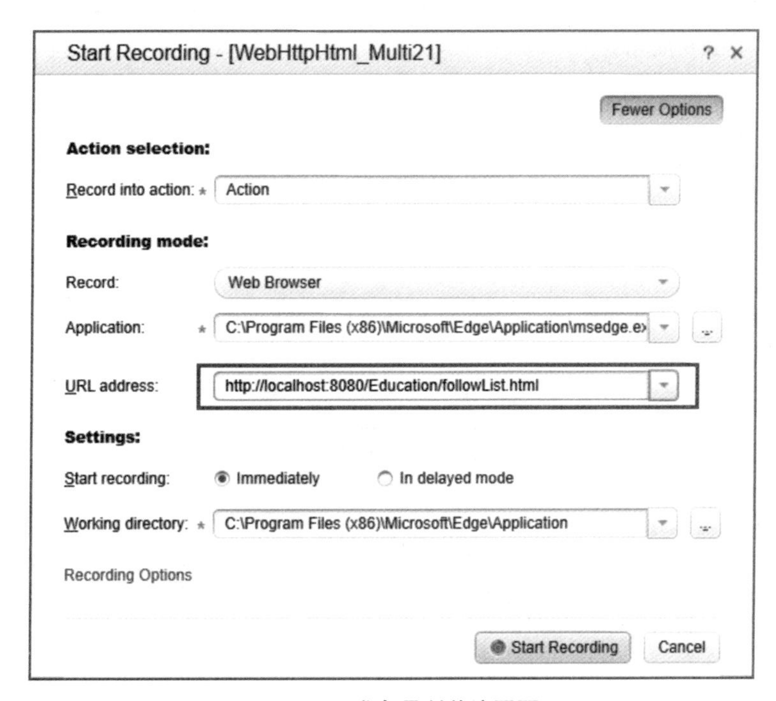

图 5-114　准备录制关注页面

（2）进入页面后，查询关注学校与专业，如图 5-115 所示。

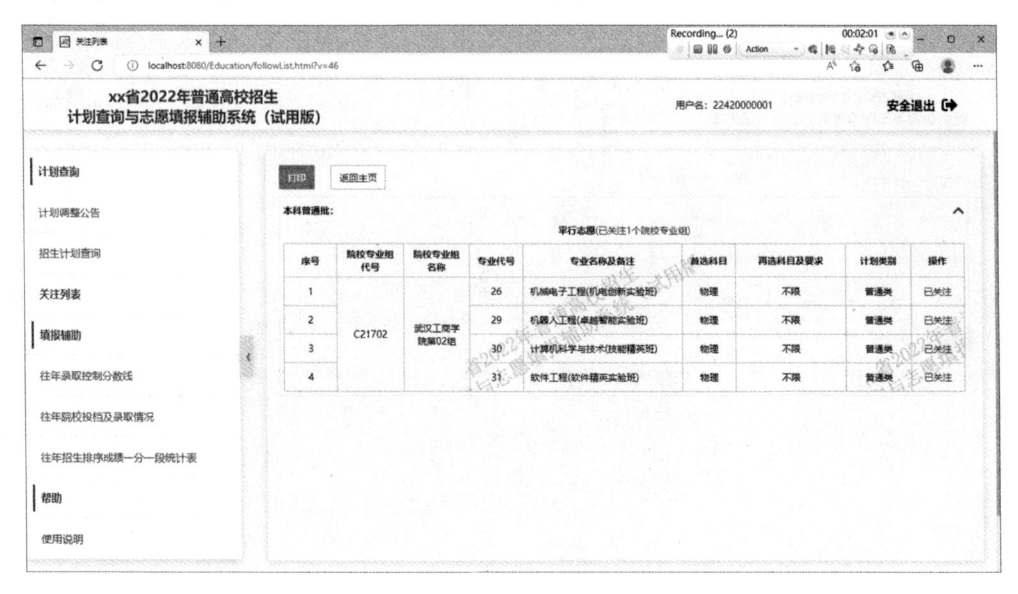

图 5-115　录制关注页面

（3）请参考上一小节，停止录制，打开 Controller 应用程序，执行脚本，并查看性能测试结果。

4）往年分数线

（1）请参考上一小节，录制新的脚本，输入高考志愿填报辅助系统往年录取控制分数线页面测试网址“http://localhost:8080/Education/lastScoreLine.html”，单击“Start Recording”按钮，如图 5-116 所示。

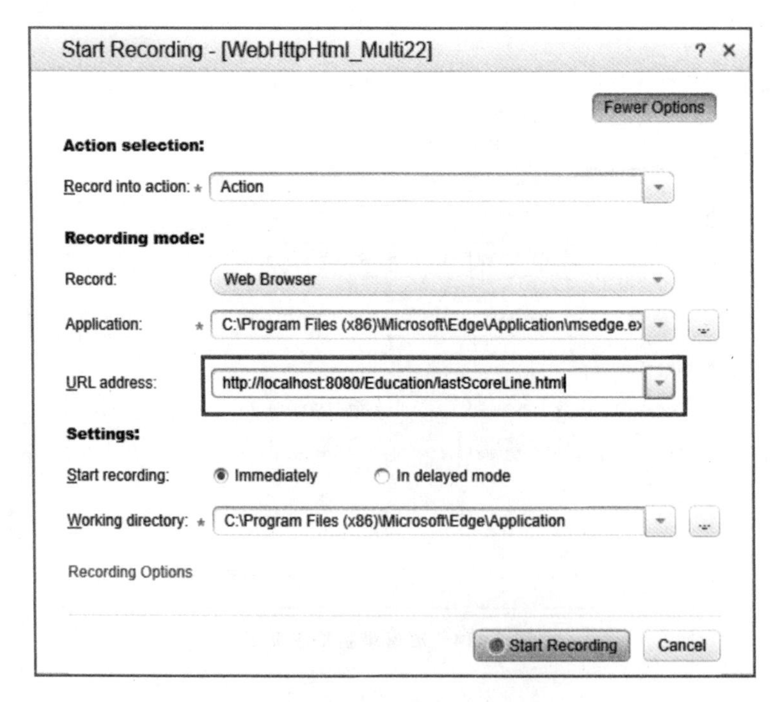

图 5-116　准备录制往年分数线页面

（2）进入页面后，查询近三年录取分数线，如图 5-117 所示。

图 5-117　录制往年分数线页面

（3）请参考上一小节，停止录制，打开 Controller 应用程序，执行脚本，并查看性能测试结果。

实验实训

1. 实训目的

掌握几种常用的自动化测试工具。

2. 实训内容

（1）使用 Selenium 进行测试。

（2）使用 UFT 进行测试。

（3）使用 JMeter 进行测试。

（4）使用 LoadRunner 进行测试。

小　　结

本章主要讲解了什么是自动化测试，自动化测试的任务是什么，如何进行自动化测试和一些自动化测试工具的使用方法。通过本章的学习，读者可以完成基本的自动化测试任务。

通过本章学习需要了解自动化测试的相关工具和框架，以及如何使用自动化测试工具进行测试。

读者需要了解 Selenium、UFT、JMeter 和 LoadRunner 等工具，了解如何编写模拟用户操作和自动化测试场景的脚本。

读者可以在实际项目（高考志愿填报辅助系统）中进行实践，培养编写可维护、可重用、可扩展的自动化脚本的技能。自动化测试能力的提高需要始终如一地实践和学习新技术。

习 题 5

一、选择题

1. 自动化测试框架的典型要素是(　　)。

A. 公用的对象　　B. 公用的环境

C. 公用的方法　　D. 测试数据

2. 自动化功能测试常见技术是(　　)。

A. 录制与回放测试　　B. 脚本测试

C. 数据驱动测试　　D. 结构测试

3. 自动化测试的性能指标是(　　)。

A. 响应时间　　B. 吞吐量　　C. 并发用户数

D. TPS　　E. 点击率　　F. 资源利用率

4. 自动化测试性能的种类有(　　)。

A. 负载测试　　B. 压力测试　　C. 并发测试

D. 配置测试　　E. 可靠性测试　　F. 容量测试

5. 制定性能计划的核心内容包括(　　)。

A. 确定测试环境　　B. 确定性能验收标准

C. 设计测试场景　　D. 准备测试数据

二、简答题

1. 自动化测试的定义是什么?

2. 自动化测试的任务是什么?

第6章　测试报告

章节导读

软件测试报告是记录测试的过程和结果，并形成文档，通过对发现的问题和缺陷进行分析，为纠正软件存在的质量问题提供依据，同时为软件验收和交付打下基础。同时，测试报告也是软件测试人员的工作成果。

测试过程中，测试人员应及时地记录发现的问题，测试工作结束后应当将发现的所有问题进行整理总结，完成编写软件测试报告，以便软件开发人员更好地清楚测试出的问题从而进行修改。

软件测试人员除了发现问题、提交问题之外，还需通过完整的测试工作对软件系统进行分析评估，判断该软件质量的好坏。之后交由软件开发人员按照测试人员给出的质量属性，对软件产品进行改进工作。

本章主要内容

1. 测试报告的作用。
2. 软件缺陷和缺陷种类。
3. 软件缺陷的生命周期。
4. 软件缺陷的模板。

能力目标

1. 了解测试报告的作用。
2. 了解软件缺陷概念、种类、生命周期。
3. 掌握软件测试报告的编写。

6.1　软件测试报告

6.1.1　概述

在测试过程中，不断报告所发现的问题，其中有些缺陷被开发人员很快修正，但又有新的缺陷被报告出来，呈现一个动态的缺陷状态变化过程，直到所有需要修正的缺陷已被处理，产品准备发布。在产品验收或发布之前，测试人员需要对软件产品质量有一个完整、准确的评价，最后提交测试报告。

测试报告为纠正软件存在的质量问题提供依据，并为软件验收和交付打下基础。为了完成测试报告，需要对测试过程和测试结果进行分析和评估，确认测试计划是否得到完整履行。测试覆盖率是否达到预定要求以及对产品质量是否有足够的信心，最终在测试报告中给出有关测试和产品质量的结论。

在软件测试覆盖率分析、软件产品质量评估的基础上，测试组长就可以开始书写测试报告。测试报告对测试记录、测试结果如实进行汇总分析，其主要内容由以下几部分组成。

(1) 介绍测试项目或测试对象(软件程序、系统、产品等)相关信息，包括名称、版本、依赖关系、进度安排、参与测试的人员和相关文档等。

(2) 描述测试需求，包括新功能特性、性能指标要求、测试环境设置要求等。

(3) 说明具体完成了哪些测试以及各项测试执行的结果。

(4) 根据测试的结果，对软件产品质量做出准确、全面的评估，列出所有已知的且未解决的问题，测试有待完善的计划和产品质量改进建议等。

国家标准《系统与软件工程软件测试第 3 部分：测试文档》(GB/T 38634.3—2020)中对测试报告的结构和具体内容有明确的要求，共 7 项，而重点集中在第 4 项内容。

(1) 产品标识。

(2) 用于测试的计算机系统。

(3) 使用的文档及其标识。

(4) 产品描述、用户文档、程序和数据的测试结果。

(5) 与要求不符的清单。

(6) 针对建议的要求不符的清单，产品未做符合性测试的说明。

(7) 测试结束日期。

在产品描述中提供关于用户文档、程序以及数据(如果有的话)的信息，其信息描述应该是正确的、清楚的、前后一致的、容易理解的、完整的并且易于浏览的。更重要的是，在测试报告中，产品的描述和测试的内容有着相对应的关系，也就是说，产品描述还要包含功能、性能、易用性、可维护性、可移植性等要求。

功能说明中应包括软件系统的安装，功能表现以及功能使用的正确性、一致性，说明产品的可使用功能及其设置等，清楚地描述系统的边界值、安全性要求等。易用性说明包括易理解性、易浏览性、可操作性等方面，具体描述对用户界面、所要求的知识、适应用户的需求、防止侵权行为、使用效率和用户满意度等的要求。而可靠性是指系统不应陷入用户无法控制的状态，既不应崩溃也不应丢失数据。即使在下列情况下也应满足可靠性要求：

- 当使用的容量达到规定的极限时，系统仍能正常运行，也不丢失数据。
- 当企图使用的容量超出规定的极限时，系统仍能正常运行，也不丢失数据。
- 其他程序或用户造成的错误输入，系统仍能正常运行，也不丢失数据。
- 收到用户文档中明确规定的非法指令，系统仍能正常运行，也不丢失数据。

编写测试报告可以参考相关的测试报告模板，如附录 C 的“测试报告模板”和下文中的测试报告模板。

《XXX项目测试报告》

项目名称		版本号	
发布类型		测试负责人	
测试完成日期		联系方式	
评审人		批准人	
评审日期		批准日期	

变动记录

版本号	日期	作者	参与者	变动内容说明

目录索引

1. 项目背景

1.1 测试目标及测试任务概括

1.2 被测试的系统、代码包及其文档等信息

1.3 所参考的产品需求和设计文档的引用和来源

1.4 测试环境描述:硬件和软件环境配置、系统参数、网络拓扑图等

1.5 测试的假定和依赖

2. 所完成的功能测试

2.1 测试的阶段及时间安排

阶段	时间	测试的注意任务	参与的测试人员	测试完成状态

2.2 所执行的测试记录

在测试管理系统中相关测试执行记录的链接。

2.3 已完成测试的功能特性

标识	功能特性描述	简述存在的问题	测试结论(通过/部分通过/失败)	备注

2.4 未被测试的功能特性

未被测试项的列表,并说明为什么没有被测试的原因或理由。

2.5　测试覆盖率和风险分析

给出测试代码、需求或功能点等覆盖率分析结果，并说明还有哪些测试风险，包括测试不足、测试环境和未被测试项等引起的、潜在的质量风险。

2.6　最后的缺陷状态表

严重程度	全部	未被修正的(Open)	已修正的	功能增强	已知问题（暂时无法修正的）	延迟修正的（在下个版本修正）	关闭

3. 系统测试结果

3.1　安装测试

按照指定的安装文件，完成相应的系统安装及其设置等相关测试。

3.2　系统不同版本升级、迁移测试

3.3　系统性能测试

标识	所完成的测试	系统所期望的性能指标	实际测试结果	差别分析	性能问题及其改进建议

3.4　安全性测试

描述所完成的测试、安全性所存在的问题等。

3.5　其他非功能特性的测试

4. 主要存在的质量问题

4.1　存在的严重缺陷

列出未被解决而质量风险较大的缺陷。

4.2　主要问题和风险

对上述缺陷进行分析，归纳出主要的质量问题。

5. 总体质量评估

5.1　产品发布的质量标准

根据在项目计划书、需求说明书、测试计划书中所要求的质量标准，进行概括性描述。

5.2　总体质量评估

根据测试的结果，对目前的产品进行总体的质量评估，包括高质量的功能特性、一般的功能特性、担心的质量问题。

5.3　结论

就产品能不能发布给出结论。

6. 附录

6.1　未尽事项

6.2　详细的测试结果

例如，给出性能测试的总结数据及其分析的图表。

6.3　所有未解决的缺陷的详细列表

6.1.2 测试报告的种类

根据软件测试的目的来分，软件测试分为软件登记测试、验收测试、成果鉴定测试、信息安全性测试、性能测试、确认测试、软件选型测试、代码审查测试等，如表6-1所示。

表6-1 软件测试类型

类型	说明
软件登记测试	对软件的适应性、功能性、易用性、可靠性、用户文档和病毒性进行测试，是软件著作权保护的重要手段
验收测试	交付测试，是在软件产品完成单元测试、集成测试和系统测试之后，产品发布之前进行的测试活动，是技术测试的最后一个阶段
成果鉴定测试	成果鉴定测试是从软件文档、功能性、使用技术等方面对软件系统进行符合性测试，测试结果证明软件的质量是否符合技术合同书或技术报告以及相应的国家标准规定的要求
专项测试 （信息安全性测试）	依据国家标准、行业标准、地方标准或相关技术规范，严格按照程序对信息系统的安全保障能力进行科学公正的综合测试评估，以分析系统当前的安全运行状况、查找存在的安全问题，并提供安全改进建议，从而最大限度地降低系统的安全风险
专项测试 （性能测试）	是通过自动化的测试工具模拟多种正常、峰值以及异常负载条件来对系统的各项性能指标进行测试，评判系统是否存在缺陷，并根据结果识别性能瓶颈，改善系统性能的完整的过程
确认测试	又称有效性测试，是在模拟的环境下，运用黑盒测试的方法，验证被测软件是否满足需求规格说明书列出的需求。任务是验证软件的功能和性能及其他特性是否与用户的要求一致

软件测试完成后需要输出测试报告，软件测试报告对于跟踪测试进度、识别问题和缺陷以及提供软件系统质量的见解至关重要。软件测试报告的类型如表6-2所示。

表6-2 测试报告类型

类型	说明
测试总结报告	提供测试阶段进行的测试活动概述的高级报告。它包括执行、通过、失败和被阻止的测试用例的数量，以及缺陷和问题的状态等指标
测试执行报告	提供测试用例实际执行信息的详细报告。它包括测试用例ID、描述、预期结果、实际结果和测试用例状态等详细信息
缺陷报告	提供测试期间发现的缺陷或问题信息的报告。它包括缺陷ID、描述、严重性、优先级、状态和重现问题的步骤等详细信息
测试覆盖率报告	提供已测试软件系统百分比信息的报告。它包括执行、通过和失败的测试用例数量以及代码覆盖率百分比等详细信息

续表

类型	说明
可追溯性报告	提供需求、测试用例和缺陷之间可追溯性信息的报告。它包括需求 ID、描述、相关测试用例和缺陷等详细信息
性能报告	提供各种负载条件下软件系统性能信息的报告。它包括响应时间、吞吐量和并发用户数等详细信息

6.2 软件缺陷管理与报告

6.2.1 软件缺陷描述规则

测试报告中需要对软件缺陷进行描述,而软件缺陷的基本描述是报告软件缺陷的基础部分,一个好的描述需要使用简单、准确、专业的语言来抓住软件缺陷的本质,若描述的信息含糊不清,可能会误导开发人员。以下是软件缺陷的有效描述规则。

- 单一准确:每个报告针对一个软件缺陷(Bug)。
- 可以再现:提供出现这个缺陷的精准步骤,使开发人员看懂,可以再现并修复缺陷。
- 完整统一:提供完整、前后统一的软件缺陷的修复步骤和信息,如图片信息、log 文件等。
- 短小简练:通过使用关键词,使软件缺陷的标题描述短小简练,又能准确解释产生缺陷的现象。
- 特定条件:软件缺陷描述不要忽视那些看似细节但又必要的特定条件(如特定的操作系统、浏览器),这些特定条件能提供帮助开发人员找到产生缺陷原因的线索。
- 补充完善:从发现软件缺陷开始,测试人员的责任就是保证软件缺陷被正确地报告,并得到应有的重视,继续监视其修复的全过程。
- 不作评价:软件缺陷报告是针对软件产品的,因此软件缺陷描述不要带有个人观点,不要对开发人员进行评价。

6.2.2 软件缺陷的生命周期

软件缺陷从被测试人员发现一直到被修复,软件的缺陷要经历一组非常严格的状态,即也经历了一个特有的生命周期的阶段。软件缺陷的生命周期指的是一个软件缺陷被发现、报告到这个缺陷被修复、验证直至最后关闭的完整过程。下面是一个最简单的软件缺陷生命周期的情况,系统地表示软件缺陷从被发现起所经历生存的各个阶段:

(1) 发现—打开:测试人员找到软件缺陷并将软件缺陷提交给开发人员。

(2) 打开—修复:开发人员再现、修复缺陷,然后提交测试人员去验证。

(3) 修复—关闭:测试人员验证修复过的软件,关闭已不存在的缺陷。

当软件缺陷首先被软件测试人员发现时,被测试人员登记下来并指定程序员修复,该状态称为打开状态。一旦程序修复人员修复了代码,回到指定测试人员手中,软件缺陷就进入解决状态。然后测试人员执行回归测试,确认软件缺陷是否得以修复,如果验证已经修复,就把软件缺陷关掉，软件缺陷进入最后的关闭状态。

在某些情况下，软件缺陷生命周期的复杂程度仅为软件缺陷被打开、解决和关闭。然而，这是一种理想的状态，在实际的工作中是很难有这样顺利的，需要考虑的各种情况还是非常多的，在有些情况下，生命周期会变得更复杂一些，如图 6-1 所示。

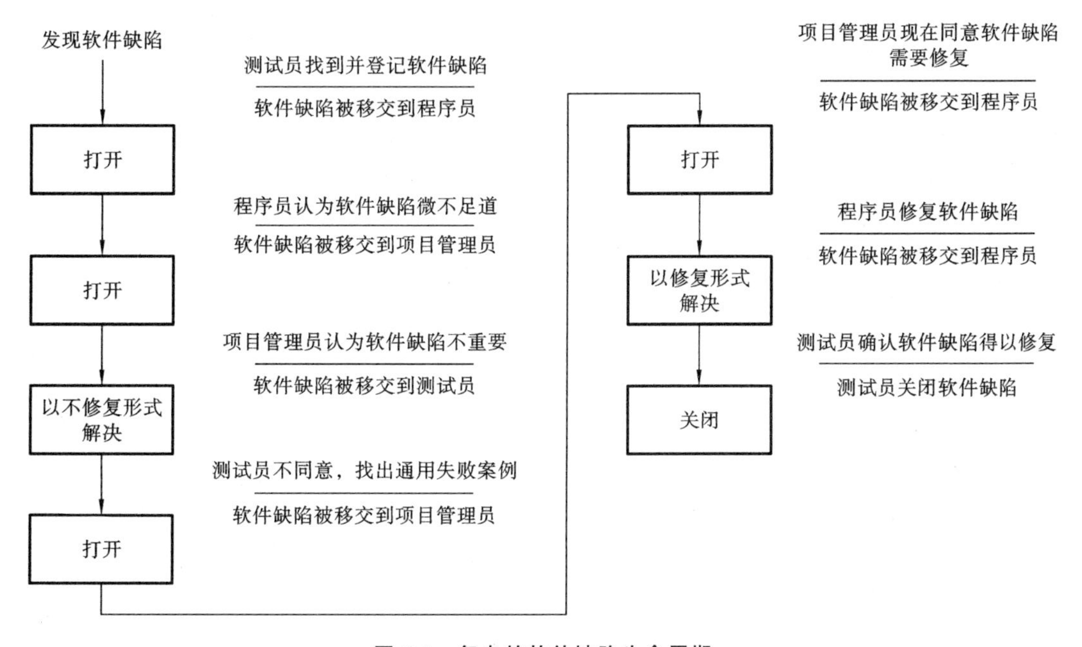

图 6-1 复杂的软件缺陷生命周期

在这种情况下，生命周期同样以测试人员打开软件缺陷并交给程序员开始，但是程序修复人员不修复它，他认为该软件缺陷没有达到非修复不可的地步，交给项目管理员来决定。项目管理员同意程序修复人员的看法，把软件缺陷以“不要修复”的形式放到解决状态。测试人员不同意，查找出更明显、更通用的测试用例演示软件缺陷，重新打开它，交给项目管理员。项目管理员看到新的信息后，表示同意，并指定程序修复人员修复。于是，程序修复人员修复软件缺陷，完成后进入解决状态，并交给测试人员。测试人员确认修复结果，关闭软件缺陷。

可以看到，软件缺陷可能在生命周期中经历数次改动和重申，有时反复循环。图 6-1 所示的情况，在实际测试工作中有相当的普遍性。通常，软件缺陷生命周期有以下两个附加状态。

(1) 审查状态。

审查状态是指项目管理员或者委员会(有时称为变动控制委员会)决定软件缺陷是否应该修复。在某些项目中，这个过程直到项目行将结束时才发生，甚至根本不发生。注意，从审查状态可以直接进入关闭状态。如果审查发现软件缺陷太小，决定软件缺陷不应该修复，不是真正的问题或者属于测试失误，就会进入关闭状态。

(2) 推迟状态。

审查可能认定软件缺陷应该在将来的某一时间考虑修复，但是在该版本软件中不修复。

推迟修复的软件缺陷以后也可能证实很严重，要立即修复。此时，软件缺陷就重新被打开，再次启动整个过程。

大多数项目小组采用规则来约束由谁来改变软件缺陷的状态，或者交给其他人来处理软件缺陷。例如，只有项目管理员可以决定推迟软件缺陷修复，或者只有测试人员允许关闭软件缺陷。重要的是一旦登记了软件缺陷，就要跟踪其生命周期，不要跟丢了，并且提供必要信息驱使其得到修复和关闭。

软件缺陷生命周期中的不同阶段是测试人员、开发人员和管理人员一起参与、协同测试的过程。软件缺陷一旦发现，便进入测试人员、开发人员、管理人员严格监控之中，直至软件缺陷的生命周期终结，这样可保证在较短的时间内高效率地关闭所有缺陷，缩短软件测试的进程，提高软件质量，同时减少开发和维护成本。

6.2.3 软件缺陷报告的内容和工具

软件测试是伴随着软件开发整个过程的，一般需要定期地发布测试报告。测试报告有多种形式，但是一般都要包括以下内容。

(1) 测试的概要介绍：包括测试的一些声明、测试范围、测试目的等，主要是测试情况简介。

(2) 测试结果与缺陷分析：这部分主要汇总各种数据并进行度量，度量包括对测试过程的度量和能力评估、对软件产品的质量度量和产品评估。

(3) 测试结论与建议：这部分主要报告本次测试执行是否充分、测试目标是否完成、测试是否通过等结论，以及对系统存在问题的说明、可能存在的潜在缺陷和后续工作、对缺陷修改和产品设计的建议。

软件缺陷的属性包括缺陷标识、缺陷类型、缺陷严重程度、缺陷产生可能性、缺陷优先级、缺陷状态、缺陷起源、缺陷来源、缺陷原因等。

一般在每一个软件测试过程中，由于时间、人力、财力等原因，都必须对软件缺陷进行取舍，这可能会承担一定的风险。通常要根据缺陷严重程度，以决定哪些软件缺陷需要修复，哪些不需要修复，哪些推迟到软件的以后版本中解决。

软件缺陷管理是软件开发项目中一个很重要的环节，在实际开发过程中，一个好的软件缺陷管理工具可以有效地提高软件项目的进展。软件缺陷管理工具有很多，下面介绍几个比较常用的软件缺陷管理工具。

1. Excel 和 Word

很多开发团队会用 Excel 或者 Word 文档来记录和管理缺陷问题。用 Excel 或者 Word 文档来进行管理的优点是：上手容易、本地操作、速度快、便捷。

但是 Office 系列办公软件在做 Bug 管理时有很多严重的不足。

无法协同管理：Office 本地文件是无法多人操作的，也就造成一个团队成员修改了缺陷的处理状态和信息，其他成员难以获得信息同步。在线编辑功能在字段权限、协同信息通知和操作记录上还是比较弱，不太适合多人团队共同使用管理缺陷流程。

缺乏流程管理：测试人员发现的软件缺陷不能自动地发送给开发人员进行处理和反馈，可能导致缺陷的处理操作不及时，造成管理问题。

总而言之，几个人的小团队或许依然能够使用 Excel 进行缺陷管理，但随着团队规模变大，团队管理会变得复杂，效率将越来越低，规范化、自动化的工具就显得尤为重要。

2. PingCode

PingCode 是一站式的软件研发过程管理工具（官网：https://sc. pingcode. com/t/81B），如图 6-2 所示。优点是国产软件、25 人以下免费、具备专业的缺陷管理模块，并能够有效帮助团队解决四方面的缺陷管理问题：

（1）Bug 问题收集，如自动收集来自外部用户的反馈问题，能够支持 App、Web/H5 网站、微信小程序等收集渠道。

（2）Bug 分配与跟进，这一过程支持成员、角色、字段等设置，以及查看 Bug 变更记录，让成员之间了解 Bug 状态的变化，减少沟通成本。

（3）Bug 问题定位与解决，这个过程能够支持缺陷关联需求/测试任务，支持关联市场上主流的开发者工具，如 Git、jinkens 等，有较好的集成功能。

（4）数据报告，PingCode 支持缺陷 ID、缺陷平均生命周期、缺陷响应时长、缺陷解决时长、缺陷重开率、致命缺陷占比等丰富的报表。

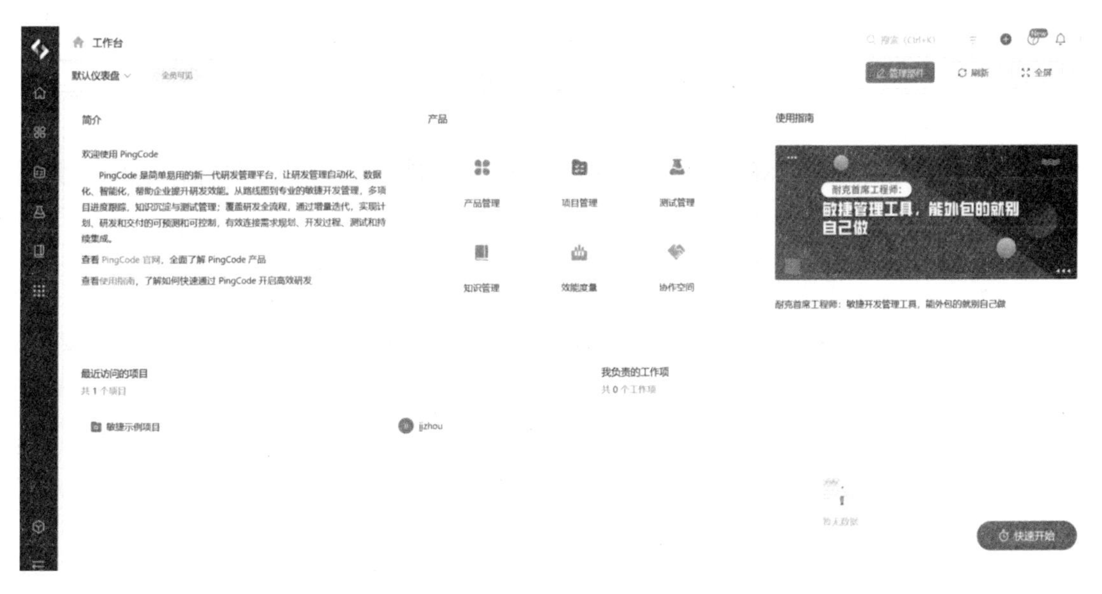

图 6-2 PingCode **界面**

3. Mantis

Mantis（官网：https://www. mantisbt. org/ ）是一个基于 PHP 技术的轻量级的缺陷跟踪系统，是以 Web 操作的形式提供项目管理及缺陷跟踪服务，在实用性上足以满足中小型项目的管理及跟踪。更重要的是其开源，不需要负担任何费用。

Mantis 是一个缺陷跟踪系统，具有的特性包括：易于安装，易于操作，基于 Web，支持任何可运行 PHP 的平台，支持多种语言、多个项目，为每一个项目设置不同的用户访问级别，跟踪缺陷变更历史，定制我的视图页面（见图 6-3），显示问题清单（见图 6-4），提供全文搜索功能，内置报表生成功能（包括图形报表），通过 E-mail 报告缺陷，用户可以监视特殊的

Bug,附件可以保存在 Web 服务器上或数据库中(还可以备份到 FTP 服务器上),自定义缺陷处理工作流,支持多种数据库(MySQL、MSSQL、PostgreSQL、Oracle、DB2)。

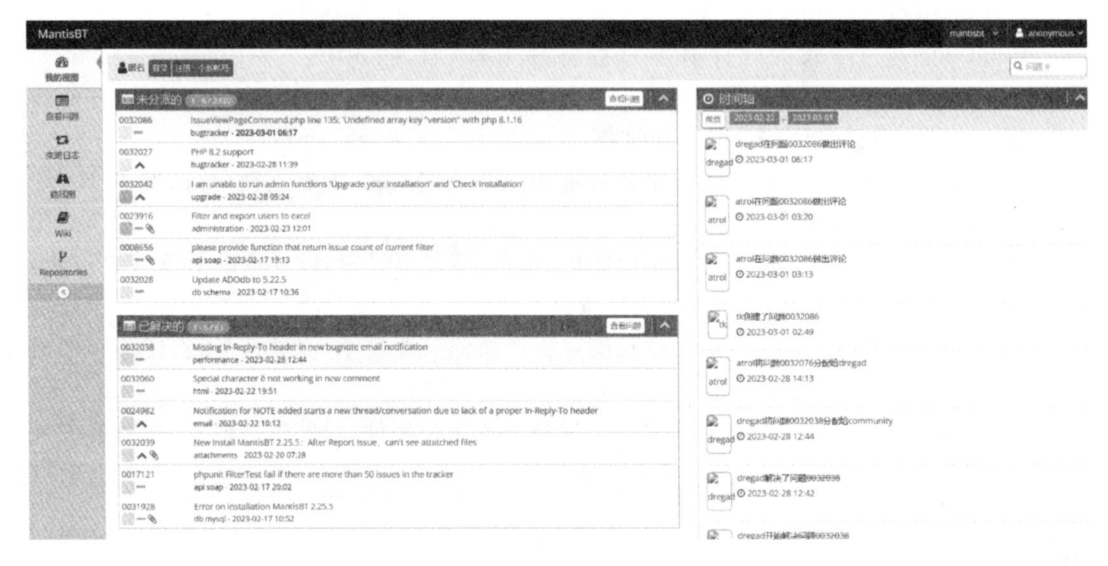

图 6-3　Mantis 我的视图界面

MantisBT　mantisbt　anonymous

报告员	分派给	监视人	注释方式	优先级	严重性	查看权限	显示置顶问题
任意	任意	任意	任意	任意	任意	任意	是
分类	隐藏状态	状态	处理状况	按提交日期过滤		按上次更新日期过滤	
任意	已关闭(和以上)	任意	任意	否		否	
配置	平台	操作系统	操作系统版本	产品版本	修正版本	目标版本	关联
任意	任意	任意	任意	任意	任意	任意	任意
标签							
显示	50	排序方式	最后更新 降序	匹配类型	所有情况	突出已更新(小时)	6

查看问题　导出为CSV　导出为Excel　首页 前页 1 2 3 4 5 6 7 8 9 10 11 … 后页 末页

P	编号	注释	附件	分类	严重性	状态	最后更新	摘要
—	0032086	3		bugtracker	很严重	已确认	2023-03-01	IssueViewPageCommand.php line 135: 'Undefined array key "version"' with php 8.1.16
—	0032076	4		bugtracker	小错误	已分配(dregad)	2023-02-28	Ampersand in $g_search_title prevents adding search engine
—	0032038	3		performance	小错误	已解决(community)	2023-02-28	Missing In-Reply-To header in new bugnote email notification
^	0032027	3		bugtracker	很严重	已确认	2023-02-28	PHP 8.2 support
^	0032042	2		upgrade	崩溃	反馈	2023-02-28	I am unable to run admin functions 'Upgrade your installation' and 'Check installation'
^	0022839	4		authentication	很严重	已分配(dregad)	2023-02-27	Deprecate MD5 login method and replace with BCRYPT hash
^	0012957	16		ldap	小调整	已分配(dregad)	2023-02-27	Password stored md5-unsalted in database when LDAP authentication is enabled
—	0023916	4	1	administration	小错误	新建	2023-02-23	Filter and export users to excel
—	0032060	2		html	小错误	已解决(dregad)	2023-02-22	Special character è not working in new comment
^	0024982	2		email	新功能	已解决(atrol)	2023-02-22	Notification for NOTE added starts a new thread/conversation due to lack of a proper In-Reply-To header
^	0032039	1	2	attachments	很严重	已解决(atrol)	2023-02-20	New Install MantisBT 2.25.5: After Report Issue, can't see attatched files
—	0017121			api soap	小错误	已解决(dregad)	2023-02-17	phpunit FilterTest fail if there are more than 50 issues in the tracker

图 6-4　Mantis 查看问题界面

6.2.4　软件缺陷报告模板说明

编写软件缺陷报告可以参考相关的缺陷报告模板,如附录 D 的“软件缺陷报告模板”和下文中的软件缺陷报告模板。

《软件缺陷报告模板》

1. 国家标准 GB/T 15542—2008

<table>
<tr><td colspan="2">缺陷 ID</td><td></td><td>项目名称</td><td></td><td>程序/文档名</td><td></td></tr>
<tr><td colspan="2">发现日期</td><td></td><td>报告日期</td><td></td><td>报告人</td><td></td></tr>
<tr><td rowspan="2">问题类型</td><td>类别</td><td>程序问题□</td><td>文档问题□</td><td>设计问题□</td><td>其他问题□</td><td></td></tr>
<tr><td>级别</td><td>1 级□</td><td>2 级□</td><td>3 级□</td><td>4 级□</td><td>5 级□</td></tr>
<tr><td colspan="2">问题追踪</td><td colspan="5"></td></tr>
<tr><td colspan="7">问题描述/影响分析</td></tr>
<tr><td colspan="7">附注及其修改意见</td></tr>
</table>

2. 规范、专业的缺陷模板

<table>
<tr><td>缺陷 ID</td><td>(自动产生)</td><td>缺陷名称</td><td colspan="3"></td></tr>
<tr><td>项目号</td><td></td><td>模板</td><td colspan="3"></td></tr>
<tr><td>任务号</td><td></td><td>功能特性/功能点</td><td colspan="3"></td></tr>
<tr><td>产品配置识别码</td><td></td><td>规格说明书文档号</td><td></td><td>关联测试用例</td><td></td></tr>
<tr><td>内部版本号</td><td></td><td>严重性</td><td></td><td>优先级</td><td></td></tr>
<tr><td>报告者</td><td></td><td>分配给</td><td></td><td>抄送</td><td></td></tr>
<tr><td>发生频率(1%～100%)</td><td></td><td>操作系统</td><td></td><td>浏览器</td><td></td></tr>
<tr><td>现象</td><td colspan="2"></td><td>Tag(主题词)</td><td colspan="2"></td></tr>
<tr><td>操作步骤</td><td colspan="5"></td></tr>
<tr><td>期望结果</td><td colspan="5"></td></tr>
<tr><td>实际结果</td><td colspan="5"></td></tr>
<tr><td colspan="6">附件：</td></tr>
<tr><td colspan="6">说明或分析</td></tr>
</table>

根据软件缺陷模板，我们可以看到模板的内容包括：缺陷 ID、发现日期、问题类型、问题追踪、问题描述/影响分析、附注及其修改意见。

下面详细介绍一下以上这些属性。

(1) 缺陷 ID：是标记某个缺陷的唯一标识，可以用数字序号表示，一般由软件缺陷追踪管理系统自动生成。

(2) 问题类型分为类别和级别。

问题类别是根据问题的自然属性划分，一般包括程序问题、文档问题、设计问题、其他问题，如表 6-3 所示。

表 6-3 问题类别

问题类别	子类别	说明
程序问题	功能缺陷	影响了各种软件系统功能、逻辑的缺陷
	性能缺陷	不满足系统可测量的属性值，如执行时间、事务处理速率等
	程序异常	编程错误导致的缺陷
文档问题		文档影响了软件的发布和维护，包括注释、用户手册、设计文档等
设计问题	界面缺陷	影响了用户界面、人机交互特性，包括屏幕格式、用户输入灵活性、结果输入格式等方面的缺陷等
	系统/模块接口缺陷	与其他组件、模块或设备驱动程序、调用参数、控制块或参数列表等不匹配、冲突等
其他问题	配置问题	如软件配置库、变更管理或版本控制引起的错误

问题级别一般表示软件缺陷对软件质量的破坏程度，反映其对产品和用户的影响，即此软件缺陷的存在将对软件的功能和性能产生怎样的影响。软件缺陷的严重性判断应该从软件最终用户的观点做出判断，即判断缺陷的严重性要为用户考虑，考虑缺陷对用户使用造成后果的严重性，如表 6-4 所示。

表 6-4 问题级别

问题类别	名称	举例说明
1 级	致命	导致操作系统崩溃
		导致软件系统崩溃
		导致整个模块或软件系统不能使用
		信息丢失
		业务流错误
		核心功能不能使用

续表

问题类别	名称	举例说明
2级	严重	重要数据计算错误
		数据库发生错误
		系统不稳定
		安全性问题
3级	一般	一般功能未实现
		无信息合法性检查
		兼容性问题
		软件使用不便
		数据不能立即更新
		删除操作没给出提示
4级	较小	界面显示错误
		信息提示不清
		界面不规范
		界面文字错误
5级	建议	对界面的优化建议
		对操作方便性的建议

(3) 缺陷描述与缺陷注释:指对缺陷的发现过程所进行的详细描述和对缺陷的一些辅助说明信息。

(4) 发生频率:指某缺陷发生的频率,一般分为总是、通常、有时、很少等,如表6-5所示。

表6-5　缺陷发生频率

发生频率	说明	备注
100%	总是	总是产生这个软件缺陷
80%~90%	通常	通常情况下会产生这个软件缺陷
30%~50%	有时	有时候产生这个软件缺陷
1%~5%	很少	很少产生这个软件缺陷

(5) 缺陷的优先级:优先级表示修复缺陷的重要程度和应该何时修复,是表示处理和修正软件缺陷的先后顺序的指标,即哪些缺陷需要优先修正,哪些缺陷可以稍后修正。确定软

件缺陷优先级，更多的是站在软件开发工程师的角度考虑问题，因为缺陷的修正顺序是个复杂的过程，有些不是纯粹的技术问题，而且开发人员更熟悉软件代码，能够比测试工程师更清楚修正缺陷的难度和风险。缺陷的优先级一般分为最高优先级、高优先级、正常排队、低优先级等，如表 6-6 所示。

表 6-6　缺陷优先级

优先级	说明
最高优先级	指的是一些关键性错误，缺陷导致系统几乎不能使用或者测试不能继续，需立即修复
高优先级	缺陷严重，影响测试，需要优先考虑修复
正常排队	缺陷需要正常排队等待修复，在产品发布之前必须修复
低优先级	缺陷可以在开发人员有时间的时候去纠正

软件缺陷的优先级在项目期间是会发生变化的。例如，原来标记为优先级 2 的软件缺陷随着时间的推移，以及软件发布日期临近，可能变为优先级 3。作为发现该软件缺陷的测试人员，需要继续监视缺陷的状态，确保自己可以同意对其所做的变动，并提供进一步测试数据来说服修复人员使其得以修复。

（6）缺陷状态：用于描述缺陷通过一个跟踪修复过程的进展情况，一般分为激活或打开、已修正或修复、关闭或非激活、重新打开、推迟、保留、不能重现、需要更多信息等，如表 6-7 所示。

表 6-7　缺陷状态

状态	说明
激活或打开	问题还没有解决，存在源代码中，确认“提交的缺陷”，等待处理，如新报的缺陷
已修正或修复	已被开发人员检查、修复过的缺陷，通过单元测试，认为已经解决但还没有被测试人员验证
关闭或非激活	测试人员验证后，确认缺陷不存在之后的状态
重新打开	测试人员验证后，确认缺陷不存在之后的状态
推迟	这个软件缺陷可以在下一个版本中解决
保留	由于技术原因或第三者软件的缺陷，开发人员不能修复的缺陷
不能重现	开发不能再现这个软件缺陷，需要测试人员检查缺陷再现的步骤
需要更多信息	开发能再现这个软件缺陷，但开发人员需要一些信息，如缺陷的日志文件、图片等

6.3　XX 省填报志愿辅助系统的功能测试报告

测试报告　　报告编号：AST—CT/20210055.TR01

功能性测试报告（附件一）

编号	测试用例	测试描述	测试结果
FT_001	数据导入	系统维护人员可通过数据导入页面将湖北省招生计划、往年院校录取信息、考生信息、管理员信息、院校信息进行导入操作。导入数据后，系统方可正常运行	通过
FT_002	登录	考生在登录操作时需保证考生信息的安全性，考生使用“用户名＋密码”方式登录系统。用户名为考生报名号，登录初始密码为考生身份证后 5 位，考生登录系统后系统需强制提示考生修改密码，新密码由“字母＋数字”方式进行组合；考生忘记密码时，联系当地招办来重置密码	通过
FT_003	计划查询	可查看全国普通高校在湖北省招生计划、各院校专业组及专业对选考科目的要求，考生通过相应的筛选条件进行查询，筛选条件包括: 招生批次、志愿栏、所属省市、院校名称、院校专业组、专业名称、首选科目、再选科目及再选科目要求、招生类别、考试类别、计划类别；通过输入组合条件，系统可展示院校信息，考生可根据自身需求对院校及专业进行关注，考生可在关注列表中生成志愿填报草表	通过
FT_004	关注列表	关注列表，考生可通过招生计划查询页面关注符	通过

广州中科院软件所先进软件测评实验室　　第 5 页，共 11 页

测试报告　　报告编号：AST—CT/20210055.TR01

		合自己需求的专业信息，可在关注列表进行生成意向志愿草表的操作	
FT_005	志愿草表	展示用户的志愿草表，可导出志愿草表	通过
FT_006	往年录取控制分数线	可查询湖北省往年录取控制分数线（近三年），考试可通过选择年份查看录取控制分数线通知	通过
FT_007	往年院校录取信息	可查询各院校往年在湖北省录取情况统计（近三年），考生通过相应的筛选条件进行查询，筛选条件包括：年份、类别、院校、投档线；通过输入组合条件可显示各院校录取情况	通过
FT_008	往年招生排序成绩一分一段表	可查询湖北省往年招生排序成绩一分一段统计表（近三年），考生通过相应筛选条件进行查询，筛选条件包括：年份、科类；通过输入组合条件可显示各批次类型一分一段信息	通过
FT_009	重置密码	管理员可通过管理模块进行用户密码重置。各区域管理员仅能重置本区域内考生的密码。省级管理员可重置该省内市级、区县级管理员账号的密码。市级管理员可重置该市内区县级管理员账号的密码	通过
测试记录（相关截图）			

广州中科院软件所先进软件测评实验室　　第6页，共11页

功能	描述	上传excel	导入数据库
导入考生账号	写导入考生信息	选择文件 [illegible].xlsx	[illegible]
导入[illegible]账号	写导入[illegible]		[illegible]
2020年[illegible]	写导入2020[illegible]		
导入[illegible]计划数据	写导入2021[illegible]		
2021院校代号——[illegible]——[illegible]	写导入2021院校代号——[illegible]——[illegible]	选择文件 [illegible]	

119.96.232.25:8081 显示

[illegible]

图 1.1　数据导入

用户登录

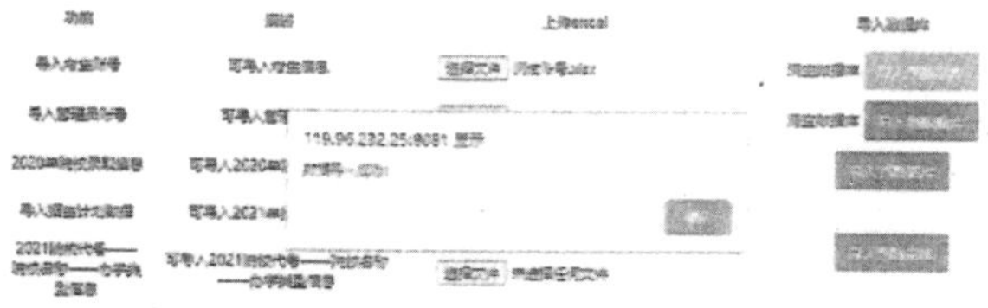

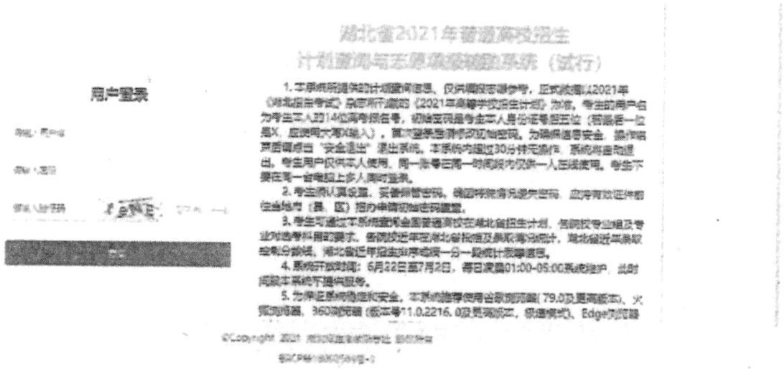

湖北省2021年普通高校招生
计划查询与志愿填报辅助系统（试行）

1. 本系统所提供的计划查询信息，仅供填报志愿参考，正式数据以2021年《湖北招生考试》杂志所刊载的《2021年高等学校招生计划》为准。考生的用户名为考生本人的14位高考报名号，初始密码是考生本人身份证号后五位（若最后一位是X，应使用大写X输入），首次登录后须修改初始密码。为确保信息安全，操作结束后请点击“安全退出”退出系统。本系统内超过30分钟无操作，系统将自动退出。考生用户仅供本人使用，同一账号在同一时间段内仅供一人在线使用。考生不要在同一台电脑上多人同时登录。

2. 考生须认真设置、妥善保管密码。确因特殊情况丢失密码，应持有效证件到[illegible]地市（县、区）招办申请初始密码重置。

3. 考生可通过本系统查询全国普通高校在湖北省招生计划、各院校专业组及专业对选考科目的要求、各院校近年在湖北省投档及录取情况统计，湖北省近年录取控制分数线、湖北省近年[illegible]一分一段统计表等信息。

4. 系统开放时间：6月22日至7月2日，每日凌晨01:00-05:00系统维护，此时间段本系统不提供服务。

5. 为保证系统稳定和安全，本系统推荐使用谷歌浏览器(79.0及更高版本)、火狐浏览器、360浏览器（版本号11.0.2216.0及更高版本，极速模式）、Edge浏览器

©Copyright 2021 [illegible]

图 1.2　用户登录

修改密码

取消

©Copyright 2021 [illegible]

图 1.3　修改密码

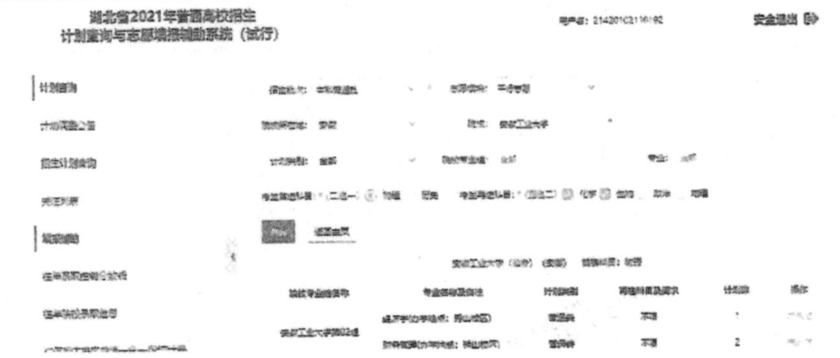

湖北省2021年普通高校招生
计划查询与志愿填报辅助系统（试行）

安全退出

计划查询

图 1.4 计划查询

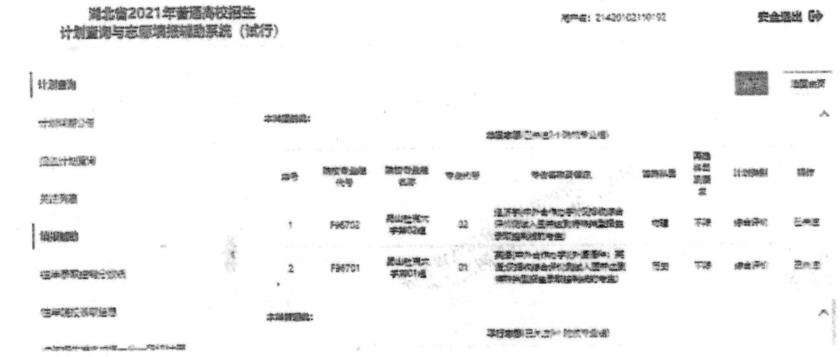

湖北省2021年普通高校招生
计划查询与志愿填报辅助系统（试行）

安全退出

计划查询

关注列表

图 1.5 关注列表

湖北省2021年普通高校招生
计划查询与志愿填报辅助系统（试行）

安全退出

省招委关于湖北省2020年普通高校招生
录取控制分数线的通知

鄂招委〔2020〕5号

一、理工、文史类

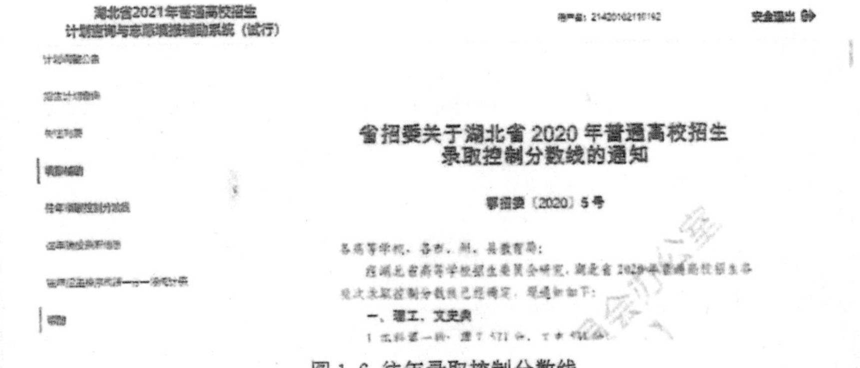

图 1.6 往年录取控制分数线

湖北省2021年普通高校招生
计划查询与志愿填报辅助系统（试行）

考生号：21420102110192 安全退出

计划调整公告

招生计划查询

关注列表

填报辅助

往年录取控制分数线

往年院校录取信息

往年招生排序成绩一分一段统计表

帮助

类别：理工类 本科第一批

院校：[illegible]

2020年本科第一批院校投档线及录取情况统计表·理工类

院校名称	年份	批次线	投档线（线差）	最高分	最低分	平均分
[illegible]	2020	521	600（79）	610	600	602

图 1.7 往年院校录取信息

湖北省2021年普通高校招生
计划查询与志愿填报辅助系统（试行）

考生号：21420102110192 安全退出

计划查询

计划调整公告

招生计划查询

关注列表

填报辅助

往年录取控制分数线

往年院校录取信息

年份：2020 科类：理工、文史类 理工类

湖北省 2020 年普通高考总分一分一段统计表—理工类

分数	人数	累计人数
691	10	58
690	9	67
689	5	72
688	9	81
687	17	98
686	10	108
685	16	124
648	131	2879
647	146	3025
646	162	3187
645	157	3344
644	168	3512
643	164	3676
642	206	3882
641	169	4051
604	363	14365
603	356	14724
602	342	15066
601	349	15415
600	385	15800
599	407	16207
598	381	16588
597	371	16959

图 1.8 往年招生排序成绩一分一段表

湖北省2021年普通高校招生
计划查询与志愿填报辅助系统（试行）

用户名：42010001 安全退出

计划查询

计划调整公告

招生计划查询

关注列表

填报辅助

往年录取控制分数线

往年院校录取信息

报名号：21420102110192 返回首页

119.96.232.25:8081 显示

图 1.9 重置密码

6.4 XX省填报志愿辅助系统的性能测试报告

测试报告　　　　报告编号：AST—CT/20210055.TR01

性能效率报告（附件二）

用例编号	NT_001	用例名称	并发用户数
性能指标	性能可以稳定地满足4000～10000次/秒的并发访问请求（根据并发要求的不同对于云资源服务进行同步匹配）		
测试工具	JMeter	版本号	5.0
测试场景	（1）使用JMeter进行分布式压测，其中1台作为控制机，5台作为负载机。 （2）模拟登录系统，进入招生计划查询。 （3）批次选择本科普通批——单设志愿，查询条件如下： 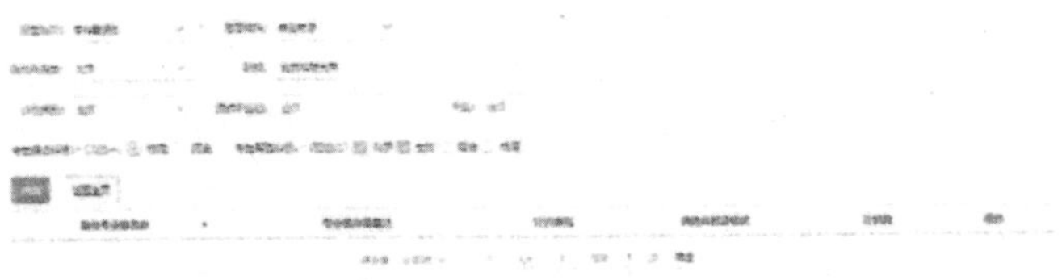 （4）验证成功后，设置集合点，启动JMeter分布式压测，收集测试结果		
测试结果	系统支持10000次/秒的并发访问请求，错误率为0%		
测试原始记录（截图）			
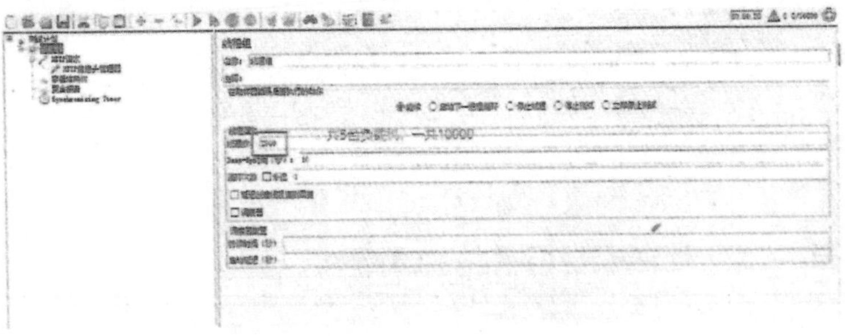 附图2.1 并发设置			

测试报告　　报告编号：AST—CT/20210055.TR01

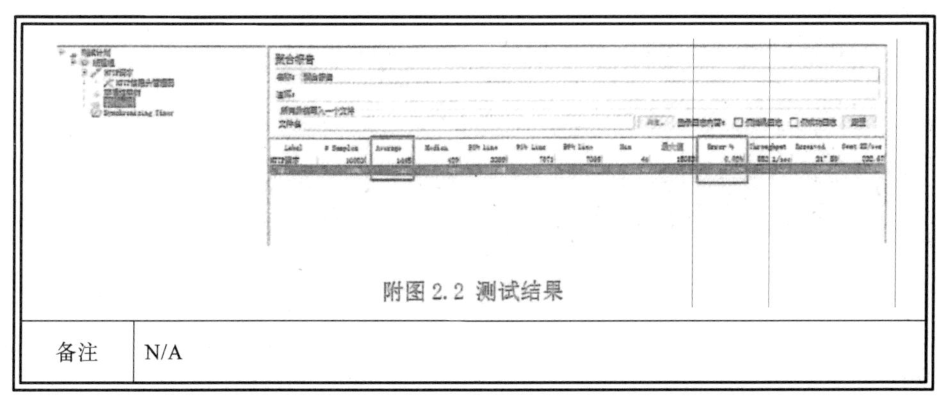

附图 2.2 测试结果

备注	N/A

-------------------------【测试报告全文结束】-------------------------

广州中科院软件所先进软件测评实验室　　第 11 页，共 11 页

实验实训

1. 实训目的

掌握软件测试报告的编写。

2. 实训内容

(1) 编写软件缺陷报告。

(2) 编写软件测试报告。

(3) 熟悉几种软件缺陷管理工具。

小　　结

软件测试报告是一个重要的文档,它提供了测试过程的详细描述,并描述了在测试期间发现的任何问题或缺陷。对于软件开发人员来说,它是确保软件产品的质量,进行软件发布和升级的重要依据。

本章描述了编写软件测试报告的目的、格式和内容,并对测试报告的内容进行了详细的说明。最后通过实际项目(高考志愿填报辅助系统)的展示,读者可以对测试报告有一个直观的认识。

习　题　6

一、填空题

1. 软件测试种类包括软件登记测试、验收测试、成果鉴定测试、信息安全性测试、________、________、________、________等。

2. 软件测试报告的类型有________、________、________、________等。

3. 软件缺陷的生命周期指的是一个软件缺陷被________、报告到这个缺陷被________、验证直至最后关闭的完整过程。

4. 软件测试报告中问题类别是根据问题的自然属性划分,一般包括________、________、________、________。

二、选择题

1. 测试报告不包含的内容有(　　)。

A. 测试时间、人员、产品、版本

B. 测试环境配置

C. 测试结果统计

D. 测试通过/失败的标准

2. 下面有关软件缺陷的说法中错误的是(　　)。

A. 缺陷就是软件产品在开发中存在的错误

B. 缺陷就是软件维护过程中存在的错误、毛病等各种问题

C. 缺陷就是导致系统程序崩溃的错误

D. 缺陷就是系统所需要实现某种功能的失效和违背

三、简答题

1．什么是软件缺陷?

2．软件缺陷管理工具有哪些?

附　录

附录 A　测试计划模板

《XXX 项目测试计划》

变动记录

版本号	日期	作者	参与者	变动内容说明

目录索引

1. 前言

1.1　测试目标:通过本计划的实施,测试活动所能达到的总体的测试目标。

1.2　主要测试内容:主要的测试活动,测试计划、设计、实施的阶段划分及其内容。

1.3　参考文档及资料

1.4　术语的解释

2. 测试范围

测试范围应该列出所有需要测试的功能特性及其测试点,并要说明哪些功能特性将不被测试。

应列出单个模块测试、系统整体测试中的每一项测试的内容(类型)、目的及其名称、标识符、进度安排和测试条件等。

2.1　功能特性的测试内容

功能特性	测试目标	所涉及的模块	测试点

2.2　系统非特性的测试内容

测试标识	系统指标要求	测试内容	难点

3. 测试风险和策略

描述测试的总体方法，重点描述已知风险、总体策略、测试阶段划分、重点、风险防范措施等，包括测试环境的优化组合、识别出用户最常用的功能等。

测试阶段	测试重点	测试风险	风险防范措施

4. 测试设计说明

测试设计说明，针对被测项的特点，采取合适的测试方法和相应的测试准则等。

4.1　被测项说明

描述被测项的特点，包括版本变化、软件特性组合及其相关的测试设计说明。

4.2　测试方法

描述被测项测试活动和测试任务，指出所采用的方法、技术和工具，并估计执行各项任务所需的时间、测试的主要限制等。

4.3　环境要求

描述被测项所需的测试环境，包括硬件配置、系统软件和第3方应用软件等。

4.4　测试准则

规定各测试项通过测试的标准。

5. 人员分工

测试小组各人员的分工及相关的培训计划。

人员	角色	责任、负责的任务	进入项目时间

6. 进度安排

测试不同阶段的时间安排、进入标准、结束标准。

里程碑	时间	进入标准	阶段性成果	人力资源

7. 批准

由相关部门评审、批准记录。

附录 B 测试用例模板

1. 国家标准 GB/T 15542-2008

<table>
<tr><td colspan="2">用例名称</td><td colspan="2"></td><td>用例标识</td><td></td></tr>
<tr><td colspan="2">测试追踪</td><td colspan="4"></td></tr>
<tr><td colspan="2">用例说明</td><td colspan="4"></td></tr>
<tr><td rowspan="4">用例的
初始化</td><td>硬件配置</td><td colspan="4"></td></tr>
<tr><td>软件配置</td><td colspan="4"></td></tr>
<tr><td>测试配置</td><td colspan="4"></td></tr>
<tr><td>参数配置</td><td colspan="4"></td></tr>
<tr><td colspan="6">操作过程</td></tr>
<tr><td>序号</td><td>输入及操作说明</td><td>期望的测试结果</td><td>评价标准</td><td colspan="2">备注</td></tr>
<tr><td></td><td></td><td></td><td></td><td colspan="2"></td></tr>
<tr><td></td><td></td><td></td><td></td><td colspan="2"></td></tr>
<tr><td></td><td></td><td></td><td></td><td colspan="2"></td></tr>
<tr><td colspan="2">前提和约束</td><td colspan="4"></td></tr>
<tr><td colspan="2">过程终止条件</td><td colspan="4"></td></tr>
<tr><td colspan="2">结果评价标准</td><td colspan="4"></td></tr>
<tr><td colspan="2">设计人员</td><td></td><td>设计日期</td><td colspan="2"></td></tr>
</table>

2. 简单的功能测试用例模板(表格形式)

<table>
<tr><td>标识码</td><td></td><td>用例名称</td><td colspan="3"></td></tr>
<tr><td>优先级</td><td>高/中/低</td><td>父用例</td><td></td><td>执行时间估计</td><td>分钟</td></tr>
<tr><td>前提条件</td><td colspan="5"></td></tr>
<tr><td>基本操作步骤</td><td colspan="5"></td></tr>
<tr><td colspan="2">输入/动作</td><td colspan="2">期望的结果</td><td colspan="2">备注</td></tr>
<tr><td colspan="2">示例:典型正常值…</td><td colspan="2"></td><td colspan="2"></td></tr>
<tr><td colspan="2">示例:边界值…</td><td colspan="2"></td><td colspan="2"></td></tr>
<tr><td colspan="2">示例:异常值…</td><td colspan="2"></td><td colspan="2"></td></tr>
</table>

3. 功能测试用例模板(文字形式)

◇ ID:(测试用例唯一标识名)

◇ 用例名称:(概括性说明测试的目的、作用)

◇ 测试项:(测试哪个功能或功能点)

◇ 环境要求：
◇ 参考文档：（基于哪个需求规格说明书）
◇ 优先级：高/中/低
◇ 父用例：（有父用例，填其 ID；没有，填 0）
◇ 输入数据或前提：（事先设置、数据示例）
◇ 具体步骤描述：（一步一步地描述清楚）
1.
2.
……
◇ 期望结果：

4. 性能测试用例模板

标识码		优先级	高/中/低	执行时间估计	分钟
用例名称					
测试目的					
环境要求					
测试工具					
前提条件					
负载模式和负载量			期望达到的性能指标		备注
10 个用户并发操作					
50 个用户并发操作					

附录 C　测试报告模板

《XXX 项目测试报告》

项目名称		版本号	
发布类型		测试负责人	
测试完成日期		联系方式	
评审人		批准人	
评审日期		批准日期	

变动记录

版本号	日期	作者	参与者	变动内容说明

目录索引

1. 项目背景

1.1 测试目标及测试任务概括

1.2 被测试的系统、代码包及其文档等信息

1.3 所参考的产品需求和设计文档的引用和来源

1.4 测试环境描述：硬件和软件环境配置、系统参数、网络拓扑图等。

1.5 测试的假定和依赖

2. 所完成的功能测试

2.1 测试的阶段及时间安排

阶段	时间	测试的注意任务	参与的测试人员	测试完成状态

2.2 所执行的测试记录

在测试管理系统中相关测试执行记录的链接。

2.3 已完成测试的功能特性

标识	功能特性描述	简述存在的问题	测试结论（通过/部分通过/失败）	备注

2.4 未被测试的功能特性

未被测试项的列表，并说明为什么没有被测试的原因或理由。

2.5 测试覆盖率和风险分析

给出测试代码、需求或功能点等覆盖率分析结果，并说明还有哪些测试风险，包括测试不足、测试环境和未被测试项等引起的、潜在的质量风险。

2.6 最后的缺陷状态表

严重程度	全部	未被修正的（Open）	已修正的	功能增强	已知问题（暂时无法修正的）	延迟修正的（在下个版本修正）	关闭

3. 系统测试结果

3.1　安装测试

按照指定的安装文件，完成相应的系统安装及其设置等相关测试。

3.2　系统不同版本升级、迁移测试

3.3　系统性能测试

标识	所完成的测试	系统所期望的性能指标	实际测试结果	差别分析	性能问题及其改进建议

3.4　安全性测试

描述所完成的测试、安全性所存在的问题等。

3.5　其他非功能特性的测试

4. 主要存在的质量问题

4.1　存在的严重缺陷

列出未被解决而质量风险较大的缺陷。

4.2　主要问题和风险

对上述缺陷进行分析，归纳出主要的质量问题。

5. 总体质量评估

5.1　产品发布的质量标准

根据在项目计划书、需求说明书、测试计划书中所要求的质量标准，进行概括性描述。

5.2　总体质量评估

根据测试的结果，对目前的产品进行总体的质量评估，包括高质量的功能特性、一般的功能特性、担心的质量问题。

5.3　结论

就产品能不能发布，给出结论。

6. 附录

6.1　未尽事项

6.2　详细的测试结果

例如，给出性能测试的总结数据及其分析的图表。

6.3　所有未解决的缺陷的详细列表

附录 D　软件缺陷报告模板

《软件缺陷报告模板》

1. 国家标准 GB/T 15542—2008

缺陷 ID		项目名称		程序/文档名	
发现日期		报告日期		报告人	
问题类型	类别	程序问题□	文档问题□	设计问题□	其他问题□	
	级别	1 级□	2 级□	3 级□	4 级□	5 级□
问题追踪						
问题描述/影响分析						
附注及其修改意见						

2. 规范、专业的缺陷模板

缺陷 ID	（自动产生）	缺陷名称			
项目号		模板			
任务号		功能特性/功能点			
产品配置识别码		规格说明书文档号		关联测试用例	
内部版本号		严重性		优先级	
报告者		分配给		抄送	
发生频率（1%～100%）		操作系统		浏览器	
现象		Tag（主题词）			
操作步骤					
期望结果					
实际结果					
附件：					
说明或分析					

参考文献

[1] 朱少民. 软件测试[M]. 2 版. 北京：人民邮电出版社，2016.

[2] 王娜，万嵩，胡君. 软件测试[M]. 哈尔滨：东北林业大学出版社，2020.

[3] 黑马程序员. 软件测试[M]. 北京：人民邮电出版社，2019.

[4] 李晓红. 软件质量保证及测试基础[M]. 北京：清华大学出版社，2015.

[5] 王智钢，杨乙霖. 软件质量保证与测试[M]. 北京：人民邮电出版社，2020.

[6] 孙富菊. 软件测试项目实践[M]. 武汉：武汉大学出版社，2021.

[7] 王丹丹. 软件测试方法和技术实践教程[M]. 北京：清华大学出版社，2017.